HARTLEB – KOHLHOFER – PAYR – ZEHETGRUBER

ZEITGEMÄSSER GARTENBAU

4. Auflage

LEOPOLD STOCKER VERLAG
Graz – Stuttgart

Umschlagfoto: Bildagentur PIX, Wien

Fotos: Austrosaat, Wien; Ing. Gartler, Klagenfurt; Ing. Pelzmann, Wies; Dr. Herbert Keppel, Graz; Dr. Ekkehard Müller, Graz; Helmut Weiß, Christian Gosch, Walter Gaigg, Helmut Pirc, Bundesanstalt für Pflanzenschutz, Wien.
Alle übrigen Fotos wurden von den Autorinnen zur Verfügung gestellt

Grafiken: Fa. Datagraph Computergrafik GMBH, Gregor Mendel Straße 4, A-1180 Wien
Mag. Ivo Monnerjahn

Autorinnen: Annemarie HARTLEB
Anna KOHLHOFER
Elfriede PAYR
Andrea ZEHETGRUBER

Buch-Nr. **46-2247**

Hartleb u. a.
ZEITGEMÄSSER GARTENBAU

ISBN 978-3-7020-1032-4

Druck: Gorenjski tisk, Kranj – Slowenien

ALLES ist miteinander verbunden.
Was der Erde geschieht,
geschieht auch ihren Kindern.
Der Mensch hat das Gewebe des Lebens
nicht geschaffen,
er ist nur ein Faden darin.
Was immer er diesem Gewebe antut,
tut er sich selbst an.

Aus der Rede Häuptling Seattles, 1854

INHALTSVERZEICHNIS

1. EINFÜHRUNG IN DEN GARTENBAU 9

1.1 Gartenplanung 10
1.2 Hausgarten 12
1.2.1 Wert des Hausgartens 12
1.2.2 Anlage des Hausgartens 12
1.2.3 Einteilung des Hausgartens 13

2. BODEN 15

2.1 Bodenaufbau und -beschaffenheit 16
2.1.1 Bodenbestandteile 16
2.1.2 Bodenbildung 17
2.1.3 Bodenarten und Humus 17
2.1.4 Bodenstruktur 20
2.1.5 Bodenleben 21
2.1.6 Bodennährstoffe und pH-Wert 23
2.1.7 Bodenwasser 24
2.1.8 Bodenluft 25
2.1.9 Bodentemperatur 26
2.2 Bodenzustand und -bearbeitung 27
2.2.1 Bodengare 27
2.2.2 Bodenbearbeitung 28
2.2.3 Gartengeräte 31
2.2.4 Möglichkeiten für die Bodenbestimmung hinsichtlich Qualität und Eigenschaften 36

3. AUFBAU UND LEBENSVORGÄNGE DER PFLANZE 38

3.1 Innerer Aufbau 38
3.2 Äußerer Aufbau 39
3.2.1 Wurzel 39
3.2.2 Spross 40
3.2.3 Blatt 40
3.2.4 Blüte 41
3.3 Lebensvorgänge der Pflanze 42
3.3.1 Keimung 42
3.3.2 Wachstum 43
3.3.3 Assimilation des Kohlenstoffes (Fotosynthese) 43
3.3.4 Atmung 44
3.3.5 Wasserhaushalt der Pflanze und Nährstoffaufnahme 44
3.3.6 Vermehrung 45

4. PFLANZENERNÄHRUNG 48

4.1 Massennährstoffe 48
4.2 Hauptnährstoffe 48

4.3 Spurennährstoffe 50
4.4 Organische Verbindungen 50

5. DÜNGUNG 51

5.1 Arten der Düngung 51
5.1.1 Indirekte Düngung 51
5.1.2 Direkte Düngung 57
5.2 Durchführung der Düngung 58
5.3 Düngeplan 59

6. ANBAUPLANUNG 60

6.1 Grundbegriffe 60
6.1.1 Fruchtwechsel 60
6.1.2 Fruchtfolge 61
6.1.3 Zwischenfruchtbau 62
6.1.4 Gestaffelter Anbau 64
6.2 Anbausysteme 65
6.2.1 Schlageinteilung 65
6.2.2 Mischkulturen 66
6.2.3 Das Hügelbeet 71
6.2.4 Das Hochbeet 71

7. SAAT UND PFLANZUNG 73

7.1 Saatgut 73
7.2 Saatformen 75
7.3 Saattermine 76
7.4 Möglichkeiten der Aussaat 77
7.4.1 Aussaat an Ort und Stelle 77
7.4.2 Aussaat für Vorkulturen 78
7.5 Saatpflege – Pikieren 81
7.6 Pflanzung 83
7.6.1 Anforderungen an eine Pflanze 83
7.6.2 Pflanzbeet 83
7.6.3 Mulchfolie oder Mulchpapier 83
7.6.4 Durchführung der Pflanzung 84

8. PFLANZENSCHUTZ 86

8.1 Ursachen von Pflanzenschäden 86
8.1.1 Unbelebte Faktoren 86
8.1.2 Belebte Faktoren 86
8.2 Methoden des Pflanzenschutzes 87
8.2.1 Vorbeugender Pflanzenschutz 87
8.2.2 Biologischer Pflanzenschutz 88
8.2.3 Mechanisch-physikalischer Pflanzenschutz 88
8.2.4 Pflanzenschutz mit natürlichen Mitteln 88

8.2.5 Chemischer Pflanzenschutz 89
8.2.6 Integrierter und ökologischer Pflanzenschutz 90

9. ERNTE UND LAGERUNG 91

9.1 Ernte 91
9.1.1 Richtige Kulturtechnik 91
9.1.2 Richtige Erntearbeit 91
9.1.3 Richtiger Erntezeitpunkt 91
9.2 Lagerung 92
9.2.1 Grundsätzliches 92
9.2.2 Lagermöglichkeiten 92
9.3 Übersicht über Ernte und Lagerung von Wintergemüse 93

10. GEMÜSEBAU 94

10.1 Einjährig genutzte Gemüse 94
10.1.1 Kohlgemüse 94
10.1.2 Fruchtgemüse 100
10.1.3 Blattgemüse 105
10.1.4 Wurzel- und Knollengemüse 110
10.1.5 Zwiebel- und Lauchgemüse 116
10.1.6 Hülsenfrüchte 120
10.2 Dauerkulturen 124
10.2.1 Rhabarber 124
10.2.2 Spargel 125

11. FELDGEMÜSEBAU 127

12. WÜRZ- UND HEILKRÄUTER 128

12.1 Kulturtabelle 128
12.2 Besondere Kulturhinweise 133

13. BEERENOBST 134

13.1 Erdbeeren 134
13.1.1 Sorten 134
13.1.2 Ansprüche 135
13.1.3 Kulturmaßnahmen 135
13.1.4 Krankheits- und Schädlingsbekämpfung 136
13.2 Johannisbeeren (Ribisel) 137
13.2.1 Sorten 137
13.2.2 Ansprüche 137
13.2.3 Kulturmaßnahmen 138
13.2.4 Krankheits- und Schädlingsbekämpfung 140
13.3 Stachelbeeren 140
13.3.1 Sorten 140
13.3.2 Ansprüche 141
13.3.3 Kulturmaßnahmen 141

13.3.4 Krankheits- und Schädlingsbekämpfung ... 141
13.4 Himbeeren ... 141
13.4.1 Sorten ... 141
13.4.2 Ansprüche ... 142
13.4.3 Kulturmaßnahmen ... 142
13.4.4 Krankheits- und Schädlingsbekämpfung ... 143
13.5 Brombeeren ... 143
13.5.1 Sorten ... 144
13.5.2 Ansprüche ... 144
13.5.3 Kulturmaßnahmen ... 144
13.5.4 Krankheits- und Schädlingsbekämpfung ... 145
13.6 Heidelbeeren ... 146
13.6.1 Sorten ... 146
13.6.2 Ansprüche ... 146
13.6.3 Kulturmaßnahmen ... 146
13.6.4 Krankheits- und Schädlingsbekämpfung ... 147
13.7 Preiselbeeren ... 147
13.7.1 Sorten ... 147
13.8 Sonstige Beerenobstarten und Wildfrüchte ... 148
Kiwi und Kokuwa ... 148
Holunder ... 148
Mährische Eberesche ... 148
Apfelbeere ... 149
Hagebutte, Sanddorn, Berberitze ... 149

14. ZIERPFLANZEN ... 150

14.1 Übersicht ... 150
14.2 Einjährige Sommerblumen (Annuellen) ... 151
14.2.1 Verwendung ... 151
14.2.2 Ansprüche ... 151
14.2.3 Kulturmaßnahmen ... 151
14.2.4 Auswahlliste ... 152
14.3 Zweijahresblumen (Biennen) ... 155
14.3.1 Verwendung ... 155
14.3.2 Ansprüche ... 155
14.3.3 Kulturmaßnahmen ... 155
14.3.4 Auswahlliste ... 156
14.4 Stauden (Perennen) ... 157
14.4.1 Verwendung ... 157
14.4.2 Ansprüche ... 157
14.4.3 Kulturmaßnahmen ... 157
14.4.4 Auswahlliste ... 158
14.5 Zwiebel- und Knollengewächse ... 163
14.5.1 Verwendung ... 163
14.5.2 Ansprüche ... 163
14.5.3 Kulturmaßnahmen ... 163
14.5.4 Auswahlliste ... 164
14.6 Bäume und Sträucher ... 167
14.6.1 Wirkung ... 167

14.6.2 Ansprüche . . . 168
14.6.3 Kulturmaßnahmen . . . 169
14.6.4 Auswahlliste . . . 171

14.7 Rosen . . . 174
14.7.1 Verwendung . . . 174
14.7.2 Ansprüche . . . 175
14.7.3 Kulturmaßnahmen . . . 175
14.7.4 Auswahlliste . . . 177

14.8 Balkon- und Fensterblumen . . . 178
14.8.1 Auswahlkriterien bei Balkon- und Fensterblumen . . . 178
14.8.2 Pflanzgefäße . . . 179
14.8.3 Kulturmaßnahmen . . . 179
14.8.4 Auswahlliste für Balkon- und Fensterblumen . . . 182

15. RASEN . . . 185

15.1 Verwendung . . . 185

15.2 Kulturmaßnahmen . . . 185
15.2.1 Anlage . . . 185
15.2.2 Pflegemaßnahmen . . . 186

16. DER GARTEN ALS ERHOLUNGSRAUM . . . 187

16.1 Gestaltungselemente . . . 187
16.1.1 Natürliche Elemente . . . 187
16.1.2 Architektonische Elemente . . . 188

16.2 Anlage . . . 190
16.2.1 Gestaltungsgrundsätze . . . 190
16.2.2 Planungsvorbereitung . . . 191
16.2.3 Detailplanung . . . 191

16.3 Pflege . . . 192

17. ORTSVERSCHÖNERUNG . . . 193

17.1 Möglichkeiten der Ortsverschönerung . . . 193

17.2 Friedhofs- und Grabgestaltung . . . 193
17.2.1 Regeln für die Grabgestaltung . . . 193
17.2.2 Bepflanzungsvorschläge . . . 194
17.2.3 Grabpflege . . . 194

STICHWORTVERZEICHNIS . . . 195

LITERATURNACHWEIS . . . 200

1. EINFÜHRUNG IN DEN GARTENBAU

Was ist ein Garten?

Ein Stück Land – bebaut mit Nutzpflanzen zu Versorgungszwecken
– begrünt als Rasen oder Wiese für Spiel oder Meditation
– als Blütenparadies oder Beobachtungsraum
– als erweiterter Wohnbereich oder Arbeitsstätte

❑ Der Garten als Kulturlandschaft

Vielfältig ist das Erscheinungsbild des Gartens – **einmalig** ist jeder einzelne Garten.
Er ist ein individuelles Stück Kulturlandschaft, gestaltet durch den Geschmack und die Bedürfnisse seines **Gärtners**, geprägt durch **Naturfaktoren**, wie Klima, Lage, Boden.

Kultur leitet sich vom lateinischen **colere** = pflegen her. Der Garten als **Kulturlandschaft** unterscheidet sich durch die Pflege des Menschen von der unberührten **Naturlandschaft**, in der Wachsen und Vergehen ohne Eingriff des Menschen stattfinden.

❑ Der Garten als Ökosystem

Ökosystem = Beziehungsgefüge der Lebewesen untereinander und mit ihrem Lebensraum.

Wir wollen unseren Garten als vielfältige Wunderwelt sehen und begreifen lernen – nicht nur den Erfolg beim Säen, Pflanzen und Ernten, sondern die alltäglichen Ereignisse, das **Zusammenspiel** und die **Wechselwirkung von Boden, Pflanze und Tier.**

Aus diesem sich ständig vollziehenden **Kreislaufgeschehen**, in dem jedes einzelne Glied den gleichen Stellenwert besitzt, können wir **ökologische Zusammenhänge** und die Notwendigkeit **ganzheitlichen Denkens** erfahren.

Unseren Garten zeichnet auch aus, dass trotz notwendigem gartenbaulichem Fachwissen kein Zwangsschema die eigenen Ideen und Gestaltungswünsche einengt. Hier darf man ein Leben lang lernen, eigene Erfahrungen sammeln, beobachten und sein Verhältnis zur Natur festigen oder in Ordnung bringen.

❑ Der Garten als Arbeitsraum

Zufriedenheit mit dem Garten setzt jedoch voraus, dass Freude und Arbeit im richtigen Verhältnis zueinander stehen.

Überlegungen zur methodischen Gestaltung

Arbeitsaufwändig	Arbeitssparend
• Geschnittene Hecke • Wechselbepflanzung von 1- und 2-jährigen Pflanzen • Grünfläche Rasen • Rasenböschungen • Steigpflege bei Beeteinteilung • Wegpflege • Gartenpflege beim Umstechen	• Frei wachsende Hecke • Staudenbeet oder gemischte Dauerbepflanzung • Wiese; Mähkanten als Begrenzung • Bodendeckerbepflanzung • Reihenkultur mit Grüneinsaat oder Mulchschicht • Plattenwege • Pflege des Bodenlebens

Der Garten sollte nicht mehr Arbeit verursachen, als sein Besitzer zu leisten bereit ist. Ansonsten sollte man eben Mut zur Umgestaltung haben.

In jedem Fall werden **Lernprozesse, Einstellungen, Alter** und **veränderte Familienverhältnisse** das Aussehen des Gartens verändern und ihm eine **eigene Dynamik** verleihen.

1.1 GARTENPLANUNG

Unter Garten **im weiteren Sinn** versteht man den erweiterten **Wohn- und Versorgungsgarten**, der in verschiedene **Funktionsbereiche** gegliedert ist.

Funktionsbereiche des Gartens:

Vorgarten
Gemüse- und Kräutergarten
Beerenobst- und Obstgarten
Spielplatz
Ruhe- und Erholungsort
Wäscheplatz
Terrasse
Wasser- und Steingarten
Blumengarten

Eine **Einfriedung** (Zaun oder Hecke) grenzt den Garten erst als solchen ab, soll **Schutz** bieten (Sicht-, Lärm-, Staub- oder Windschutz und Abschirmung vor Eindringlingen), darf jedoch den Betrachter **nicht aussperren.**
Die **Einteilung** des Garten erfolgt mit Hilfe eines **maßstabgerechten Gesamtplanes** (ausgeschnittene Elemente ermöglichen Variationen) nach folgenden **Planungsgrundsätzen:**

- Landschaftsbezogenheit (Stadt, Land, alte Baumbestände)
- Standort (Lage, Klima, Boden)
- Familienwunsch und Wirtschaftlichkeit

Garten vor und neben dem Haus

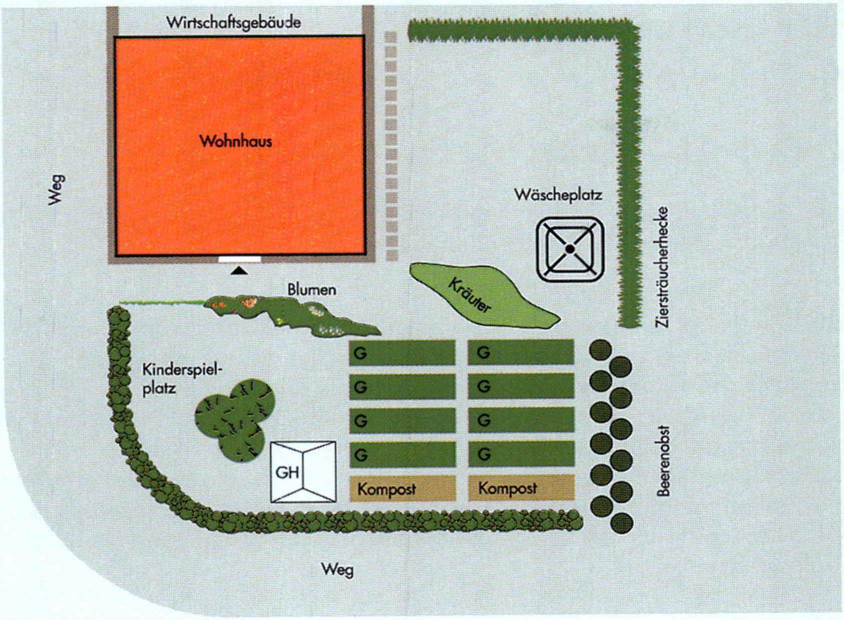

GH = Gartenhaus
G = Gemüsebeet

Asymmetrischer Garten

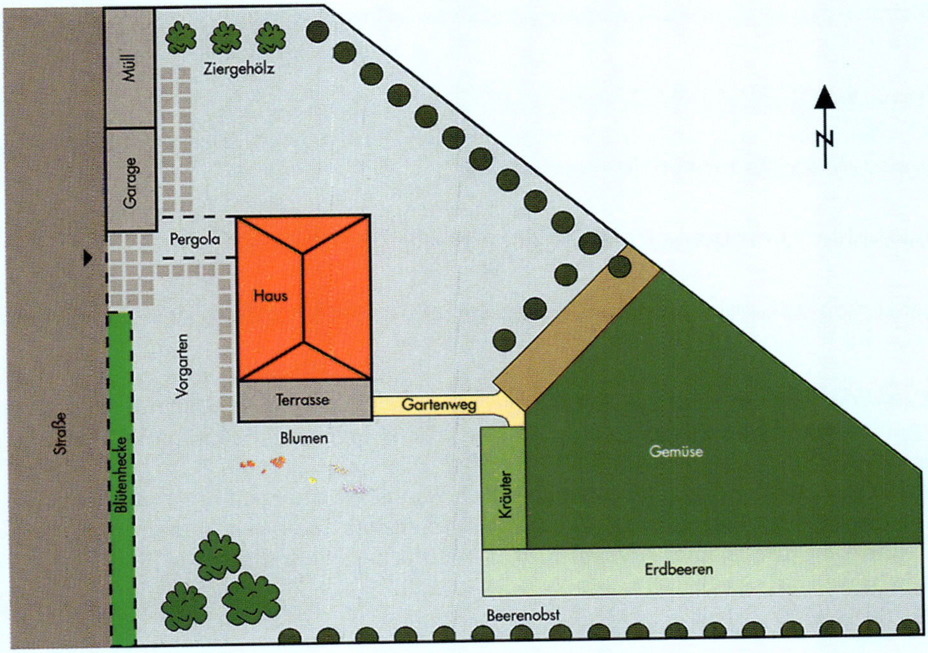

1.2 HAUSGARTEN

Unter Garten im **engeren Sinn** bezeichnet man den **Hausgarten** mit Gemüse und Kräutern, Blumen und Beerenobst.

1.2.1 Wert des Hausgartens

Der Wert des Hausgartens erhöht sich in Zeichen des Fortschritts mit ihren vielfachen Belastungen und manifestiert sich auf folgenden Wertebenen:

- **Gesundheitlicher Wert** – stets Frischgemüse und Kräuter, rückstandsfreie Produkte; ausgleichende Arbeit zum Beruf und erfüllender Aufenthalt im Garten.
- **Wirtschaftlicher Wert** – geringerer Bargeldaufwand trotz besserer Qualität bei selbst erzeugten Produkten; Einnahmequelle bei Produktverkauf; Entlastung des Verpakkungs- und Transportaufwandes.
- **Erzieherischer Wert** – durch Beobachtung und Pflege werden das Verständnis für ökologische Zusammenhänge und das Verantwortungsbewusstsein für das vernetzte Leben geweckt. Blumen fördern den Schönheitssinn, bringen Freude und wecken bei ihrer Verwendung die Kreativität.

1.2.2 Anlage des Hausgartens

Bei der Anlage eines Gartens sollten verschiedene Gesichtspunkte, wie Einteilung und Größe, Lage, klimatische Verhältnisse und Boden, berücksichtigt werden. Vorhandene Gärten sind daraufhin zu überprüfen.

- Die **Einteilung** ist mittels maßstabgerechter Planung zu treffen.
- Die **Größe** richtet sich nach der zu versorgenden Personenzahl, Essgewohnheiten, Arbeitskräften, in- oder extensiver Bewirtschaftung.

Als Faustzahl rechnet man mit 15 bis 20 m² Fläche pro Person.

Beerenobst und verschiedene Grobgemüse können auch außerhalb des Gartens bzw. feldmäßig angebaut werden.

- Die **Lage** des Gartens soll geschützt, sonnig, nach Südost, eben oder nur schwach geneigt und womöglich in der Nähe des Hauses sein. Bei Hanglage ist es günstig, Terrassen anzulegen.
- **Klimatische** Bedingungen lassen sich durch Windschutzhecken und -zäune und durch die Standortwahl verbessern – z. B. an einer Wärme reflektierenden Mauer.
- Der **Boden** ist durch eine Vielzahl kulturtechnischer Maßnahmen in Richtung **humoser Gartenboden** verbesserbar.

1.2.3 Einteilung des Hausgartens

Eine zusammenhängende Bodenfläche lässt sich leichter bearbeiten als ein aufgeteiltes Grundstück. Viele Wege verursachen viel Arbeit, Plattenwege bringen Arbeitsersparnis.

- Die Einteilung der Gemüsefläche kann in Beeten oder Reihen erfolgen.
- Bei breiten Grundstücken (über 12 m Breite) kommt der Hauptweg in die Mitte, sonst an eine Längsseite. Er soll ca. 1 m breit sein.
- Steige zwischen den Gemüsebeeten sollen 25 bis 30 cm breit sein.
- Die Beetbreite soll ca. 120 cm betragen.
- Der Reihenabstand bei Reiheneinteilung beträgt 50 cm.
- Die Breite des Mistbeetes beträgt 150 cm, die Länge ist abhängig von der Fensterzahl (à 80 bis 100 cm).
- Die Breite der Kompostmiete beträgt 100 bis 120 cm, die Länge ist nicht begrenzt.

Weiters ist noch vorzusorgen für:
- Wasseranschluss
- Gartenhäuschen (Geräte)
- Stromanschluss (Häcksler)
- Blumen und Beerenobst
- Kompostsammelstelle

Beispiel eines Gartenplanes mit Beeteinteilung

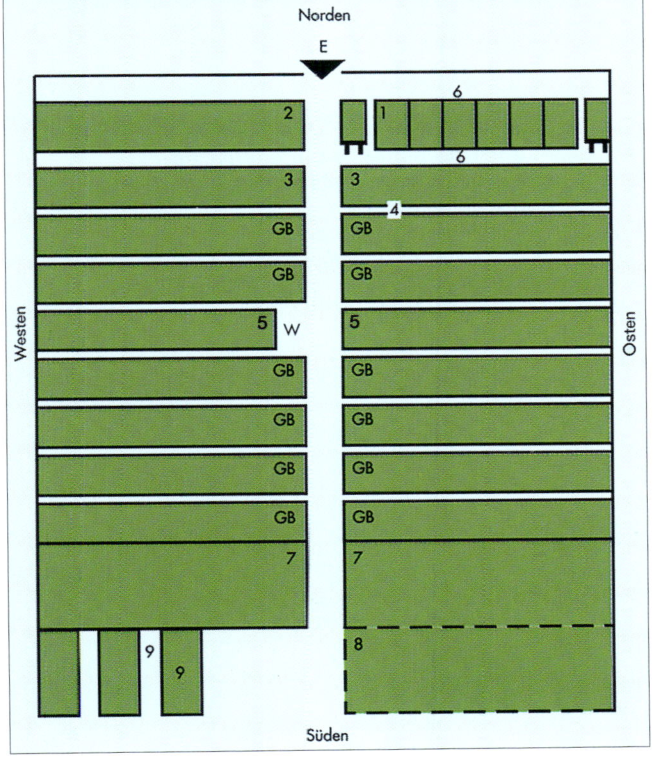

Zeichenerklärung

E = Eingang
W = Wasserstelle
GB = Gartenbeet
1 = Mistbeet
2 = Kräuterbeet
3 = Frühbeet
4 = Gartensteige (Bretter)
5 = Schnittblumenbeet
6 = Gartenwege (Platten)
7 = Beerenobstanlage
8 = Manipulationsfläche
9 = Kompostmieten mit Plattenwegen dazwischen

Beispiel eines Gartenplanes mit Reiheneinteilung

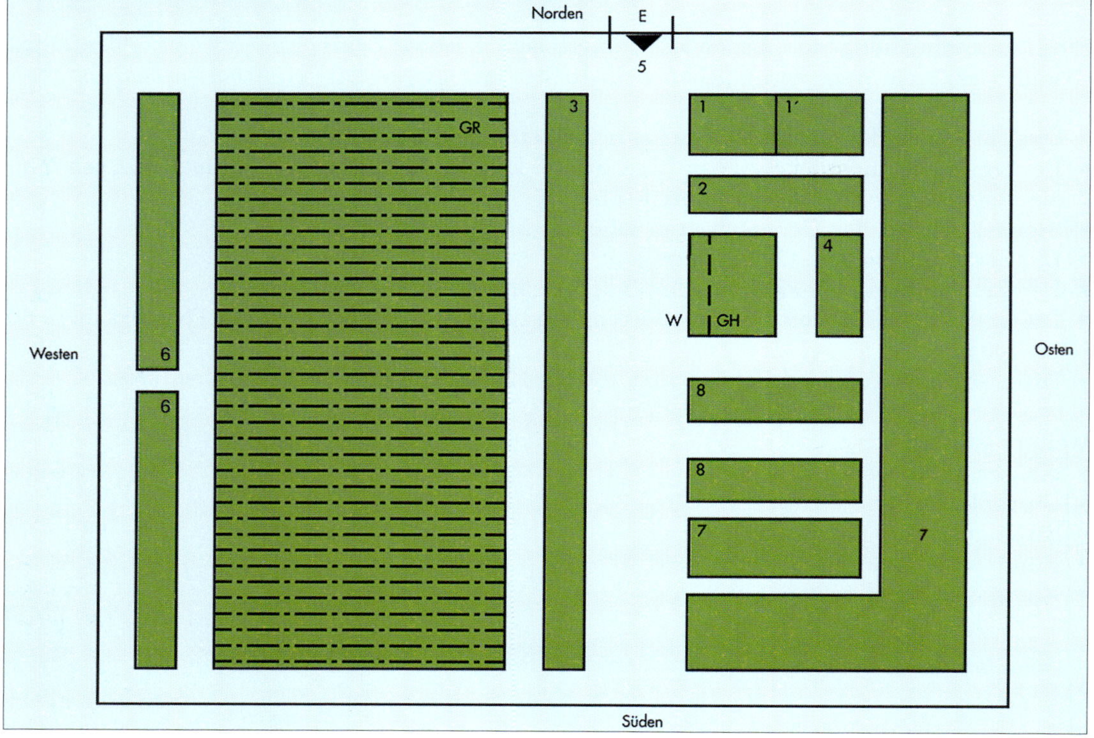

Zeichenerklärung

E = Eingang
GH = Gartenhaus
W = Wasserstelle
GR = Gemüsereihen
1 = Mistbeet
2 = Frühbeet, Freilandsaatbeet
3 = Kräuterbeet
4 = Arbeits- und Manipulationsfläche
5 = Befestigte Gartenwege (evtl. Platten)
6 = Kompostmieten
7 = Beerenobstanlage
8 = Schnittblumenbeet

2. BODEN

Der Boden ist die oberste, lockere, von Pflanzen durchwurzelte und Tieren besiedelte Verwitterungsschicht der festen Erdrinde.
Im übergeordneten Sinn ist der Boden die Lebensgrundlage für alle Lebewesen.

Boden und Pflanze stehen in vielfältiger **Wechselbeziehung**, welche als geschlossenes **Kreislaufsystem** zu betrachten ist.

Der Boden ernährt die Pflanze,
↕ ↕
die Pflanze ernährt den Boden.

Die Darstellung der **Bodenschichten** gibt Einblick in den „Gesamtorganismus" Boden:

In den unterschiedlichen **Bodenschichten** arbeiten unermüdlich die spezifischen **Bodenlebewesen**. Um ihre Arbeit nicht zu stören, ist es notwendig, die natürlichen Bodenschichten zu belassen – also bei Kulturböden nur zu **lockern** und zu **lüften**, die Bodenlebewesen zu **schützen** und zu **ernähren.**

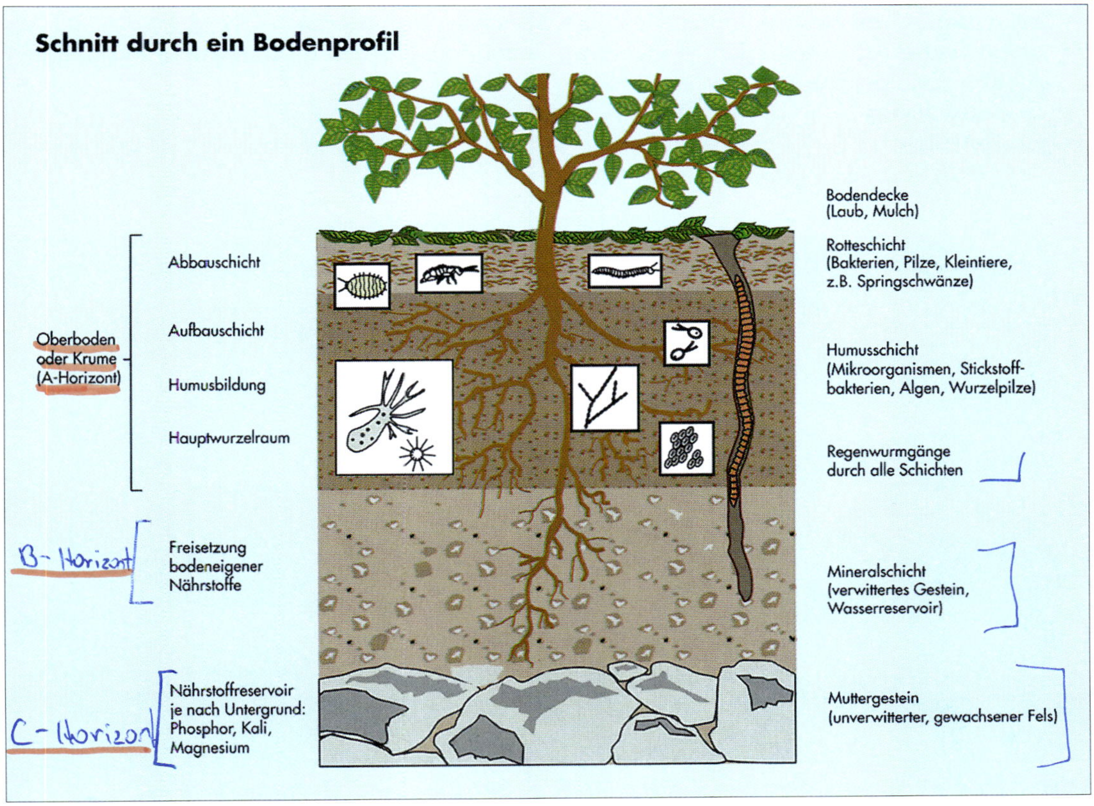

In der **Rotteschicht** erfolgt durch das Bodenleben die Zerkleinerung, die erste Stufe der **Zersetzung** des **organischen Materials**. Die **Rotte** ist ein aerober Prozess. Das heißt, es muss Luft einwirken, sonst ist Fäulnis die Folge.

In der **Humusschicht** setzen **Bodenlebewesen** die vorverdauten Substanzen so weit um, dass sie von Pflanzen aufgenommen werden können. In dieser Schicht ist der **Hauptwurzelraum**, wo enge **Wechselbeziehungen** zwischen **Pflanzenwurzeln** und **Bodenleben** bestehen (z.B. Knöllchenbakterien an Leguminosen). Die einen leben von den Stoffwechselprodukten der anderen.

Rotteschicht und Humusschicht bezeichnet man als Krume.

2.1 BODENAUFBAU UND -BESCHAFFENHEIT

Die Eigenart des Bodens und seine Eigenschaften zu kennen sowie notwendige gartenbauliche Maßnahmen anzuwenden, sind Voraussetzungen für einen erfolgreichen **Gartenbau**.

2.1.1 Bodenbestandteile

Der Boden besteht aus:

- **anorganischen** Bestandteilen (Gesteine, Minerale, Nährstoffe)
- **organischen** Bestandteilen (Bodenflora, Bodenfauna, Wurzeln, tierische und pflanzliche Rückstände, Humus)
- **Bodenwasser**
- **Bodenluft**

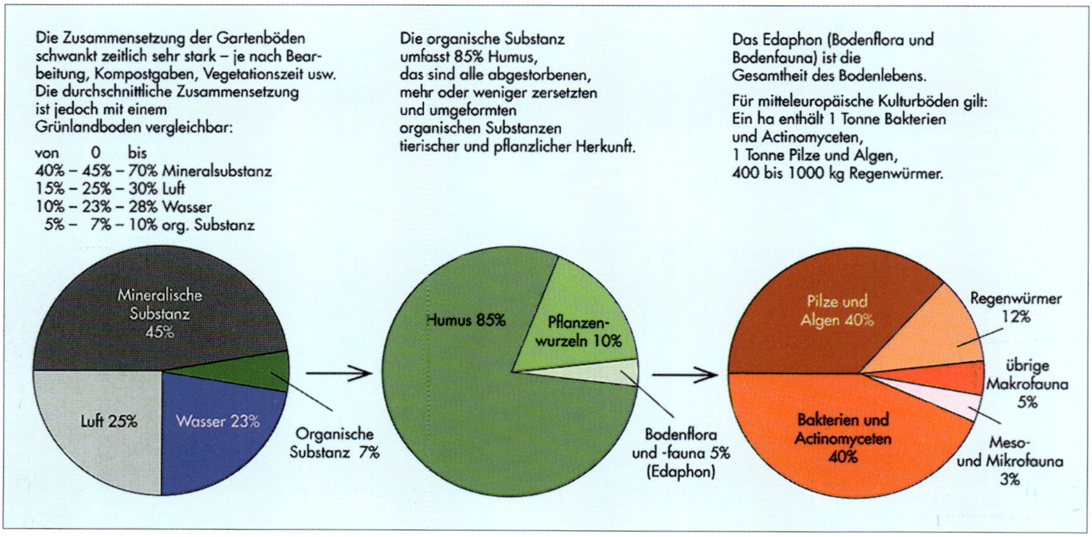

Beispiel für die ***Zusammensetzung der organischen Substanz*** *eines* ***Grünlandbodens***

2.1.2 Bodenbildung

Die Bildung des Bodens erfolgt durch

Verwitterung von **Gesteinen** und **Mineralen**	und	**Verrottung** von **organischer Substanz**
mittels		durch
physikalischer (Wärme, Kälte)		**das Bodenleben**
chemischer (Lösung, Oxidation …)		(Mineralisierung)
biologischer (Ausscheidung von Pflanzen und Tieren)		und
Vorgänge		Humifizierung)

2.1.3 Bodenarten und Humus

Gesteinsbruchstücke mit mehr als 2 mm Durchmesser bilden den Grobboden. Benennung und Unterscheidung der **Bodenarten** richten sich nach der **Korngrößenzusammensetzung** (Textur) der mineralischen Feinbodenbestandteile und dem Gehalt an **organischer Substanz (Humus)**.

Hauptbodenarten

mineralische		**organische**	
Sandboden	– körnig	**Humusboden**	(1–15% Humus)
Tonboden	– klebrig	**Anmoor**	(15–30% Humus)
Lehmboden	– hat hohen Anteil an allen Korngrößen	**Moorboden**	(über 30% Humus)

1 = Ton
2 = Lehm
3 = Sand
4 = Humus

Extremformen der **Hauptbodenarten** kommen kaum vor und sind gartenbaulich nicht nutzbar.

Die **Mischformen** mit Verbesserung (Fruchtwechsel, Bodenbedeckung, Kompost, Gründüngung, Gesteinsmehlgaben, Lockerung) hin zum **humosen Gartenboden** ermöglichen eine pflanzenbauliche Nutzung.

Humusarme Böden sind für Pflanzenwurzeln schwer erschließbar, es fehlt die Ergänzung **Bodennahrung ↔ Bodenleben!**
In der Praxis weisen die Gartenböden einen Humusgehalt von 6–8% auf.

❑ Der Humus

Humus ist die im und auf dem Boden in Zersetzung befindliche **organische Substanz**. Er ist Träger der **Bodengare** und **Bodenfruchtbarkeit.**

Nährhumus	**Humusarten**	**Dauerhumus**
• leicht abbaubare Humusbestandteile • Nahrungsgrundlage der Bodenlebewesen • braune Bodenfarbe		• schwer zersetzbare Humusbestandteile • Gefügebildung des Bodens • Speicher und Vermittler von Wasser und Nährstoffen • dunkle Bodenfarbe

Humusformen

Rohhumus: Ungünstige Form, nährstoffarm, sauer (Nadelwald und Heideböden).

Torf: Unter Sauerstoffmangel zersetzte abgestorbene Pflanzen, sauer – für Spezialkulturen (Heidelbeeren).

Moder: Zwischenform von Rohhumus und Mull, überwiegend im Laubwald.

Mull: Günstige Humusform, nährstoffreich, neutral bis alkalisch, biologisch aktiver Garten-, Acker- und Grünlandboden. Die organische Substanz ist stark humifiziert und mit den mineralischen Bodenbestandteilen gut vermischt.

Eigenschaften von Humus

- Förderung von Krümelbildung (Verbindung mit Ton zu den Ton-Humus-Komplexen)
- Erhöhtes Wasserspeichervermögen durch Wasserbindung
- Verbesserter Luft- und Wärmehaushalt
- Verbesserung des Nährstoffhaushaltes durch Freisetzung organisch gebundener Nährstoffe und durch Nährstoffspeicherung
- Leichte Böden werden durch Humus bindiger, schwere Böden leichter und dadurch besser bearbeitbar
- Schadstoffe im Boden können bis zur Unwirksamkeit gebunden werden

Günstige Voraussetzungen für die Humusbildung

- Zufuhr organischer Substanz
- Genügend stickstoffhaltige Verbindungen (z. B. Eiweißstoffe)
- Ausreichende Feuchtigkeit und Wärme
- Bodenreaktion möglichst über pH 6
- Keine zu häufige Bodenbearbeitung (Sauerstoffzufuhr drosseln)
- Fruchtwechsel und -folge mit humusmehrenden Pflanzen
- Bodenruhe unter schützender Pflanzendecke

Das **Bodenleben** kann unter diesen **Voraussetzungen** genügend **Nähr-** und **Dauerhumus** bilden. Dies wird im Garten vor allem bei der **Kompostbereitung** genutzt.

Bodenart	Bestandteil und **Gefüge**	**Eigenschaften** hinsichtlich **Wasser**	**Luft**	**Wärme**	**Nährstoffe**	**Bearbeitbarkeit**
Sandboden	grobe Bodenbestandteile, körnig, locker und wenig bindig	geringe Wasser haltende Kraft, wasserarm	sehr gute Durchlüftung, oxidierende Eigenschaften	warmer Boden, der sich schnell erwärmt und rasch abkühlt	geringes Nährstoffspeichervermögen und meist nährstoffarm	sehr leicht zu bearbeiten, möglicher Bearbeitungsspielraum sehr groß, neigt kaum zu Verdichtungen; Humus- und Wasserhaushalt durch eine nicht zu häufige Bodenbearbeitung schonen!
Tonboden	höchste Bindigkeit, Struktur neigt zur Verdichtung und Verkrustung, wenig erosionsanfällig	großes Wasserspeichervermögen; jedoch abnehmender Anteil an pflanzenverfügbarem Wasser	schlechte Durchlüftung, reduzierende Eigenschaften	kalter Boden, der sich langsam erwärmt und langsam abkühlt	Nährstoffspeichervermögen und -gehalt hoch, fallweise geringe Nährstoffverfügbarkeit	sehr schwer zu bearbeiten, geringer Bearbeitungsspielraum („Stunden- oder Minutenboden"), erhöhter Bearbeitungsaufwand, anfällig für Bearbeitungsfehler, strukturfördernde bzw. durchlüftende Maßnahmen durchführen; organische Substanz nicht zu tief einarbeiten
Lehmboden	feine und grobe Bodenbestandteile vorherrschend, stabile Struktur, leicht herstellbar	gutes Wasserhalte- und -abgabevermögen; genügend pflanzenverfügbares Wasser	mittelgute Durchlüftung	mittelgute Erwärmbarkeit und geringe Temperaturschwankungen	gutes Nährstoffspeichervermögen und mittlerer Nährstoffgehalt; gute Nährstoffverfügbarkeit	mittelschwer bis schwer zu bearbeiten und mittlerer Bearbeitungsspielraum
Humusboden	hoher Humusanteil, sehr locker, geringe Bindigkeit	großes Wasserhaltevermögen, geringe Durchlässigkeit	beschränkte Durchlüftung		arm an Phosphor und Kali, Niederungsmoore reich an Stickstoff und Kalk, Hochmoore dagegen arm	Bearbeitung hauptsächlich auf Wasserregelung gerichtet

2.1.4 Bodenstruktur

Unter **Bodenstruktur** (Bodengefüge) versteht man die **räumliche Anordnung der Bodenteilchen.**

Verschiedene Möglichkeiten der Anordnung:

- **lose** = Einzelkornstruktur, z. B. Sand
- **verklebt** = Massivstruktur, z. B. schwerer, nasser Boden
- **zusammengesetzt** = Plattige Struktur, z. B. Pflugsohle, Krümelige Struktur, z. B. Gartenboden

Die erwünschte **Gefügeform** für den Gartenboden ist die **Krümelstruktur** oder das **Krümelgefüge**.

Ton-Humus-Komplexe und Kalk (Regenwurmkot ist am wertvollsten) werden mit Hilfe der **Mikroorganismen** und **Pflanzenwurzeln** zu **Krümeln** verklebt und umwachsen = **Lebendverbauung der Krümel**.

Voraussetzungen für die Bildung einer **dauerhaften Krümelstruktur**:

- **Tongehalt** des Bodens
- Ausreichende **Kalkversorgung**
- Ständige Versorgung mit **organischer Substanz**
- Aktives **Bodenleben**
- Stete **Bewurzelung**
- Weiter **Fruchtwechsel**, richtige **Fruchtfolge**
- Schützende **Bodendecke**
- Schonende **Bodenbearbeitung**

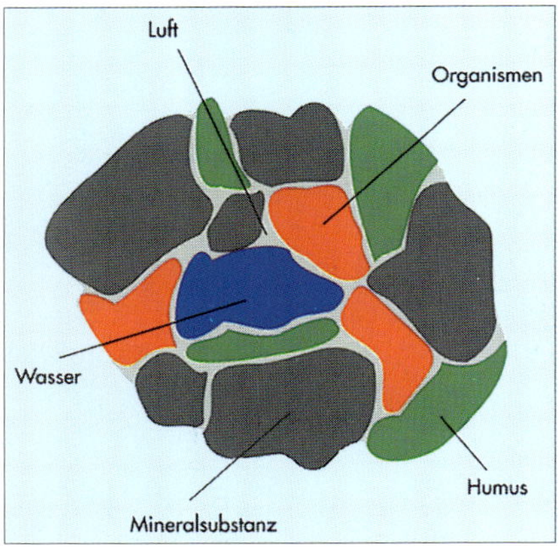

*Die **Struktur der Krümel** ähnelt der eines Schwammes: optimales Verhältnis von Substanz und Porenvolumen und optimale Porenverteilung. Feine und mittlere Poren in den Krümeln speichern das Wasser; daneben liegen größere Poren, die Luft führen. Ein Krümelgefüge bietet daher die günstigsten Voraussetzungen für alle Lebensvorgänge, die die Anwesenheit von Luft und Wasser benötigen.*

Eine **lebend verbaute Krümelstruktur** wird auch als **echte Gare** bezeichnet. Sie ist dauerhafter gegenüber Zerstörung durch mechanische Einwirkungen, Verschlämmung, Wasser- und Winderosion.

Die **beste** und **stabilste Krümelstruktur** findet sich im **Oberboden unter einer schützenden Pflanzendecke!** Bodenbedeckung durch Mulch oder Pflanzenbestand.

2.1.5 Bodenleben

Als **Bodenleben** (Edaphon) werden alle im Boden lebenden pflanzlichen und tierischen Organismen bezeichnet.

Mit freiem Auge nicht mehr erkennbare Lebewesen nennt man **Mikroorganismen** (Lebensdauer ca. eine halbe Stunde).

Der das Bodenleben sichtbar darstellende **Regenwurm** ist durch seine **Lockerungsarbeit** (Regenwurmgänge durch alle Bodenschichten) und **Verdauungstätigkeit** (Wurmerde sehr nährstoffreich, Ton-Humus-Komplexe) Zeichen eines stark belebten, **aktiven Bodens.**

Die Anzahl der **Bodenorganismen** ist nach Jahreszeit, Bodenart und -bearbeitung sehr schwankend. Je Gramm Boden rechnet man mit 10 Mio. Mikroorganismen, in Wurzelnähe mit vielen Mrd. (Mikrobenmantel). Das **Gesamtgewicht** des **Bodenlebens** kann in fruchtbaren Böden mit ca. 2 kg/m^2 angenommen werden, der Regenwurmbesatz mit 0,1 kg/m^2 (Ausscheidung von 1–10 kg Wurmerde mit vielfach höherem Nährstoffgehalt).

Ein **reiches Bodenleben** ist Voraussetzung für einen **fruchtbaren Boden.** Ein fruchtbarer Boden ist Voraussetzung für ein **reiches Bodenleben.**

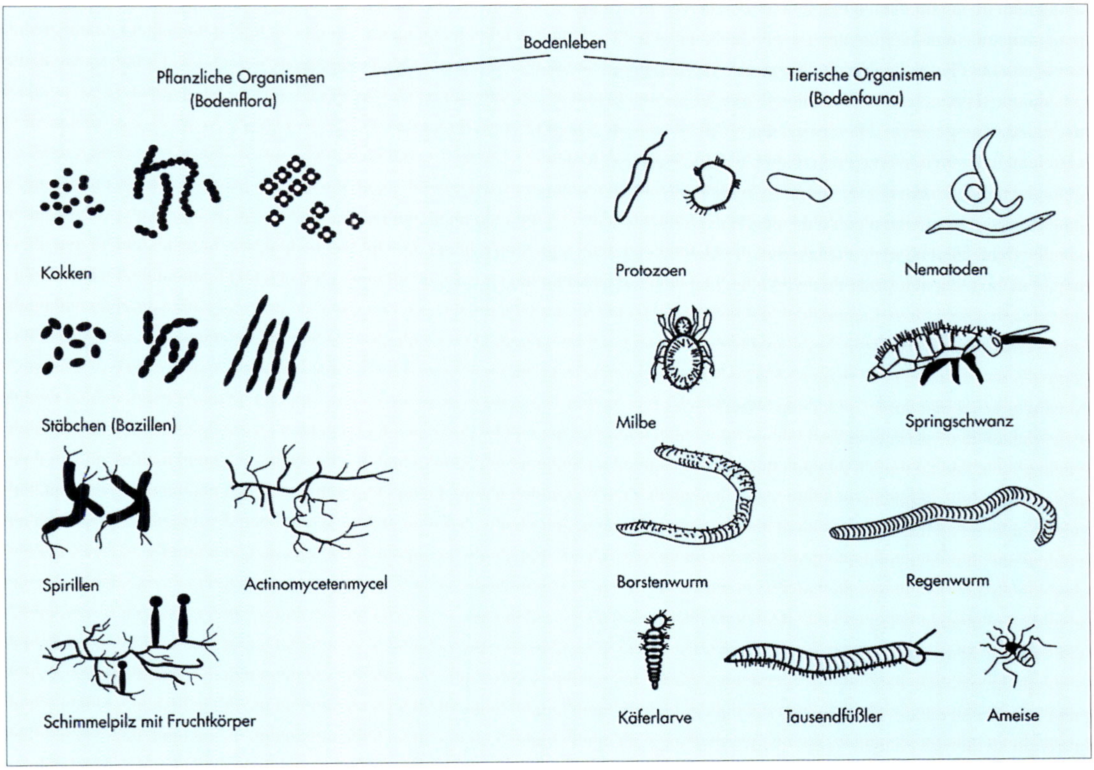

Aufgaben des Bodenlebens

Das Bodenleben ist hauptverantwortlich für die Bodenbildung und die Bodenfruchtbarkeit. Durch ständige Zerkleinerungs- und Zersetzungsarbeit sowie Stoffumwandlung werden die Nährstoffe in eine pflanzenaufnehmbare Form gebracht.

***Knöllchenbakterien** an einer Ackerbohnenwurzel*

- **Bodenlockerung** durch mechanische Zerkleinerung der organischen Rückstände und deren **Vermischung** mit mineralischen Teilen sowie **Durchlüftung** durch Bodengänge
- **Humusbildung** durch Ab-, Um- und Aufbau organischer Substanz, Dauerhumusbildung = Humifizierung
- **Lebendverbauung** der Bodenkrümel durch Schleimstoffe, Pilz- und Algenfäden
- **Aufschließung** der Nährstoffe und **Umwandlung** in pflanzenaufnehmbare Form und **Speicherung**
- **Verfügbarkeit** der Nährstoffe, die beim Absterben der Mikroorganismen frei werden
- **Spezialaufgaben:** z. B. **Binden von Luftstickstoff** durch Stickstoff sammelnde Bakterien (Knöllchenbakterien) an den Wurzeln von Leguminosen, wie Erbsen, Bohnen, Wicken ...

Die wichtigsten gartenbaulichen Überlegungen und Maßnahmen gelten der **Förderung** des **Bodenlebens:**

- Schonende **Bodenbearbeitung** (Bodenschichten belassen, kein Umstechen – nur Lockern und Lüften)
- Ausreichende **Versorgung mit organischer Substanz** (Humusaufbau)
- Ständige **Bodenbedeckung** (Kulturpflanzen, Grüneinsaat, Mulch)
- Bestmögliche **Mineralstoffversorgung** (Gesteinsmehle, organische Dünger)
- Genügend **Feuchtigkeit** (Bodendecke)
- Günstige **Bodentemperatur** 15–35° C (Bodendecke)
- Entsprechende **Sauerstoffzufuhr** (lockern, bedecken)
- Milde **Bodenreaktion** pH 6–8 (organische Dünger)
- Verzicht auf bodenbelastende **Schadstoffe** (biologisches Gleichgewicht)

*Bindung des **Luftstickstoffes** durch **Knöllchenbakterien***

2.1.6 Bodennährstoffe und pH-Wert

Der Boden ist **Speicher** von Nährstoffen für Pflanzen und Bodenlebewesen.

Die Nährstoffe entstammen hauptsächlich dem Ausgangsmaterial: Gesteine, Minerale, der organischen Substanz und teilweise der Düngung. Nährstoffe sind im Boden verschieden stark gebunden. Austauschbare und in der Bodenlösung befindliche Nährstoffe werden als **pflanzenverfügbar** bezeichnet.
Je nach der **Entstehung des Bodens**, den **Klimabedingungen** und der **Bewirtschaftung** haben die Böden einen **unterschiedlichen Gehalt an pflanzenverfügbaren Nährstoffen.**
Das **Nährstoffnachlieferungsvermögen** des Bodens (der Übergang von stark gebundenen Nährstoffen in austauschbare und lösbare) nennt man **Nährstoffmobilisierung.**
Allgemein fördern **intensives Bodenleben**, **Feuchtigkeit** und **Nährstoffentzug** die **Mobilisierung**.

Eine besondere Aufgabe im Boden hat der Kalk. Er ist in erster Linie Bodennährstoff (Bestandteil) und schafft günstige Voraussetzungen für das Pflanzenwachstum.

Kalk ist die **Brücke zur Bodenfruchtbarkeit** durch:
- **Neutralisation** verschiedener Säuren (saure Düngemittel, saurer Regen)
- **Stabile Krümelbildung** (mit Ton und Humus)
- Bildung **hochwertiger Humusformen**
- **Förderung** des **Bodenlebens** (Aktivierung)
- **Mobilisierung** von **Pflanzennährstoffen**
- **Schaffung günstiger Voraussetzungen** für den Luft-, Wasser- und Wärmehaushalt
- **Anhebung des pH-Wertes**

Der pH-Wert ist das Maß für die Bodenreaktion (Konzentration der Wasserstoffionen).

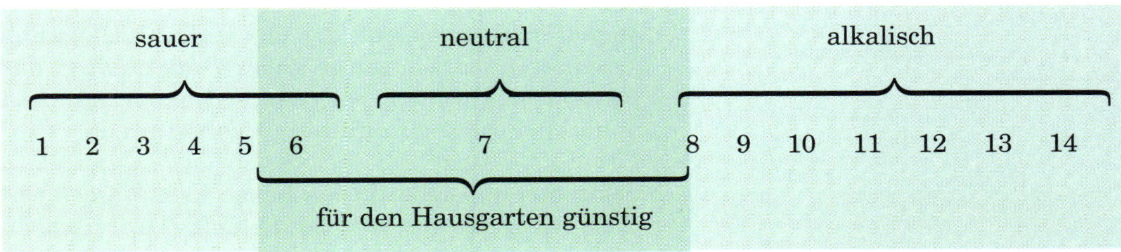

Die meisten Kulturpflanzen gedeihen im **neutralen Bereich**; Ausnahmen sind z. B. Heidelbeeren auf saurem Boden.

Der **pH-Wert** beeinflusst viele Vorgänge im Boden:
- **Biologische Aktivität**
- **Verwitterung**
- **Humusbildung**
- **Krümelbildung**
- **Nährstoffhaushalt**

2.1.7 Bodenwasser

Ohne Wasser kein Leben!

Für **Wachstum**, **Ertrag** und **Qualität** der Pflanzen ist **Wasser** Voraussetzung (200 bis 800 l Wasser für die Produktion von 1 kg Pflanzentrockensubstanz).

Aufgaben des Wassers

- Versorgung der **Pflanzen** (Bau-, Quell-, Lösungs- und Transportmittel)
- Versorgung der **Bodenorganismen**
- **Träger** und **Verteiler** von **Nährstoffen**
- Zersetzung organischer und anorganischer Stoffe – **Verwitterung**

Bodenwasser
aus

Niederschlagswasser (Regen, Schnee, Tau)	**Grundwasser**
ca. 40% stehen den Pflanzen zur Verfügung 30% verdunsten 15% fließen oberflächlich ab 15% versickern im Grundwasser	Für Pflanzen ist es nur bis 1,5 m Tiefe (über dem Brunnenwasserspiegel) verfügbar und über den kapillaren Wasseranstieg nutzbar.

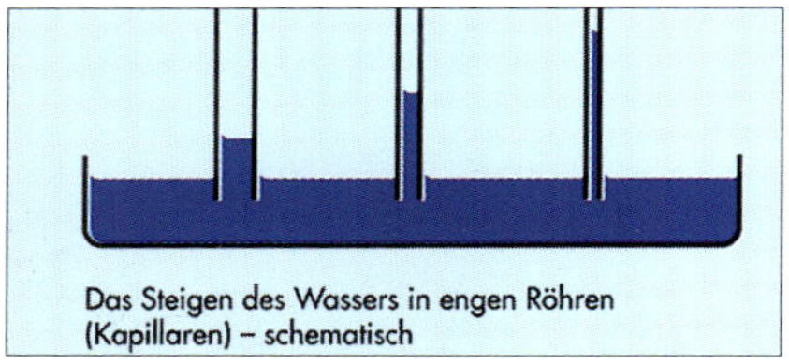

Das ***Steigen des Wassers*** *in den* ***Kapillaren***

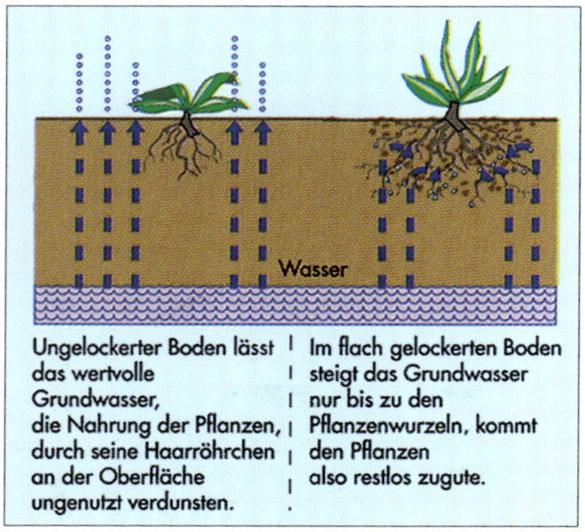

Unterbindung *der* ***Wasserverdunstung***

Die Menge der **Niederschläge** ist gebietsmäßig sehr verschieden. 10 mm Niederschlag (10 l Wasser auf 1 m^2) kann den Boden ca. 10 cm durchfeuchten.

Das **Grundwasser** ist das ständige Feuchtigkeitsreservoir in der Erde, die **Niederschläge** ergänzen den steten Wasserkreislauf, der durch die Verdunstung geschlossen ist. Ein **guter garer Boden saugt** das Niederschlagswasser wie ein Schwamm auf und **speichert** es für eine **günstige Verteilung**.

Schlechte, unbelebte Böden haben kein Wasserspeichervermögen – es versickert, läuft oberirdisch ab oder staut sich und verursacht Fäulnis und Morast.

Daher ist die Niederschlagsmenge kein direkter Maßstab für eine ausreichende Wasserversorgung.
Wichtig ist die **Speicherung im Wurzelraum!**

Wasserspeichervermögen und **Bodenfruchtbarkeit** stehen in engem Zusammenhang.

Die **Wasser haltende Kraft des Bodens** ist abhängig:

- Von der **Tiefe** des **nutzbaren Wurzelraumes**
- Vom **Humusgehalt**
- Vom **Feinbodenanteil** (Sand-, Schluff-, Tonanteil)
- Von den **Bodenporen** (Fein-, Mittel-, Grobporen; Mittelporen speichern pflanzenverfügbares Wasser)

Folgende **Maßnahmen im Garten** reduzieren die Verdunstung und unterstützen das Speichervermögen:

- Hecken bzw. Windschutz
- Bodenbedeckung und -beschattung
- Humuswirtschaft
- überlegte Bodenbearbeitung

Überlegte **Bodenbearbeitung** (Lockern und Lüften) und **Bodenbedeckung** als Schutz vor Verkrustung **fördern** das Aufsteigen des Bodenwassers in den **Kapillarröhrchen bis in den Wurzelraum** und **verhindern** die Verdunstung an der Oberfläche.

Zu geringe Niederschläge können durch **Bewässerung** ergänzt werden:

- Bei Notwendigkeit und nicht aus Gewohnheit bewässern
- Zum richtigen Zeitpunkt – Frühling und Herbst: Vormittag; Sommer: Abend (Pilzerkrankungen)
- Sorgfältig bewässern, nicht verschwemmen
- Selten, dafür durchdringend bewässern
- Auf bewachsenen oder gemulchten Böden (vermindert den Aufprall)

Möglichkeiten

Gießen mit der Kanne (Flächen überbrausen, ins Pflanzloch ohne Brause)
Spritzen mit Schlauch und Vorsatzdüse
Beregnen mit verschiedenen Beregnersystemen
Tröpfchenbewässerung

2.1.8 Bodenluft

Bodenluft ist ebenso wichtig wie Wasser im Boden.

Beide sind Gegenspieler, das heißt sie stehen in **Wechselbeziehung**, da das gesamte Porenvolumen des Bodens in **Wasser**- und **Luftvolumen** aufgeteilt ist. Mit steigendem Luftgehalt des Bodens sinkt daher der Wassergehalt und umgekehrt – z. B. Luftmangel bei überschwemmten oder staunassen Böden; Verdichten beim Betreten nasser Böden.
Die **Bodenluft** enthält durch die Tätigkeit der Bodenorganismen das Mehrfache an Kohlendioxyd im Ver-

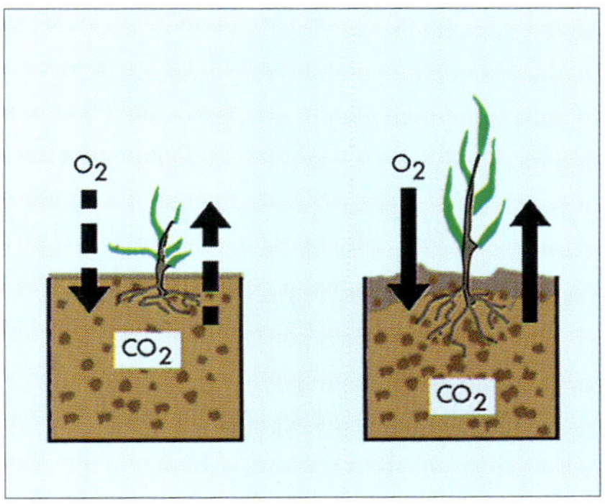

Gehemmter *und* ***ungehemmter Gasaustausch*** *zwischen Boden und Außenluft*

gleich zur **Atemluft**. Zwischen Boden und Atmosphäre erfolgt ein ständiger Gasaustausch – die **Bodenatmung**.

Der Gasaustausch zwischen Boden und Außenluft ist nur bei **durchlässigen Böden** möglich; daher: Mulchen
Lockern und Lüften
Anbau von Tiefwurzlern

Die Menge an entweichendem CO_2 kann als Maßstab für die **biologische Aktivität** des Bodens betrachtet werden. CO_2 wird bei der Assimilation verwertet.

Eindringen von CO_2 ist für viele Vorgänge notwendig:
- **Versorgung** der Pflanzenwurzeln und Bodenorganismen mit Sauerstoff
- **Verrottung** nur unter Sauerstoffeinwirkung (sonst Fäulnis)
- **Nährstoffaufnahme** nur in durchlüfteten Böden gut

2.1.9 Bodentemperatur

Die **Bodentemperatur** steht in engem Zusammenhang mit **Bodenwasser** (Wärmespeicherung) und **Bodenluft** (schlechter Wärmeleiter).

Die Bodentemperatur schwankt nach Jahres- und Tageszeit und wird noch von folgenden Faktoren beeinflusst:
- **Bodenart** – raschere Erwärmung und Abkühlung leichter Böden
- **Hanglage** – Sonneneinstrahlung auf Südhang
- **Bodenfarbe** – Dunkelfärbung durch Humusgehalt bis 3° C Temperaturerhöhung
- **Bodenbedeckung** – günstiges Kleinklima, geringere Temperaturschwankungen
- **Niederschläge** – Frühjahrsregen erwärmt, Beregnung kühlt ab

Die Bodenwärme entscheidet nicht nur im Frühjahr über den Anbautermin der Kulturpflanzen, sondern auch über
- Keimung und Wachstum
- Aktivität des Bodenlebens
- Verrottung - Humusbildung
- Krümelbildung
- Verwitterung
- Nährstoffmobilität und -aufnahme

ZUSAMMENFASSUNG

Alle bodenbeeinflussenden Faktoren erbringen als sichtbares Zeichen die **natürliche Bodenfruchtbarkeit**. Darunter versteht man die **natürliche Leistungsfähigkeit des Bodens bei gegebenen Bedingungen** (Pflanzenwachstum).

Eine hohe **Bodenfruchtbarkeit** ist abhängig von

- entsprechender **Krumentiefe** (Tiefgründigkeit)
- optimaler **Korngrößenzusammensetzung** (Verhältnis Sand : Schluff : Ton)
- ausreichendem **Humusgehalt** (genügend Nähr- und Dauerhumus)
- guter **Struktur** (dauerhafte Krümelstruktur = Gare)
- hoher Vielfalt und Anzahl von **Bodenlebewesen** (biologische Aktivität)
- hohem **Nährstoffgehalt** (pflanzenverfügbare Nährstoffe)
- günstiger **Bodenreaktion** (möglichst neutral)
- gutem **Speichervermögen** (Wasser, Luft, Wärme)

2.2 BODENZUSTAND UND -BEARBEITUNG

Der erwünschte Gartenboden befindet sich im Zustand der Gare: **krümelig, locker, feucht, dunkel, fruchtbar.**

2.2.1 Bodengare

Es gibt verschiedene **Garearten** und entsprechende Maßnahmen, diese zu erreichen.

Garearten

Mechanische Gare (kurzlebig)

- **Bearbeitungsgare** (Bodenbearbeitung mittels Geräteeinsatzes)
- **Frostgare** (Sprengwirkung des Frostes)

Echte Gare (dauerhaft)

- **Dauergare** oder **Humusgare** (ständiger Humusaufbau)

- **Beschattungsgare** (wirkt unterstützend durch lebende oder tote Pflanzendecke)

Die einzige dauerhafte Gare (gegen Witterung und mechanische Einwirkungen) ist die **Dauergare** oder **Humusgare**. Der Begriff weist auf den wichtigsten Gehaltsbestand des Bodens – den **Humus** – hin. Um sie zu erreichen, gelten alle gartenbaulichen – bodenpflegenden Maßnahmen!

Alle anderen Garen können nur als unterstützend betrachtet werden. Die **Beschattungsgare** schützt vor Austrocknung und schont damit das Bodenleben.

Bearbeitungsgare und **Frostgare** sind rein mechanische, kurzlebige Garen, die für eine dauerhafte Bodenkrümelung nicht ausreichen, da sie die Arbeit der Bodenlebewesen nicht unterstützen, sondern bei unsachgemäßer Durchführung (z. B. tiefes Umstechen) sogar stören.

2.2.2 Bodenbearbeitung

Ziele der Bodenbearbeitung sind:

- **Erhaltung der Bodengare**
- **Unkrautbekämpfung**
- **Saat- und Pflanzenvorbereitung** der Anbauflächen

Jede tiefe, grobe Bodenbearbeitung (Umstechen, Motorfräsen) bringt **Strukturschäden, Humus-** und **Wasserverluste**; jede feine, oberflächliche Bearbeitung (Lockern, Lüften, Bedecken) hilft **Feuchtigkeit** erhalten.

Je nach Jahreszeit unterscheiden wir Herbst-, Frühjahrs- und Sommerarbeiten.

❑ Herbstarbeiten

Die abgeerntete Fläche wird vom Unkraut befreit und **gelockert** (Krail, Grabgabel). Für den anschließend aufgebrachten **Winterbodenschutz** gibt es verschiedene Möglichkeiten:

- Winterbodendecke aus lebenden Pflanzen:
  winterharte Grüneinsaat – z. B. Spinat
  nicht winterharte Grüneinsaat – z. B. Gelbsenf

- Winterbodendecke aus toten Pflanzen:
  Rasenschnitt
  zerkleinerte Gemüse-, Kräuter- und Strauchschnittabfälle
  strohiger Mistbeetaushub

Alle Flächen bzw. Materialien werden mit **Gesteinsmehl** bestreut.

Bei Schlageinteilung bekommt Schlag I **Mistkompost** oder **Frischmistschleier**.

Das **Umstechen** ist ein reihenweises, spatentiefes Wenden der Krume (Wirkung der Frostgare), wobei die Bodenschichten und die Aktivitäten des Bodenlebens unterbrochen werden. Empfehlenswert ist Umstechen bei steinigen oder stark verunkrauteten Böden, damit die Wurzeln von ausdauernden Unkräutern und die Steine entfernt werden können.

Gelbsenf *(oben) und* ***Häckselmaterial*** *verrotten und schützen als Winterbodendecke den Boden*

Holländern ist ein zwei Spaten tiefes Wenden ohne Erdreichwechsel bei Neuanlagen auf stark verdichteten Böden. Dabei wird reihenweise eine Spatentiefe abgehoben und der Boden darunter umgestochen bzw. gelockert. Von der nächsten Reihe wird die erste Spatentiefe auf die vorher gelockerte Reihe gelegt.

❑ Frühjahrsarbeiten

Sobald der Boden abtrocknet (Hellerfärbung), kann mit der **Saat-** und **Pflanzvorbereitung** der Anbauflächen begonnen werden.

Je nach Garteneinteilung (Beet, Reihen) wird flächig oder reihenweise **gelockert**. Dazu verwendet man Krail, Sauzahnwühler oder Grabgabel (Einstechen, Vor- und Zurückbewegen), die neben der oberflächlichen Lockerung auch eine **Durchlüftung** des Bodens bis in den Wurzelraum bewerkstelligen.

Winterharte Gründüngungspflanzen, die auf der Anbaufläche stören, werden ausgerissen und auf Zwischenräume gelegt. Auf Zwischenräumen lässt man Gründüngungspflanzen auch wachsen, schneidet sie später bei handhohem Wuchs (10 bis 15 cm Höhe) und verwendet sie als Mulch.
Nicht winterharte Grüneinsaaten sind über den Winter abgestorben und bilden auf dem Boden eine feine Schutzhaut, die vor Austrocknung schützt. Vor dem Anbau genügt hier Lockern.

Auf später bebaute Kulturflächen oder -reihen und zwischen den Kulturreihen erfolgt eine **Grüneinsaat** oder Zwischenkultur. Dadurch ist eine rasche Bedeckung des Bodens, Bewurzelung, Belebung und Erwärmung gewährleistet.

In weiterer Folge werden Gründüngungspflanzen jeweils bei handhohem Wuchs geschnitten (Rasenschere, Sichel) und als **Mulch** aufgelegt. Nur Gelbsenf und Kresse werden mit den Wurzeln ausgerauft und aufgelegt.
Gesteinsmehl soll regelmäßig während der Vegetationszeit puderfein aufgebracht werden.

***Strohmulch** bei Erdbeeren*

Schnitt von Grüneinsaat

*Verrotteter **Rasenschnittmulch** zwischen den Kulturreihen*

*Frischer **Rasenmulchschnitt** zwischen den Kulturreihen*

❑ Sommerarbeiten

Dazu zählen **Mulchen**, **Lockern** und **Lüften** sowie das **Anhäufeln**. Das Mulchen ist ein Beschatten durch Abdecken des Bodens. Es erfolgt mit zerkleinerten Pflanzenresten bzw. Ernterückständen, mit Grasschnitt, Laub, gehäckseltem Stroh, strohigem Mist oder Kräuterhäcksel, die dünn aufgebracht werden. Nach Verrottung der alten Mulchschicht ist neues Mulchmaterial zu ergänzen.

Ein Abdecken kann auch mit Mulchpapier erfolgen, doch wird dabei das Bodenleben nicht ernährt.
Bei mehrjährigen Zierpflanzen kann auch Rindenmulch verwendet werden.

Mulchen mit organischem Material erfüllt folgende Aufgaben:

- Das Bodenleben wird ernährt
- Es werden Nährstoffe zugeführt und pflanzenverfügbar gemacht
- Die Entwicklung des Bodenlebens wird gefördert
- Der Boden wird locker und feucht erhalten
- Der Unkrautwuchs wird unterdrückt
- Eine Schattengare wird erreicht

Oberflächliches **Lockern** und tieferes Lüften werden mit den entsprechenden Geräten jeweils vor **Aufbringung einer neuen Mulchschicht** durchgeführt.
Fehlt stellenweise die schützende Mulchschicht überhaupt, ist es notwendig, die oberste Schichte der Krume durch flaches Lockern als Deckschicht zu opfern (siehe Kapitel „Bodenwasser und -luft“). Neben der Unterstützung des Wasser- und Lufthaushaltes im Boden dienen diese Maßnahmen auch der **Unkrautbekämpfung**.

Anhäufeln erfolgt mit einem Häufler oder einer Haue, doch kann man auch Kompost bei den entsprechenden Kulturen **aufschütten**.
Es dient folgenden Zwecken:

- Erhöhung der Standfestigkeit bei Kohlgemüse, Tomaten, Hülsenfrüchten ...
- Bleichung von Schaft und Trieben bei Porree, Spargel
- Bessere Wurzel- und Knollenentwicklung

2.2.3 Gartengeräte

Gute **Gartengeräte** gibt es für alle anfallenden Gartenarbeiten. Qualitätsgeräte ermöglichen Qualitätsarbeit, sind handlicher und haltbarer.
Austauschbare Stiele (verschiedene Stecksysteme) aus Holz oder Aluminium sind wirtschaftlich. Durch verschiedene Längen ermöglichen sie ein aufrechtes und bequemes Arbeiten, unabhängig von der Körpergröße.

Entlastung des Körpers durch **ziehende Arbeitsweise:**

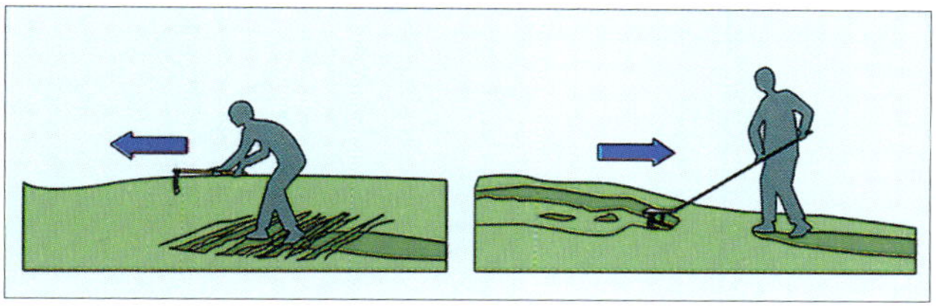

Für jede Arbeit das passende Gerät!
- Es **erleichtert** die Arbeit
- Es **verbessert** die Arbeit
- Es **verkürzt** die Arbeitszeit

❑ Tiefenlockerung und Umgraben

- Der **Krail** eignet sich zur flächigen Bodenlockerung und -lüftung.

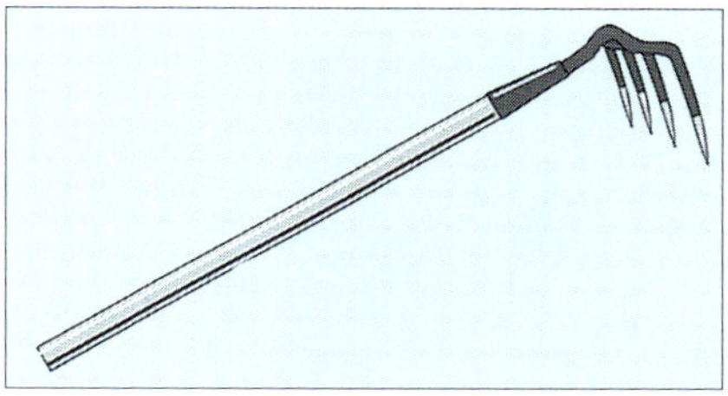

- Die **Grabgabel** (T-Griff) eignet sich zum Lockern und Lüften = Einstechen, Vor- und Zurückbewegen.

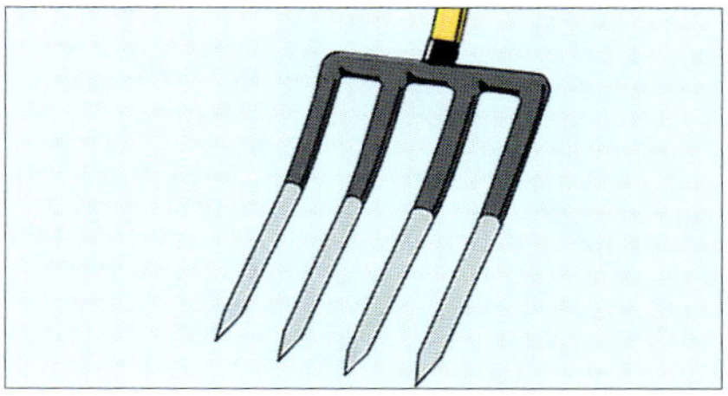

- Zum Umgraben von schweren oder stark verunkrauteten Böden, zur Wurzelgemüseernte und zum Herausheben starker Wurzelballen ohne Wurzelschädigung eignet sie sich ebenso wie die **Spatengabel**.

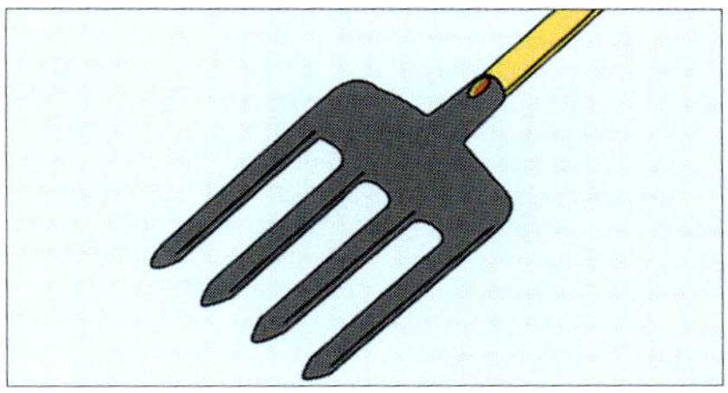

- Der **Spaten** wird zum Umgraben verwendet, zum Abstechen der Rasenkante und zum Pflanzen von Gehölzen.

- Die **Gartenkralle** dient zum Lockern und Lüften des Bodens mit geringem Energieaufwand bei aufrechter Körperhaltung.

- Die **Gartenfräse** erleichtert die Bodenlockerung, darf jedoch nur bei seichter Arbeitstiefe (Belassen der Bodenschichten) und langsamer Umdrehung (Schonung des Regenwurmes) eingesetzt werden.

❑ Säen und Pflanzen

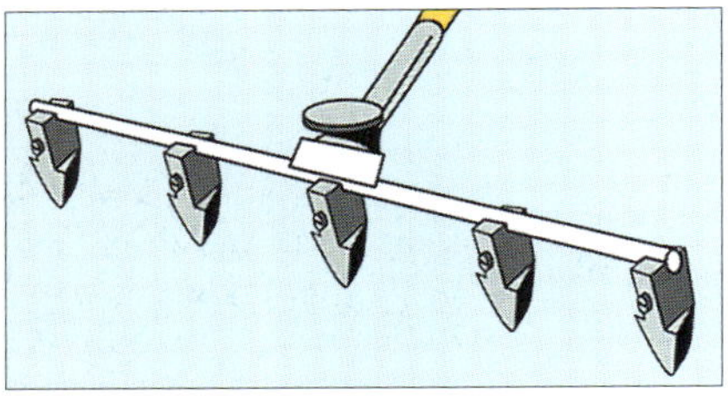

- Der **Rillenzieher** zieht Saat- und Pflanzrillen, und zusätzlich – quer genommen – markiert er Pflanzstellen. Die Schare sind beliebig verstellbar.

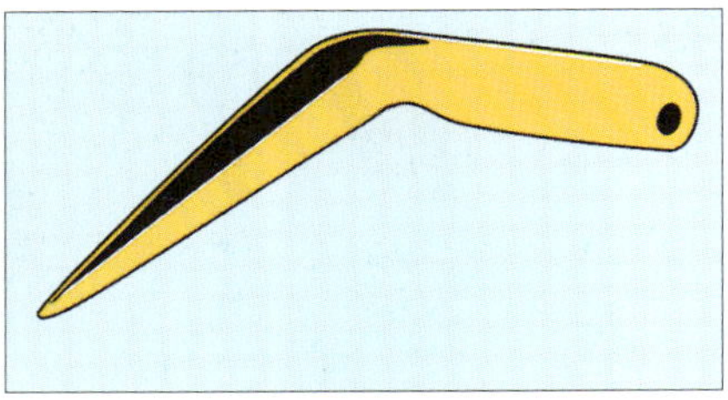

- Das **Pflanzholz** eignet sich zum Einsetzen von Pflanzen mit loser Wurzel.

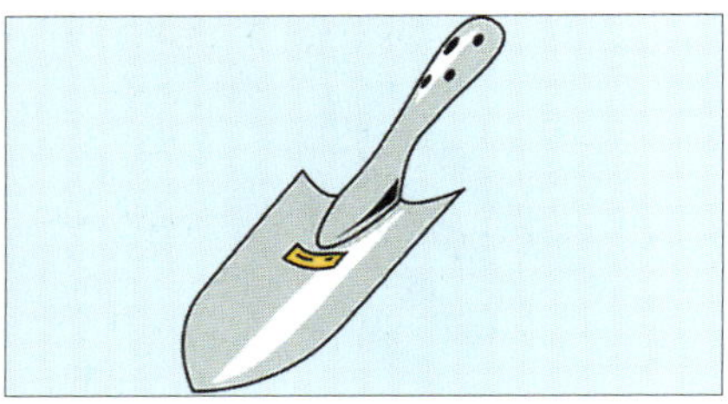

- Die **Pflanzschaufel** (die Gartenkelle) eignet sich zum Ausheben von Pflanzlöchern für Pflanzen mit Wurzelballen.

• Der **Automatikpflanzer** ermöglicht ein leichtes Einstechen durch die geschärfte Unterkante mit Schneidezähnen. Die herausgehobene Erde entleert sich durch das Zusammendrücken des Griffes. Eine eingravierte cm-Skala informiert über die Pflanztiefe – ideal beim Setzen von Blumenzwiebeln.

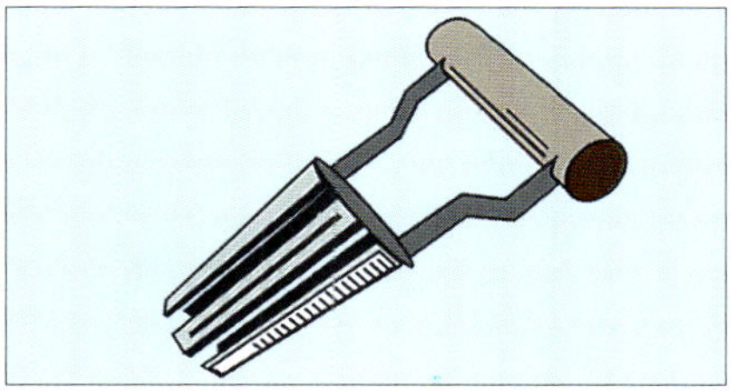

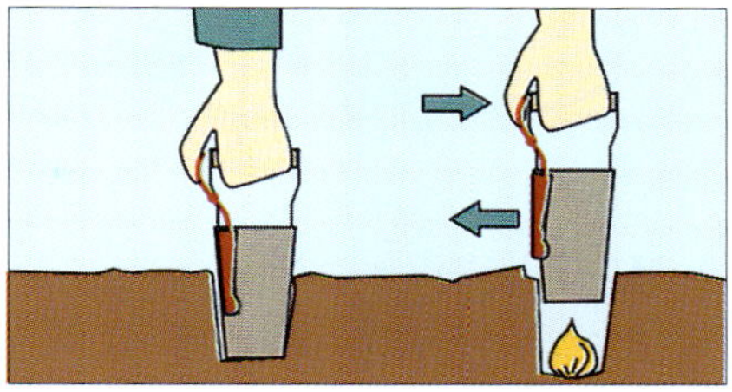

❑ Lockern, Lüften und Krümeln

• Der **Sauzahnwühler** (der Bio-Bodenlüfter) eignet sich zur schonenden und tiefen Bodenlockerung und -lüftung bei biologisch aktiven Böden.

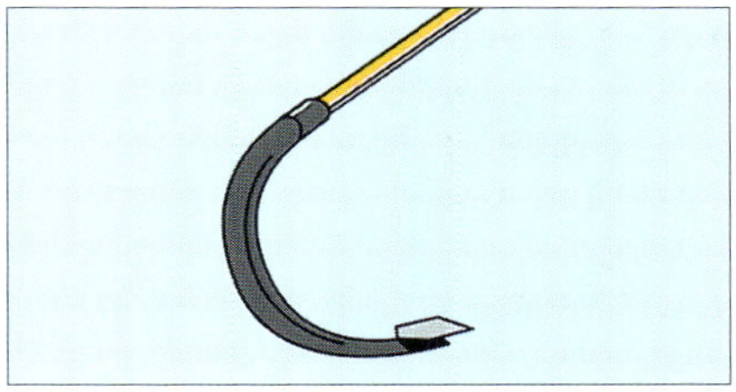

• Der **Kultivator** zerkleinert und lockert den Boden. Er ist in verschiedenen Größen und Ausführungen, mit fixen oder verstellbaren Zinken erhältlich.

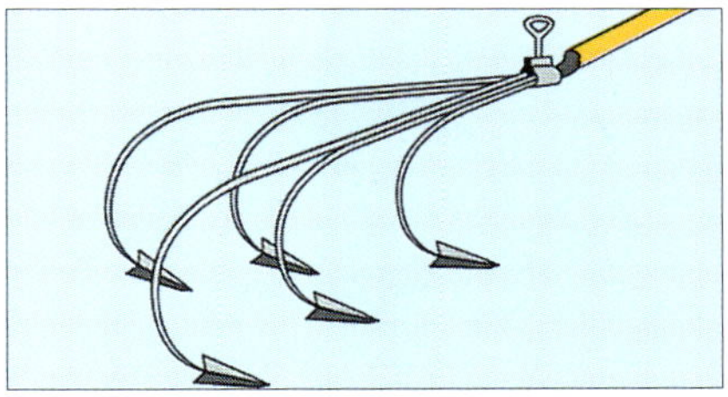

• Einzinkig als **Lüfter** ist er auch zwischen engen Reihen gut einsetzbar.

• Der **Grubber** lockert und lüftet auch steinige Böden.

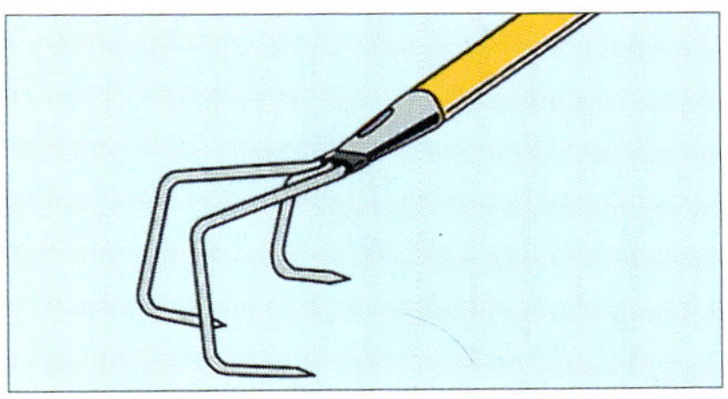

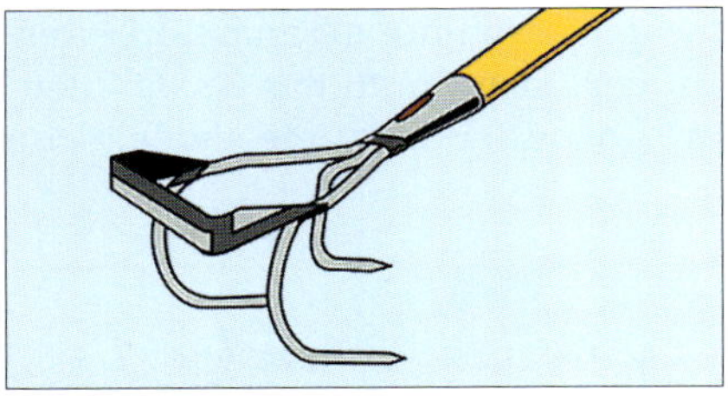

- Der **Krümmerjäter** lockert mit den Zinken und schneidet mit dem rückwärtigen Jätemesser das Unkraut ab.

❑ Jäten

Samenunkräuter können **abgeschnitten** werden, doch **Wurzelunkräuter** müssen mit der **Wurzel entfernt** werden.

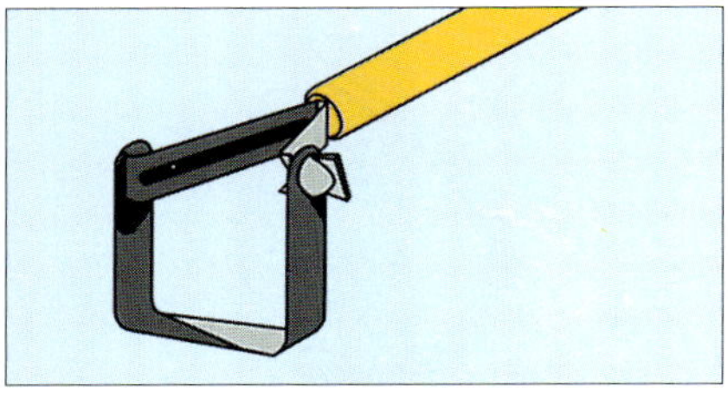

- Der **Pendeljäter** jätet und lockert oberflächlich durch beidseitig geschliffene Messer und pendelnde Handhabung.

- Die **Ziehhacke** (der Bügeljäter) hat ein einseitig geschliffenes Spezialmesser (auswechselbar), das durch Ziehen das Unkraut abschneidet.

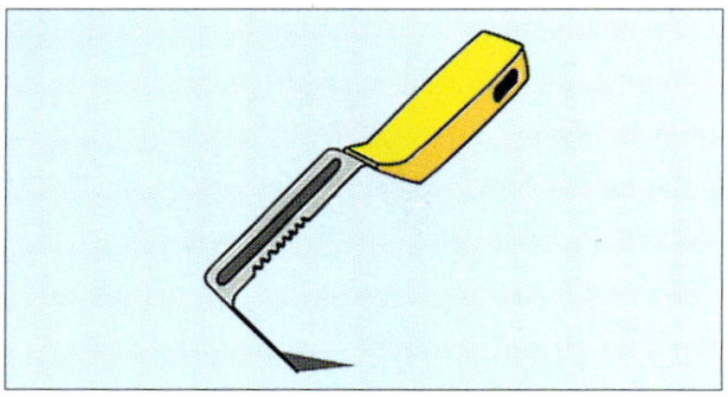

- Die **Jätehand** dient zum Jäten, Lockern und Säubern.

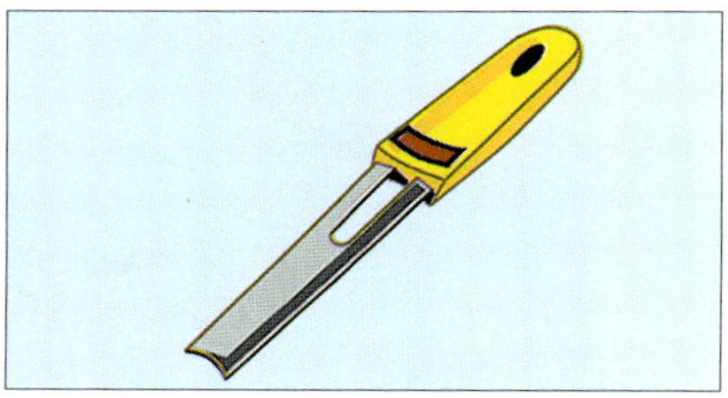

- Der **Unkrautstecher** dringt durch seine spezielle Hohlschneide tief ein. Dadurch ist eine gründliche Entfernung von hartnäckigen Wurzelunkräutern möglich.

- Der **Fugenkratzer** ermöglicht das Säubern von Plattenweg- und Mauerfugen sowie das Entfernen von Wurzelunkräutern zwischen Stauden.

❑ Säubern

- **Rechen** aus Holz oder Metall in verschiedenen Breiten zum Säubern, Aufrauen und Einebnen.

- **Drahtbesen** und **Fächerbesen** (verstellbar) dienen zum gründlichen Zusammenfegen von Laub, Grasschnitt u. a.

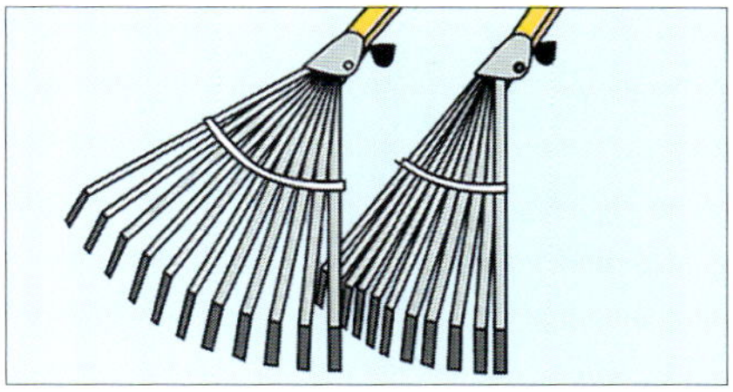

- **Rasenlüfter** (Vertikutierer) und Schneidrechen werden speziell für die Lüftung, Entfilzung und Pflege des Rasens verwendet.

- Verschiedene **Besen** zur Säuberung von glatten Flächen.

Rasenlüfter

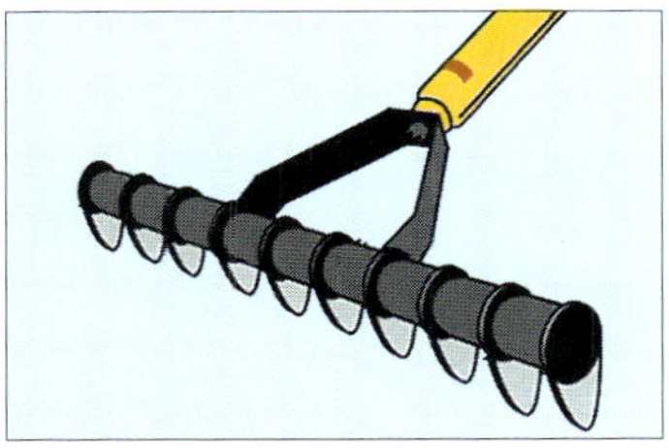

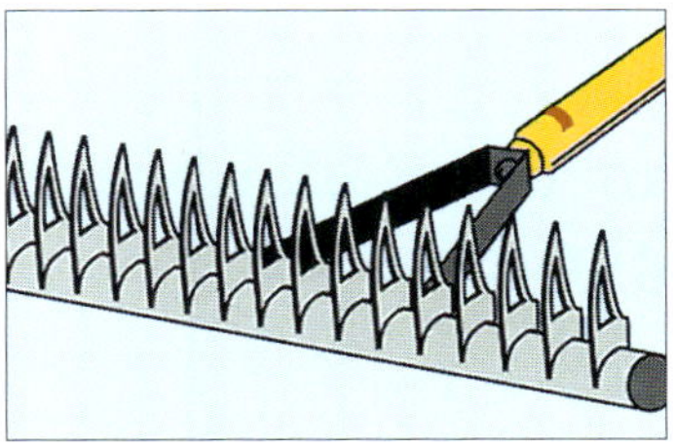

Besen

Gartenschere

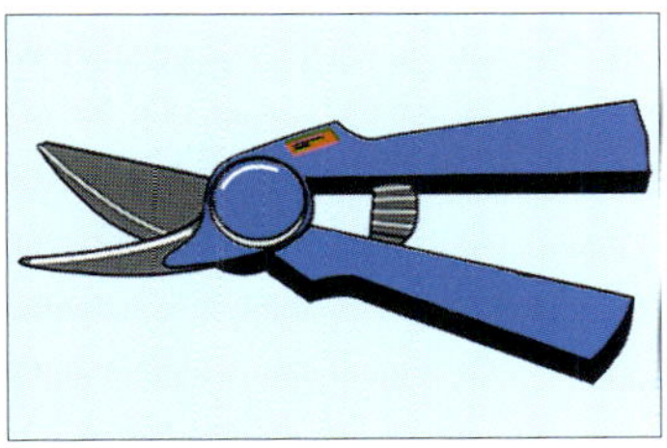

Rasenschere

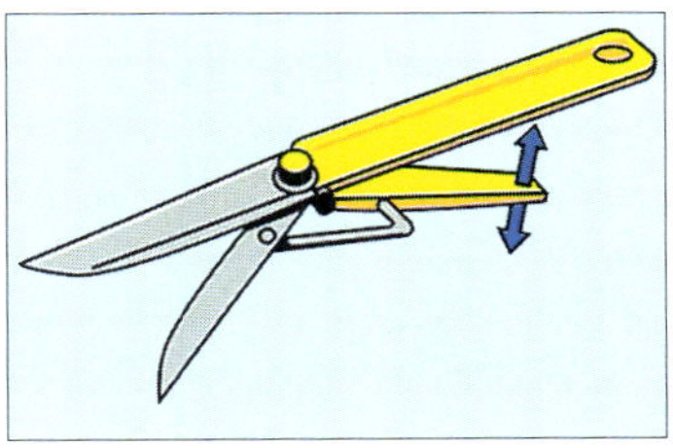

Astschere *(Langgriffschere)*

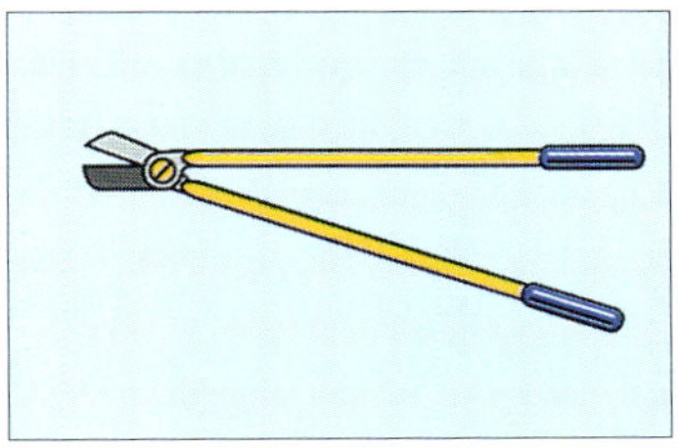

❑ Zusätzliche Geräte und Behelfe

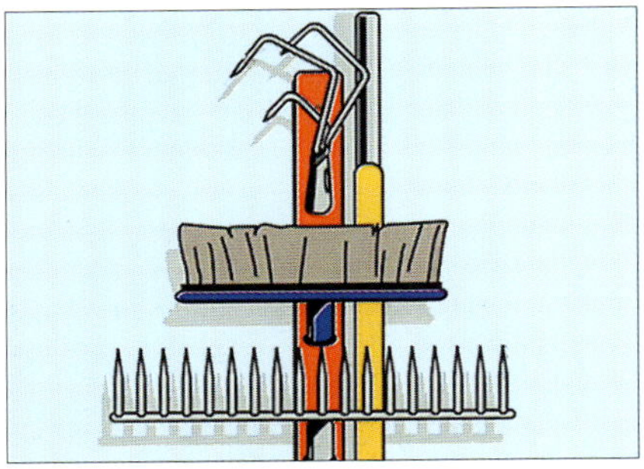

Verschiedene Möglichkeiten ***zur zweckmäßigen Aufbewahrung***

- **Häufler** und **Haue** dienen zum Anhäufeln entsprechender Kulturen
- **Gießkanne** oval, in leichter mittelgroßer Ausführung mit langem Gießrohr
- **Messlatte** mit 1,20 m Länge und gut sichtbarer 10-cm-Einteilung
- **Gartenschnur** aus robustem Material und spitzem Steckholz an jedem Ende
- **Schubkarre** aus Kunststoff – stabil, leicht und rostfrei
- **Spitzschaufel** und **Mistgabel** zum Mistbeetpacken, für Erd- und Kompostarbeiten
- **Gartenschlauch**
- **Schlauchwagen**
- **Vorsatzdüse**
- **Brause**
- **Beregner**

} für Bewässerungsarbeiten

- Der **Häcksler** erleichtert die Zerkleinerungsarbeiten und kommt indirekt der Bodenpflege zugute. Organisches Material wird zerkleinert, ist dadurch leicht und vielfältig mischbar, als Mulch locker und dünn aufzubringen und verrottet als Kompostmaterial rascher.

Pflege und Unterbringung der Gartengeräte
Die Geräte sind nach jedem Arbeitseinsatz zu säubern und griffbereit aufzubewahren. Im Herbst werden sie gründlich gereinigt und eingeölt.
Notwendige Reparaturen werden sofort durchgeführt.

2.2.4 Möglichkeiten für die Bodenbestimmung hinsichtlich Qualität und Eigenschaften

Bodenuntersuchung

auf Bodenart, pH-Wert und Nährstoffgehalt des Bodens.
Aufschlussreicher wäre die Feststellung der Menge und Qualität der **Mikroorganismen** und die Güte der **Humusproduktion** (Adressen siehe Quellenverzeichnis).

❑ **Spatenprobe** (Spatendiagnose)
Ein in Spatentiefe (Flachspaten) ausgehobener Bodenblock (ca. 10 cm Dicke) lässt Struktur, **Verdichtungsschichten** und **Durchwurzelung** beurteilen.
Die Ergebnisse werden protokolliert.

❏ **Fingerprobe**

Bei der **Fingerprobe** wird eine naturfeuchte Bodenprobe zwischen den Fingern geknetet und die Bodenart nach mineralischen Bestandteilen bestimmt. Schmierung zeigt hohen Lehm-, „Würstchen" hohen **Tonanteil**, körnige Reibung **Sandboden**.

❏ **Wasserprobe**

Für die **Wasserprobe** entnimmt man mehreren Gartenstellen Material aus 20 bis 30 cm Tiefe und mischt es. Ein Glas mit einer Handvoll Erde und drei viertel hoch mit Wasser füllen, umrühren und abstehen lassen:
Sand sinkt auf den Boden – das Wasser ist fast klar;
Lehm trübt das Wasser – ein Teil sinkt auf den Grund;
Humus färbt das Wasser erdbraun – ist aber durchsichtig, ein Teil sinkt ab, ein Teil schwimmt an der Oberfläche, evtl. faserige Pflanzenreste.

❏ **Krümelstabilität**

Die **Krümelstabilität** kann man wie folgt testen:
2 Petrischalen werden mit je 10 Krümeln von verschieden bearbeiteten Böden und Wasser gefüllt und 10 Minuten stehen gelassen. Echte Krümel saugen sich an und bleiben stabil, unechte Krümel zerfallen.

❏ **Kressetest**

Der **Kressetest** dient zur Überprüfung der Kompostreife. In einer Kompostprobe angebaute Kresse zeigt durch schlechte bis einwandfreie Keimung den **Grad der Kompostreife** (Roh- bis Reifekompost) an.

Für die folgenden Untersuchungen kann man sich Test-Sets besorgen.

❏ **Kalktest**

Der **Kalktest** ermöglicht eine grobe Abschätzung des Kalkgehaltes im Boden. 10%ige Salzsäure wird auf die zu untersuchende Bodenprobe auf der Glasplatte gegeben und die Reaktion beobachtet:

- Kein Aufbrausen – **kalkfrei**
- Schwaches, nicht anhaltendes Brausen – **schwach kalkhältig**
- Deutliches bis starkes, lange anhaltendes Brausen – **stark kalkhältig**

❏ **pH-Wert-Messung**

Die **pH-Wert-Messung** kann mit Indikatorstäbchen durchgeführt werden.
100 g Boden und 100 ml Wasser in ein Glas geben, 2 Minuten rühren, absetzen, Indikatorstäbchen 3 Minuten eintauchen und mittels Farbvergleichs mit der Farbskala den **pH-Wert** ablesen.

❏ **Bestimmung von Nitrat**

Nitrat kann im Boden, Kompost oder Gemüse festgestellt werden. 100 g Boden (oder Gemüsesaft) und 100 ml Wasser 2 Minuten rühren, Nitrat-Teststäbchen eintauchen und nach einer Minute laut Farbskala den **Nitratgehalt** ablesen.

❏ **Sulfidtest**

Der **Sulfidtest** gibt über die Rotte im Kompost Aufschluss. 1 Löffel Kompost wird mit 50 ml 18%iger Salzsäure vermischt. Ein Becher mit dem Gemisch wird mit einem Uhrglas zugedeckt, das beidseitig mit Bleiacetatpapier beklebt wurde. Nach 10 Minuten zeigt sich eine leichte Braunfärbung – **Sulfidstufe 1**, stärkere Braunfärbung bis **Stufe 3** deutet auf Sauerstoffmangel während der Rotte hin.

3. AUFBAU UND LEBENSVORGÄNGE DER PFLANZE

Die Pflanze ist nach außen hin in Organe gegliedert. Jedes Organ besteht aus mehreren Geweben, das sind Zellverbände mit bestimmten Aufgaben. Pflanzen sind die einzigen Lebewesen, die aus anorganischen Stoffen (CO_2 und Wasser) organische Verbindungen (Traubenzucker) herstellen können. Sie sind daher Lebensmittellieferant für Mensch und Tier. Dabei wir Sauerstoff freigesetzt.

3.1 INNERER AUFBAU

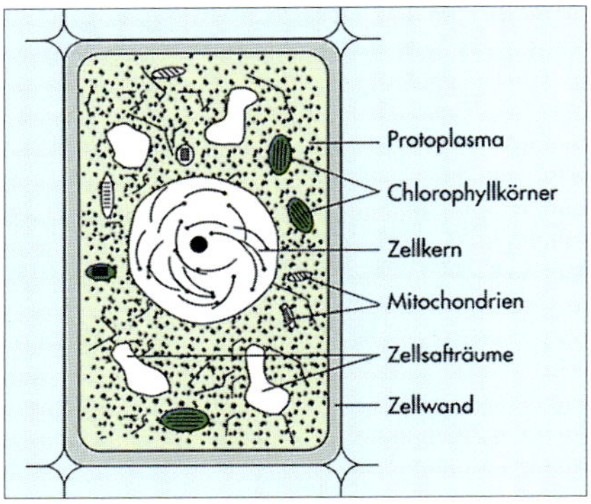

*Schema einer **Pflanzenzelle***

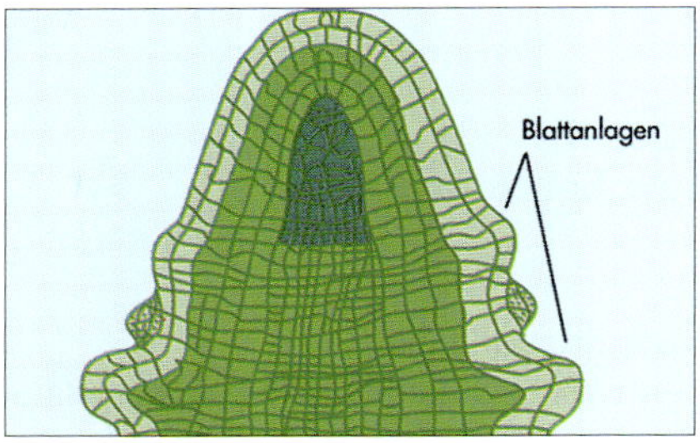

***Bildungsgewebe** an der Sprossspitze*

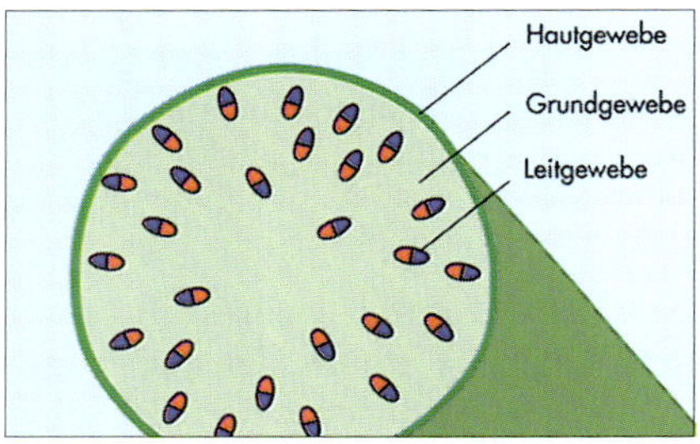

*Querschnitt durch eine **krautige Sprossachse***

Die kleinste Einheit des Pflanzenkörpers ist die **Zelle**. Zellen bilden Zellverbände (= Gewebe), die bestimmte Funktionen zu erfüllen haben.
Es gibt folgende Gewebearten:

❑ Bildungsgewebe

Es befindet sich an der Triebspitze, der Wurzelspitze und in den Knospen. Hier erfolgt eine ständige Teilung der Zellen, sodass ein Längenwachstum stattfinden kann.
Teilungsfähige Zellen befinden sich des Weiteren im Kambium (= Dickenwachstum bei Gehölzen) und beim Wundverschlussgewebe (Stecklingsvermehrung).

❑ Dauergewebe

sind Zellgewebe mit spezieller Funktion.

- **Hautgewebe**
  umhüllt die Organe und schützt sie vor Umwelteinflüssen.

- **Grundgewebe**
  bildet die Hauptmasse des Pflanzenkörpers und kann verschiedene Funktionen haben (Assimilation, Gasaustausch, Stützung, Speicherung).

- **Leitgewebe**
  Es leitet das Wasser mit den Nährstoffen von der Wurzel in den gesamten Pflanzenkörper sowie in die in den Blättern gebildeten Assimilate abwärts. Die Leitbündel durchziehen strangartig den Pflanzenkörper und üben gleichzeitig Stützfunktion aus.

3.2 ÄUSSERER AUFBAU

Jede Pflanze besteht aus den Grundorganen **Wurzel**, **Spross**, **Blatt** und **Blüte**. In diesen Organen finden alle Lebensvorgänge statt.

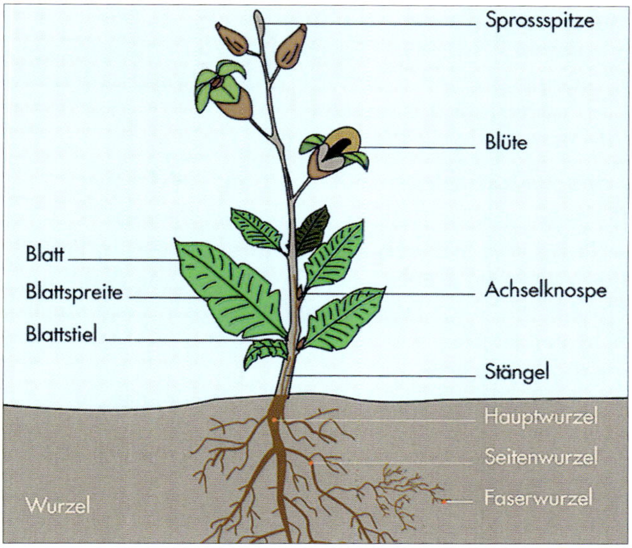

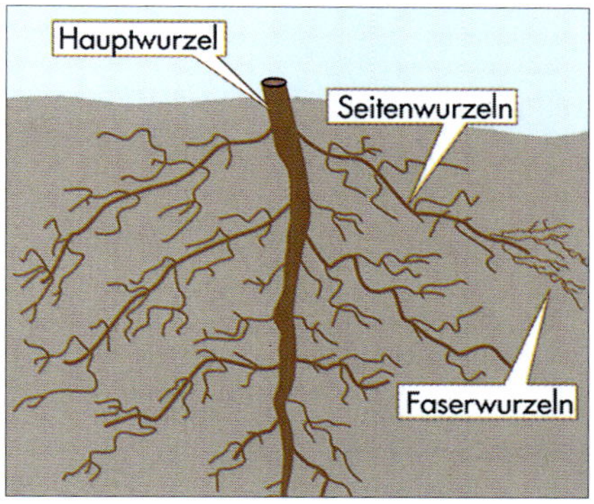

Wurzelsystem

3.2.1 Wurzel

Das Wurzelsystem unterteilt sich in Haupt-, Seiten- und Faserwurzeln.

Die **Wurzel** hat folgende Aufgaben:

- **Verankerung im Boden:** Sie erfolgt hauptsächlich durch die Haupt- und Seitenwurzeln.
- **Wasser-** und **Nährstoffaufnahme**: Sie erfolgt an den Wurzelhaaren, die sich an den Faserwurzeln befinden.
- **Sonderaufgaben**:
  Spezialwurzeln (Wurzelgemüse, Dahlien)
  Stützwurzeln (Tomaten, Mais)
  Kletterwurzeln (Efeu)
  Luftwurzeln (Philodendron)

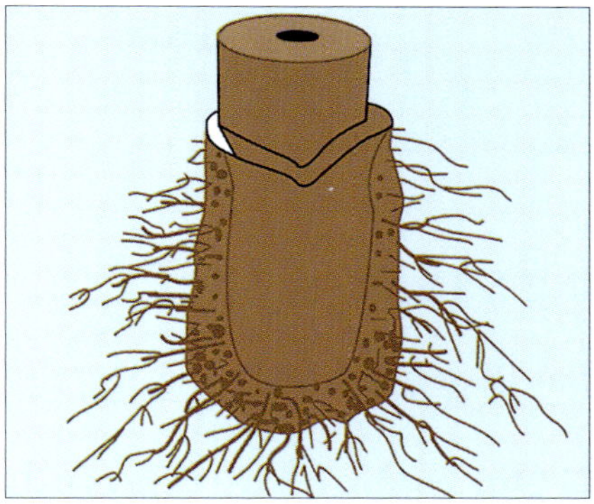

Mykorrhizapilz

Ein gut ausgebildetes Wurzelsystem ist Voraussetzung für Wasser- und Nährstoffaufnahme und somit für ein gutes Wachstum der Pflanze.

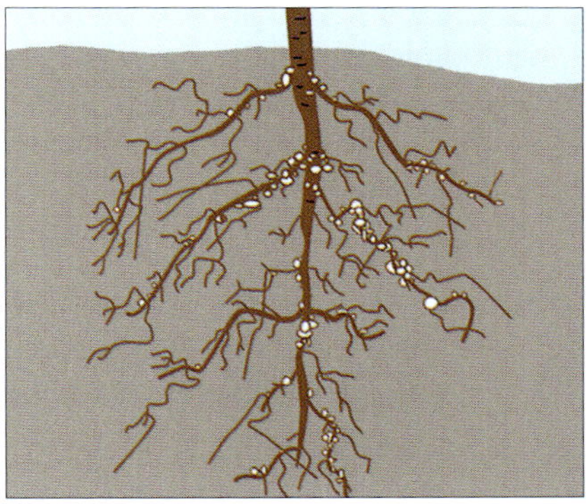

Knöllchenbakterien

Wurzel und Boden stehen in enger **Wechselbeziehung** zueinander:

- Wurzelausscheidungen – wichtig bei Mischkultur (Verträglichkeit)
- Symbiosen zwischen Pilzen und Wurzeln bzw. Bakterien und Wurzeln unterstützen die Nährstoff- und Wasseraufnahme

3.2.2 Spross

Der Spross ist der oberirdische Teil der Pflanze und bestimmt deren Erscheinungsbild.

Man unterscheidet:

- **Krautige Sprossformen:** Wir finden sie bei ein- und zweijährigen Pflanzen und Stauden (⊙ , ⊙ , ♃).
- **Verholzten Spross:** Durch Holzstoffeinlagerungen wird er ausdauernd. Den verholzten Spross finden wir bei Sträuchern und Bäumen (♄ , ♄)

Der Spross hat folgende Aufgaben:

- **Tragegerüst** für Blätter, Blüten und Früchte
- **Leitung von Wasser,** Nährstoffen und Assimilaten: Die Leitbündel durchziehen die Pflanze von den Wurzeln bis zu den Triebspitzen und befördern diese wichtigen Stoffe.
- **Sonderaufgaben:**
  Speicherfunktion (Kohlrabi, Blumenzwiebeln, Rhizome)
  Bewehrungsorgan (Stachel – Rose, Dorn – Feuerdorn)
  Ranken (Clematis)

3.2.3 Blatt

Das Blatt ist ein vielgestaltiges Organ mit wichtigen Funktionen.

❑ Querschnitt durch ein Laubblatt

- **Hautgewebe:** Schützt gegen äußere Einflüsse. Kann durch Fette und Behaarung verstärkt sein. An der Blattunterseite befinden sich viele Spaltöffnungen. Sie können sich öffnen und schließen und regeln den Gasaustausch sowie die Wasserabgabe.
- **Assimilationsgewebe:** In ihm sind Chlorophyllkörner (Blattgrün) eingelagert. Sie sind Voraussetzung für den Aufbau von Traubenzucker.
- **Schwammgewebe:** Ist ein lockeres Gewebe mit Zwischenräumen. Direkt über den Spaltöffnungen befinden sich Atemhöhlen für den Gasaustausch.

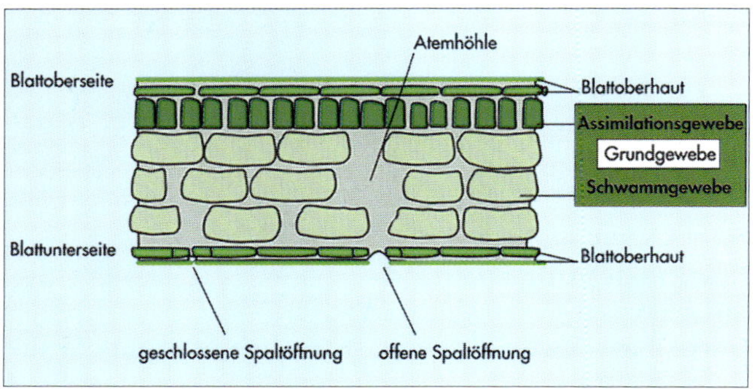

Das Blatt hat folgende Aufgaben:

- **Assimilation des Kohlenstoffes:** Bildung von Traubenzucker
- **Atmung:** Verbrauch von Traubenzucker zur Energiegewinnung
- **Transpiration:** Wasserabgabe in Dampfform
- **Sonderaufgaben:** Speicherblatt (Blattgemüse, Kakteen)
  Blattdorn (Berberitze)
  Schutzblatt (Knospe, Blüte)
  Blattranke (Erbse)
  Fangblatt (Sonnentau)
  Brutblatt (Kalanchoe)

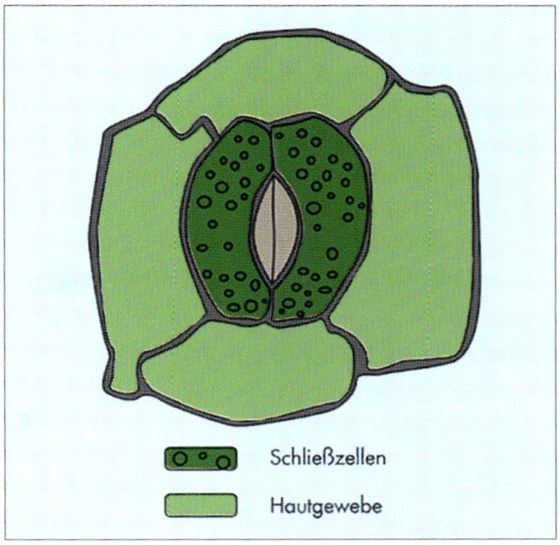

Schema einer ***Spaltöffnung in Aufsicht***

3.2.4 Blüte

❑ Aufbau einer Blüte

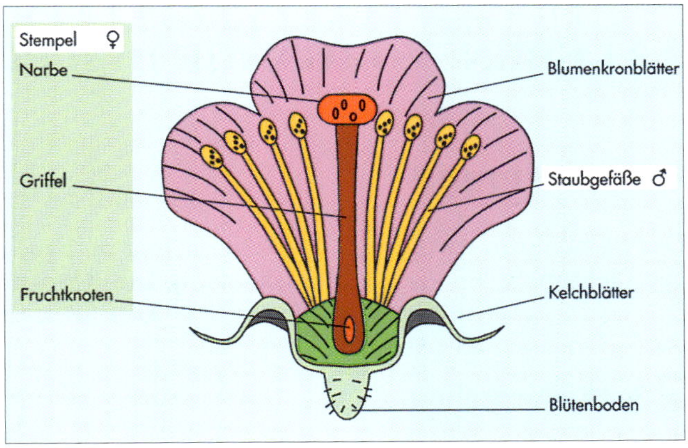

- **Kelchblätter:** Schutz der Blütenknospe
- **Kronblätter:** Sie sind meist bunt gefärbt und locken damit Insekten an. Gleichzeitig zwingen sie diese, beim Sammeln des Pollens über die Narbe zu krabbeln und die Blüte zu bestäuben.
- **Staubgefäße:** Sind die männlichen Blütenteile. Pollen wird bei der Reife frei und durch Insekten oder den Wind übertragen.
- **Stempel:** Ist der weibliche Teil der Blüte.
  Er gliedert sich in drei Teile:
  Narbe – nimmt den Pollen auf
  Griffel – Verbindungsstück zum Fruchtknoten
  Fruchtknoten – enthält die Samenanlagen

Je nach der Verteilung der Fortpflanzungsorgane haben Blüten unterschiedliche Bezeichnungen:

- **Zweigeschlechtliche Blüten** (Zwitterblüte)
  Männliche und weibliche Fortpflanzungsorgane befinden sich in einer Blüte. Ein Großteil der Kulturpflanzen hat diese zwittrigen Blüten.
- **Eingeschlechtliche Blüten**
  Eine Blüte hat entweder nur männliche oder nur weibliche Fortpflanzungsorgane.

Befinden sich beide Blüten auf einer Pflanze, bezeichnet man sie als getrenntgeschlechtlich **einhäusig** (Gurke, Begonie, viele Nadelgehölze).
Sind die Blüten auf zwei verschiedenen Pflanzen, nennt man sie getrenntgeschlechtlich **zweihäusig** (Kiwi, Spargel, Weide)

Zu beachten:

- Bei Pflanzen mit Zwitterblüte gibt es viele selbststerile Arten. Für die Fruchtbildung muss die Befruchtung durch den Pollen einer anderen Art vorhanden sein.
- Bei Zweihäusigkeit müssen eine männliche und eine weibliche Pflanze vorhanden sein, damit Früchte geerntet werden können.

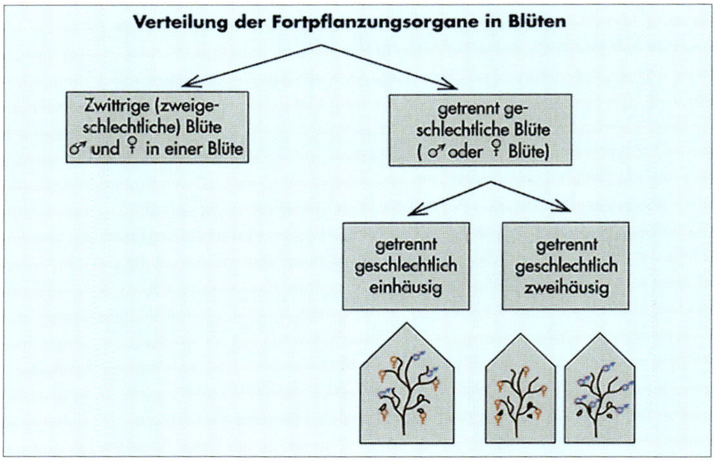

Die Blüte hat folgende Aufgabe:
- **Generative Fortpflanzung:** Samenbildung
- **Sonderaufgaben:** Speicherung (Karfiol, Brokkoli)

3.3 LEBENSVORGÄNGE DER PFLANZE

3.3.1 Keimung

Das Samenkorn wird durch die Befruchtung im Fruchtknoten gebildet.
Die Lichtansprüche sind unterschiedlich: **Lichtkeimer**
Dunkelkeimer

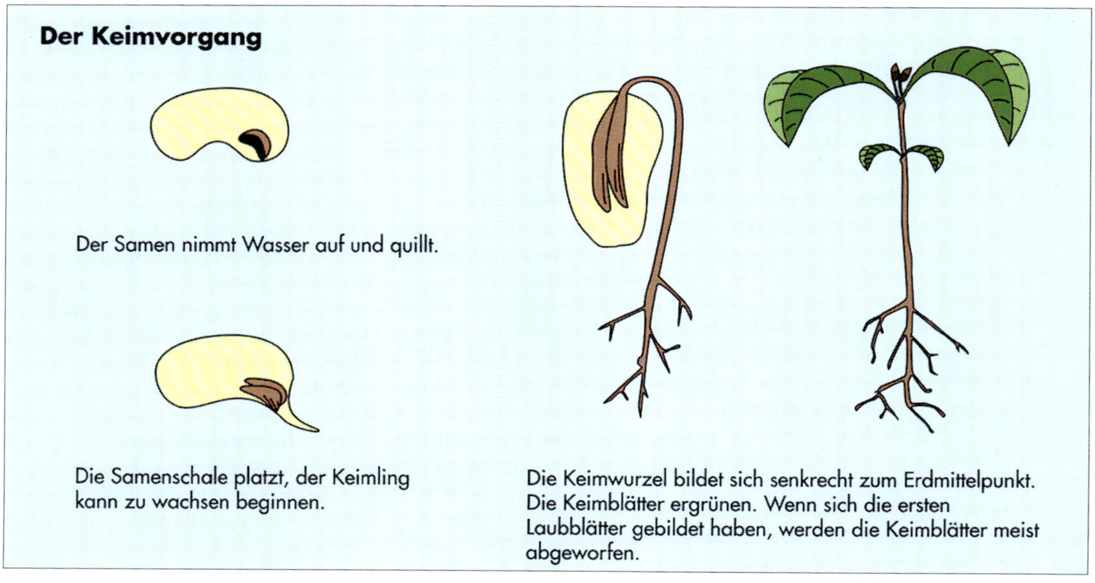

❑ Aufbau eines Samenkornes

- Samenschale: Schutzwirkung
  Ermöglicht Lagerung über längere Zeit
- Nährgewebe: Reservestoffspeicher
- Keimling = Embryo: Alle Organe sind schon angelegt (Keimblatt, Spross, Keimwurzel)

Keimfähigkeit und Keimschnelligkeit sind je nach Pflanzenart verschieden (siehe Saat- und Keimtabelle).

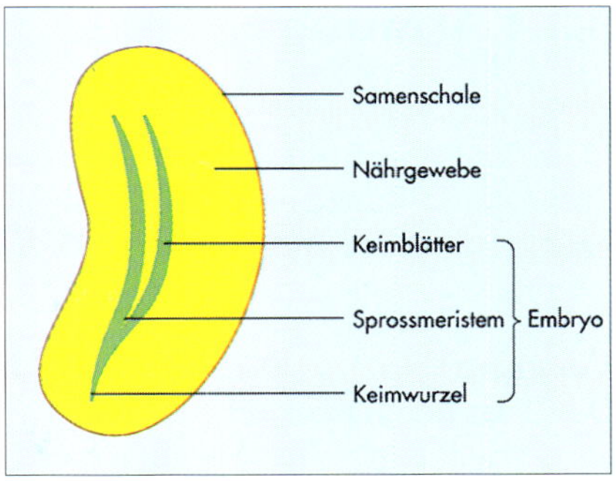

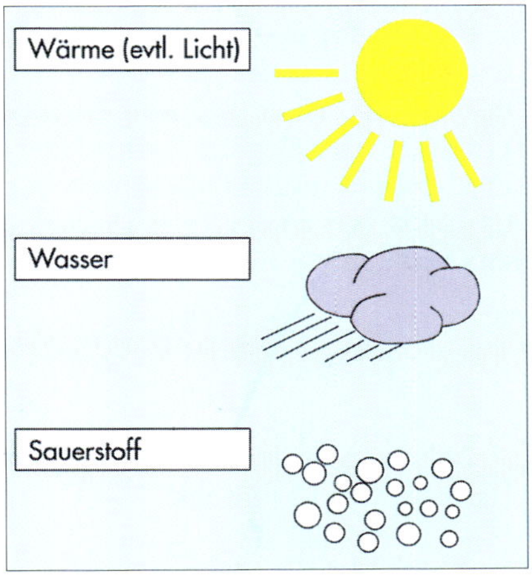

Voraussetzungen** für die **Keimung

3.3.2 Wachstum

Das Wachstum der Pflanze erfolgt durch ständige Zellteilung im Bildungsgewebe und anschließender Zellstreckung.

Das Längenwachstum erfolgt nur bei zwei- und keimblättrigen Pflanzen sowie Nacktsamen im Kambium. Bei der vegetativen Vermehrung hat die Pflanze die Möglichkeit, durch neuerliche Zellteilung (Wundverschlussgewebe = Kallus) fehlende Organe nachzubilden.

3.3.3 Assimilation des Kohlenstoffes (Fotosynthese)

Unter **Assimilation** versteht man die Fähigkeit der grünen Pflanzenteile, mit Hilfe von Sonnenenergie aus CO_2 und Wasser **Traubenzucker** aufzubauen. Dabei wird Sauerstoff freigesetzt.

Voraussetzungen für die Fotosynthese:
- Chlorophyll (Blattgrün)
- Wasser
- Wärme
- Kohlenstoff des CO_2
- Sonnenenergie

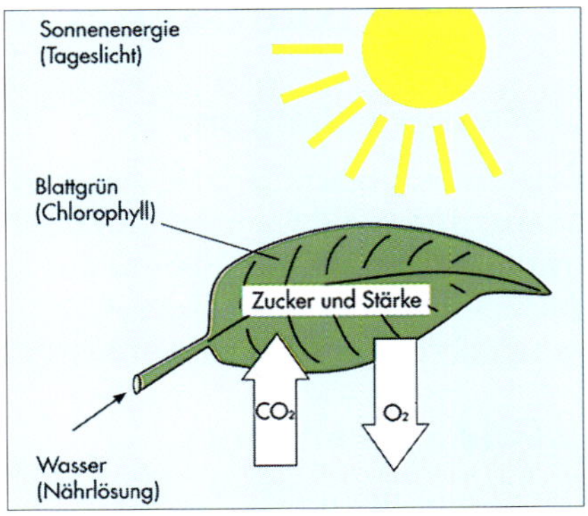

Schematische Darstellung der ***Fotosynthese***

Bedeutung
Die Pflanze ist das einzige Lebewesen, das aus anorganischen Stoffen (CO_2, Wasser) organische Substanzen herstellen kann. Aus dem Traubenzucker werden durch den Einbau von anderen Elementen und den Ablauf verschiedener Prozesse alle anderen wichtigen Verbindungen (Stärke, Eiweiß, Fette ...) aufgebaut. Durch die Freisetzung von Sauerstoff erhalten Mensch und Tier ihre Lebensgrundlage.

3.3.4 Atmung

Um Energie für alle Lebensvorgänge zu erhalten, muss die Pflanze einen Teil des gebildeten Traubenzuckers wieder verbrennen (= Betriebsstoffwechsel).

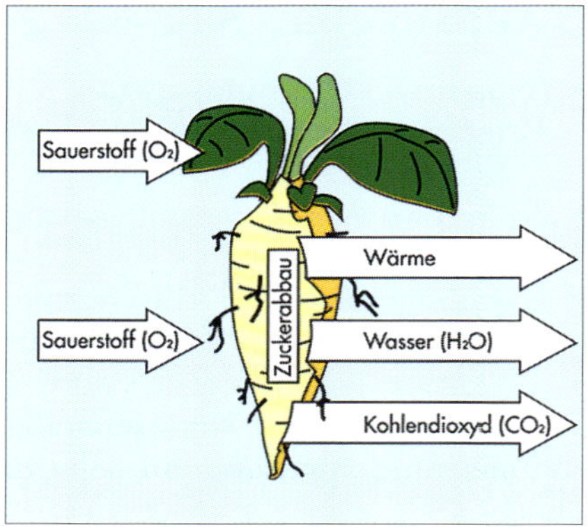

*Vorgang der **Atmung***

Vorgang

Der Traubenzucker (ca. 40% der aufgebauten Menge) wird wieder in seine Ausgangsprodukte CO_2 und Wasser zerlegt. Die dabei frei werdende Energie verbraucht die Pflanze für alle Lebensvorgänge. Dabei wird Sauerstoff aufgenommen und CO_2 freigesetzt.

Die Pflanze atmet Tag und Nacht und in allen ihren Teilen. Durch hohe Temperaturen wird die Atmung gefördert, d. h. es wird mehr Traubenzucker abgebaut, und es bleibt weniger zum Aufbau.

Der nicht veratmete Traubenzucker wird als Baustoff für das Wachstum verwendet bzw. in den Organen als Reservestoff gespeichert.

Traubenzucker

Enzyme ↙ ↓ ↘ Enzyme

Abbau zur Energiegewinnung (Atmung) ca. 40%	Wachstum, Speicherung ca. 60%
= Betriebsstoffwechsel	**= Baustoffwechsel**

3.3.5 Wasserhaushalt der Pflanze und Nährstoffaufnahme

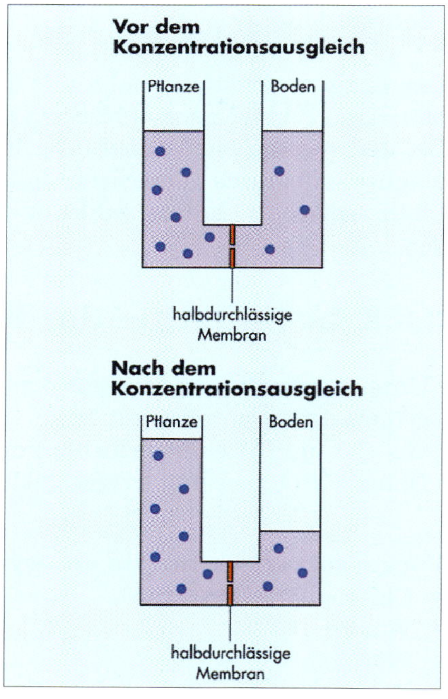

Voraussetzungen** für die **Keimung

❑ Wasseraufnahme

Erfolgt hauptsächlich über das Wurzelsystem (Wurzelhaare) durch die Osmose. Durch eine höhere Konzentration an gelösten Stoffen in der Zelle wird Wasser in das Zellinnere gesaugt. Dieser Vorgang wiederholt sich von Zelle zu Zelle bis zu den Leitbündeln.

❑ Wassertransport

Der Hauptanteil des Wassers wird in den Leitgefäßen transportiert. Es stehen aber auch die Zellen untereinander in Verbindung, sodass das Wasser alle Pflanzenteile erreicht. In den Leitgefäßen erfolgt der rasche Transport des Wassers in alle Pflanzenteile.

❑ Wasserabgabe (Transpiration)

Über die Spaltöffnungen wird Wasser in Dampfform abgegeben. Dadurch erfolgt eine Kühlung der Blattfläche an warmen Tagen. Durch den entstehenden Wassermangel in den oberen Pflanzenteilen kann über die Wurzeln wieder Wasser aufgenommen werden.

Die Spaltöffnungen regulieren durch Öffnen und Schließen den Wasserhaushalt der Pflanze.
Für ein ungestörtes Pflanzenwachstum ist die gleichmäßige Wasserversorgung je nach Ansprüchen der Pflanzen eine wichtige Voraussetzung.

❑ Nährstoffaufnahme (= Ionenaustausch)

Ein Teil der Nähstoffe gelangt mit dem Wasser in die Zelle (= **passive Nährstoffaufnahme**).
Die meisten Nährstoffe müssen durch aktiven Transport in das Zellinnere gebracht werden.
Für jedes aufgenommene Ion muss von der Pflanze ein gleich gelagertes Ion abgegeben werden (= Austausch). Die Austauscherionen bildet die Pflanze bei der Atmung.

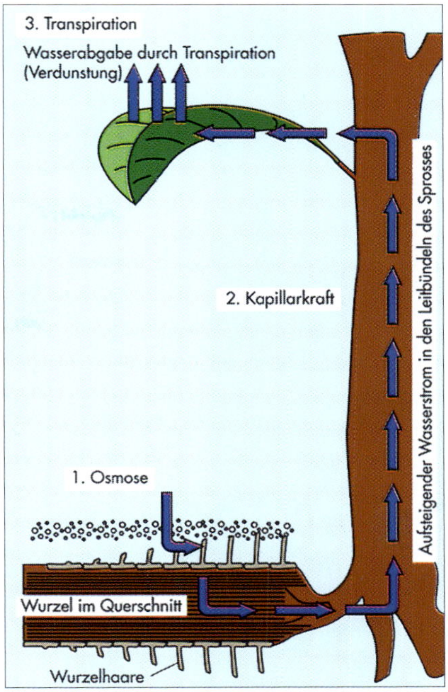

*Der **Weg des Wassers** in die Pflanze*

3.3.6 Vermehrung

❑ Generative Vermehrung ♀♂

Sie erfolgt durch Samen, die durch die Befruchtung gebildet werden. Der Same wird im Fruchtknoten der Blüte gebildet. Durch die Bestäubung gelangt das Pollenkorn auf die Narbe. Der Pollen keimt und wächst durch den Griffel in den Fruchtknoten.
Hier verschmilzt der Zellkern der Eizelle mit dem des Pollens. Nach der Befruchtung fallen die Blütenblätter ab, der Fruchtknoten wird zur Frucht, in der die Samenkörner heranreifen. Durch Samenvermehrung können bei den Sämlingen die Eigenschaften beider Elternteile in Erscheinung treten (Aufspaltung). Möchte man diesen Effekt vermeiden, muss man reinerbiges Saatgut verwenden (F_1-Hybriden).

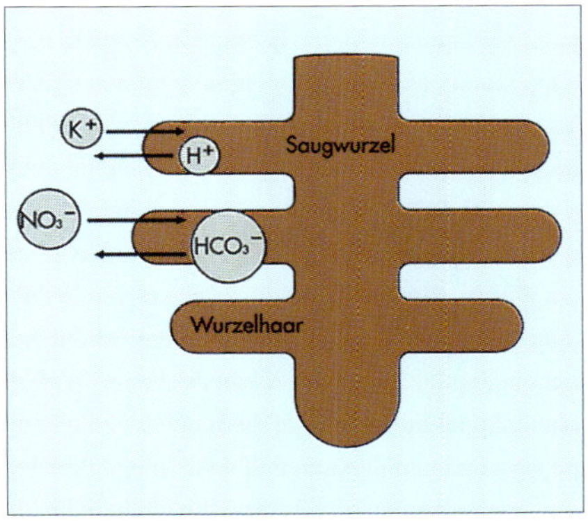

***Ionenaustausch** zwischen Pflanze und Boden*

❑ Vegetative Vermehrung

Von einer Mutterpflanze werden Teile abgenommen. Diese werden zur Bewurzelung gebracht und es entstehen Jungpflanzen.

- **Ausläufer:** Erdbeeren, Grünlilie (oberirdisch); Himbeeren (unterirdisch)
- **Absenker:** Forsythien, Stachelbeeren
- **Wurzelteilung:** Stauden
- **Brutzwiebeln:** Zwiebelpflanzen
- **Blattsteckling:** Begonien
- **Triebsteckling:** Pelargonien
- **Steckholz:** Johannisbeeren
- **Veredelung:** Rosen, Obstbäume

Vegetative Vermehrung

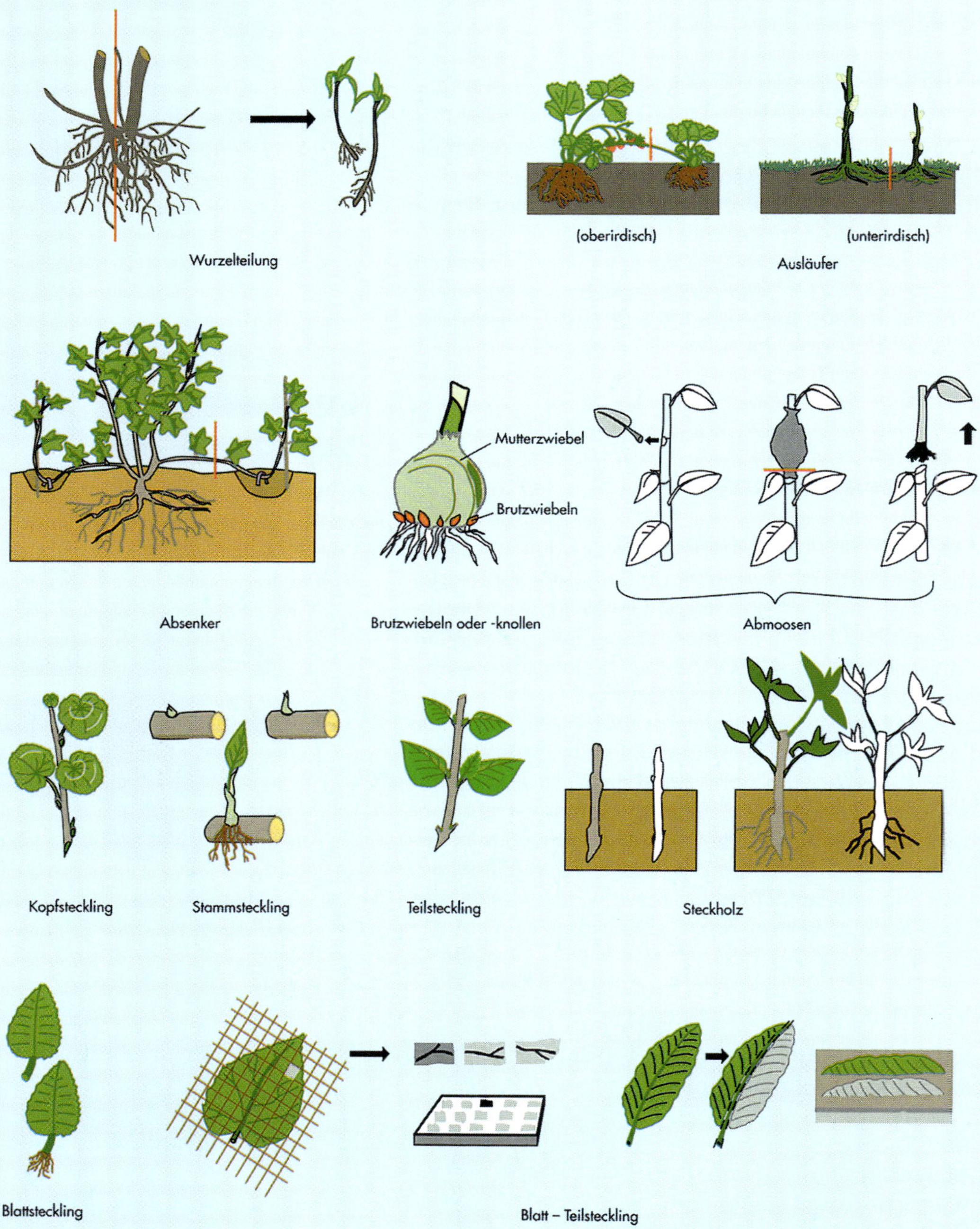

Bei der vegetativen Vermehrung sind die Eigenschaften der Nachkommen identisch mit denen der Mutterpflanze.

Veredelungen (Rosen, Obstbäume)

Okulation

Das Edelreis beim Ausschneiden umgekehrt in die Hand nehmen. Als Nächstes das ausgeschnittene Auge wieder richtig mit dem Auge nach oben geben, von oben in den T-Schnitt einschieben.
Okulationen werden nur verbunden und brauchen nicht mit Wachs verstrichen werden.

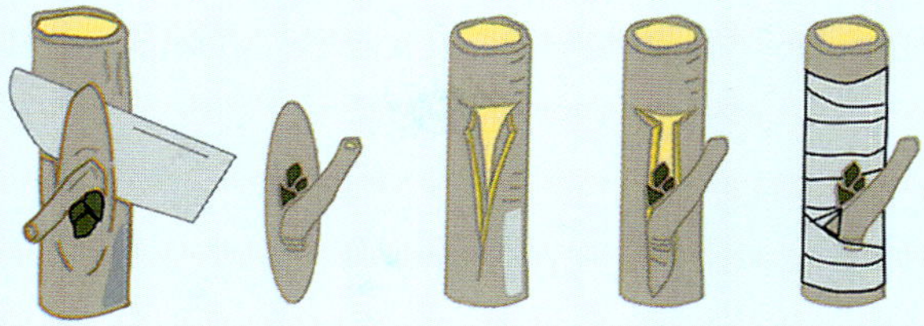

Kopulation

a) Ein sauberer und glatter Schnitt der Unterlage und des Reises ist notwendig.

b) Verbinden der Veredelungsstelle, wobei die beiden Schnittflächen fest aufeinander sitzen müssen.

c) Die Veredelungsstelle muss so dicht mit Baumwachs verschmiert werden, dass keine Feuchtigkeit eindringen kann.

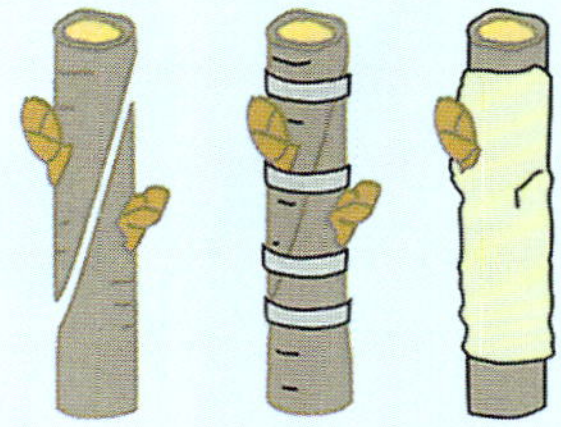

Pfropfen

Pfropfen hinter der Rinde

a) Schnitt und Lösen der Rinde.

b) Einsetzen des Edelreises.

c) Pfropfkopf nach dem Verbinden.

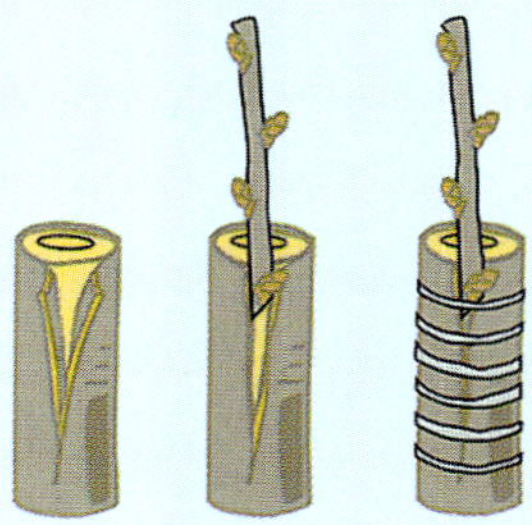

4. PFLANZENERNÄHRUNG

Die Pflanze ernährt sich aus chemischen Grundstoffen (Elementen). Sie nimmt diese aus der Luft über die Blätter (gasförmig) und aus dem Boden über die Wurzeln (gelöst) auf.

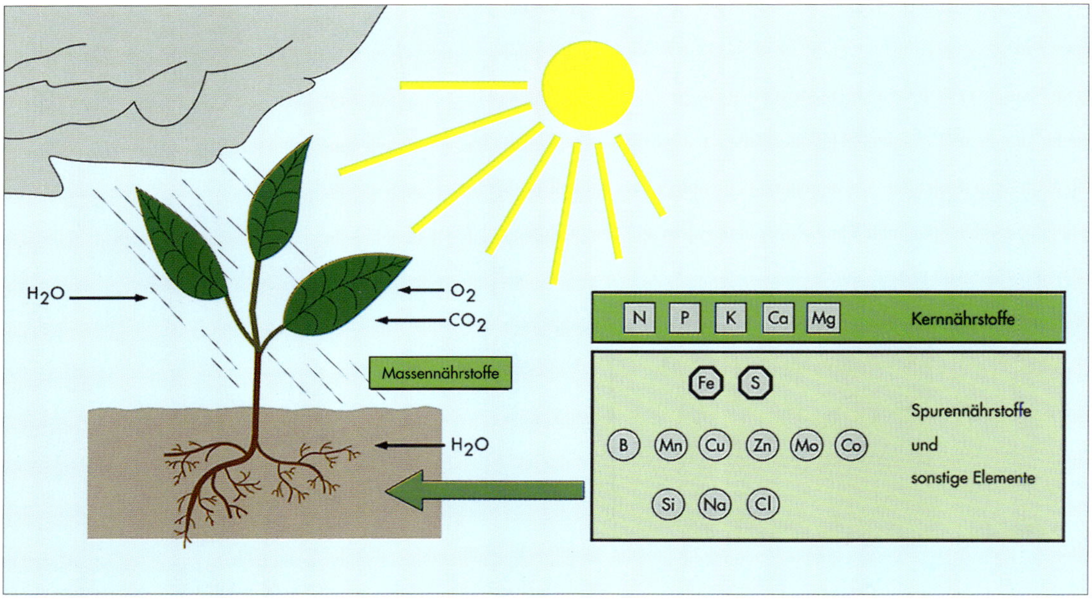

Elemente *und* ***Nährstoffe*** *für das Leben der Pflanze*

4.1 MASSENNÄHRSTOFFE

Kohlendioxid (CO_2), Sauerstoff (O_2) und Wasser (H_2O) stehen der Pflanze aus der Umwelt in ausreichender Menge zur Verfügung. Sie sind wichtige Bausubstanzen, die ca. 90% der pflanzlichen Substanz ausmachen.
Durch richtige Bodenpflege und regelmäßige Wasserzufuhr wird gleichmäßiges Wachstum gefördert.

4.2 HAUPTNÄHRSTOFFE

Haupt- und Kernnährstoffe werden von der Pflanze in größeren Mengen benötigt. Sie wirken sich hauptsächlich auf das Massenwachstum der Pflanze aus.

Die Kernnährstoffe haben folgende Aufgaben:

❑ Stickstoff

Wachstumsmotor, Bildung von Blattmasse und Pflanzeneiweiß, Zellbildung und Bildung von Chlorophyll.

N

Stickstoffmangel führt zu spärlichem Wachstum und Hellfärbung der Blätter; Stickstoffüberschuss zu mastigem Wachstum, Reifeverzögerung, schlechterer Qualität und Lagerfähigkeit sowie einer erhöhten Krankheitsanfälligkeit.

❑ Phosphor

Bodenverbesserung, Wurzelbildung, Bildung von Blüten, Früchten und Samen. Beschleunigung der Reife, Qualitätsverbesserung.

P

Phosphormangel führt zu geringem Blütensatz und schwacher Wurzelbildung. Die Blätter färben sich rötlichviolett.

❑ Kali

Wachstumsregelung Bildung von Kohlehydraten, Standfestigkeit, Erhöhung der Widerstandsfähigkeit.

K

Kalimangel bewirkt geringe Standfestigkeit und mangelnde Widerstandsfähigkeit (Witterung, Krankheiten). Bei **Mangel** sterben die Blätter vom Rand her ab.

❑ Kalzium (Kalk)

Bodenverbesserung, Bindung von Bodensäure, Humusbildung, Förderung der Verfügbarkeit anderer Nährstoffe, Wurzelwachstum.

Ca

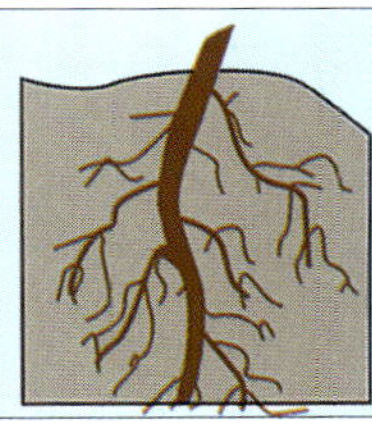

Kalziummangel verursacht eine Verschlechterung der Bodenstruktur, des Wasser- und Lufthaushaltes und vermindert das Wurzelwachstum. Die übrigen Nährstoffe werden schlecht ausgenützt.

❑ Magnesium

Baustein des Blattgrüns.

Mg

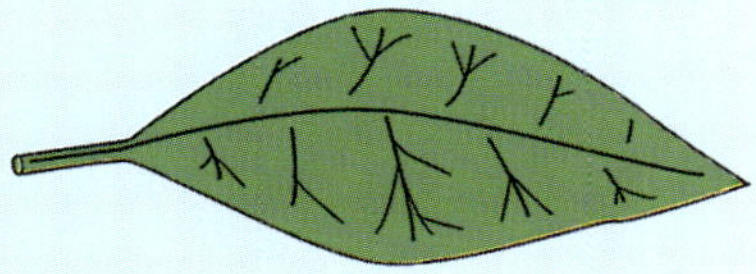

Ohne Magnesium gäbe es kein Blattgrün und somit auch keine Assimilation. **Magnesiummangel** verursacht Gelbfärbung zwischen den Blattadern.

4.3 SPURENNÄHRSTOFFE

Sie sind für die Pflanze genauso wichtig wie die Hauptnährstoffe, werden aber in geringerer Menge benötigt.
Spurenelemente sind hauptsächlich Funktionselemente und beeinflussen die Lebensvorgänge der Pflanze.
Ein Mangel führt zu Wachstumsstörungen und Ertragsrückgang.

Bezeichnung		Wirkung in der Pflanze
Eisen (Fe)	→	Blattgrünbildung
Schwefel (S)	→	Eiweißaufbau
Bor (B)	→	Bestandteil von Wuchsstoffen
Mangan (Mn)	→	Streckenwachstum, Eiweißbildung
Kupfer (Cu)	→	Atmung, Stickstoffumwandlung
Zink (Zn)	→	Wuchsstoff
Molybdän (Mo)	→	Stickstoffumwandlung in der Zelle
Kobalt (Co)	→	Wuchsstoff; wichtig für Knöllchenbakterien
Silizium (Si)	→	Einlagerung erhöht Standfestigkeit
Natrium (Na)	→	Wasserhaushalt der Zelle
Chlor (Cl)	→	Wasserhaushalt der Zelle

Der Bedarf an Schwefel wird durch das Vorkommen im Boden und im Niederschlag gedeckt. Alle anderen Spurenelemente werden bei biologischer Bewirtschaftung des Bodens in ausreichender Menge zugeführt (siehe Nährstofftabellen der organischen Dünger).

4.4 ORGANISCHE VERBINDUNGEN

Die Pflanze hat die Möglichkeit, organische Substanzen (Aminosäuren, Enzyme und hormonartige Substanzen) aufzunehmen. Sie wird durch diese Stoffe zu besserem Wuchs stimuliert bzw. in ihrer Vitalität gefördert.
Ein entsprechendes Angebot an organischen Verbindungen findet die Pflanze nur durch richtige Humuswirtschaft vor.

5. DÜNGUNG

Die Düngung dient sowohl einer guten Nährstoffversorgung als auch gleichzeitig der Bodengesundheit. Dabei sind folgende Grundsätze zu beachten: Richtige Menge der Nährstoffe im richtigen Verhältnis zum richtigen Zeitpunkt.

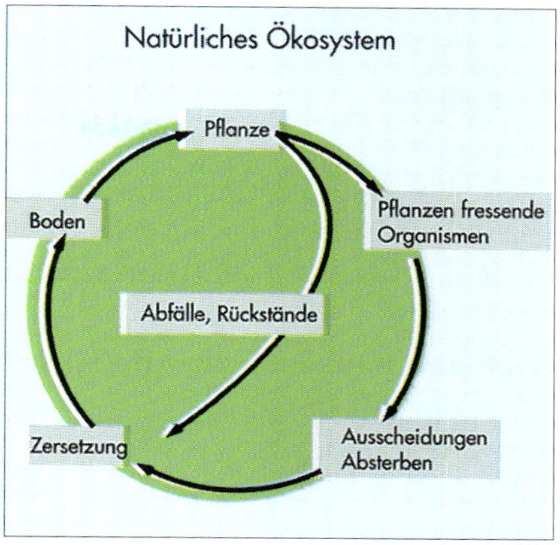

5.1 ARTEN DER DÜNGUNG

5.1.1 Indirekte Düngung

Der Boden ernährt die Pflanze – die Pflanze ernährt den Boden. In der Natur vollzieht sich dieser ewige Kreislauf innerhalb eines stabilen Ökosystems. Abgestorbenes Pflanzenmaterial wird durch das Bodenleben wieder in pflanzenaufnehmbare Form gebracht. Der Prozess der Humusbildung und die dabei entstehenden Huminsäuren haben direkten Einfluss auf das Pflanzenwachstum und die Bodengare.

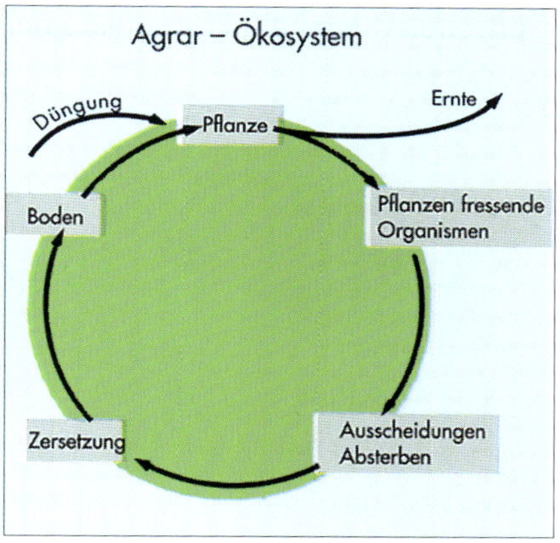

Im Nutzgarten wird dem Boden durch die Ernte ein wichtiger Anteil an rückführbarem Material entzogen. Durch die Zufuhr von organischen Düngern kann dieser Kreislauf wieder stabilisiert werden.

Vergleich zwischen indirekter und direkter Düngung

Indirekte Düngung	Direkte Düngung
• Optimale Nährstoffdosierung je nach Pflanzenanspruch von selbst gegeben. Keine falsche Dosierung.	• Nährstoffangebot entspricht nicht dem jeweiligen Entwicklungsstand der Pflanze. Vielfach Über- oder Unterdosierung.
• Keine Auswaschverluste und keine Festlegung von Nährstoffen.	• Auswaschungsverlust bzw. Festlegung einzelner Nährstoffe.
• Bedarf an Mineraldünger nimmt ab.	• Düngeraufwand steigt, da durch raschen Abbau von Humus keine natürliche Nachlieferung gegeben ist.
• Boden wird lebend verbaut und die Krümelstruktur wird gefördert. Keine Verdichtung Keine Erosion Gute Durchlüftung Gute Wasserspeicherfähigkeit	• Gareschwund Bodenverdichtung Erosion und Verschlämmung Gehemmter Gasaustausch Abnahme der Wasserspeicherfähigkeit

Die Ernährung der Pflanze durch gezielte Humuswirtschaft ergibt nicht nur einen gesunden Boden, sondern erspart jeglichen Einsatz von Handelsdüngern.

❑ Wirtschaftsdünger

Kompost

Durch die Kompostierung werden organische Stoffe wieder in den Kreislauf der Natur rückgeführt. Kompost ist ein wichtiger Nährstoff- und Humuslieferant im Hausgarten. Außerdem verringert er den Hausmüll und schränkt den Torfabbau ein.

Wichtige Faktoren für die Kompostbildung:

- Organisches Material
- Feuchtigkeit
- Wärme
- Sauerstoff (aerober Vorgang)
- Mikroorganismen
- pH-Wert

Schematische Darstellung einer Kompostanlage

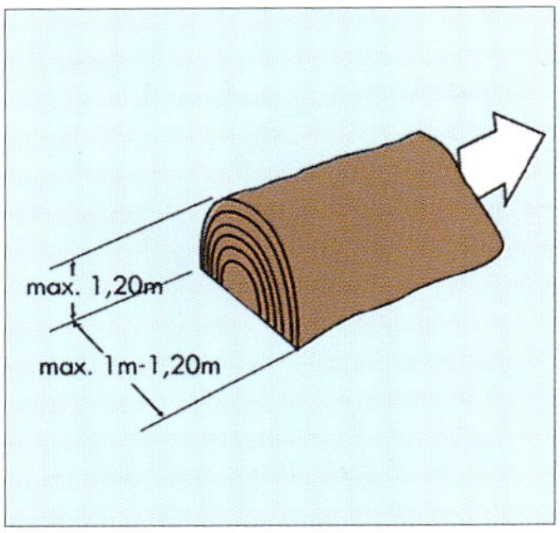

Mietenkompost

Behälter

Anlage erfolgt, je nachdem, wie viel Platz zur Verfügung steht.

Platzauswahl: Erdkontakt, schattig, gut erreichbar
Außerdem soll genügend Platz zum Hantieren beim Kompost vorhanden sein (Zerkleinern, Umschaufeln ...)

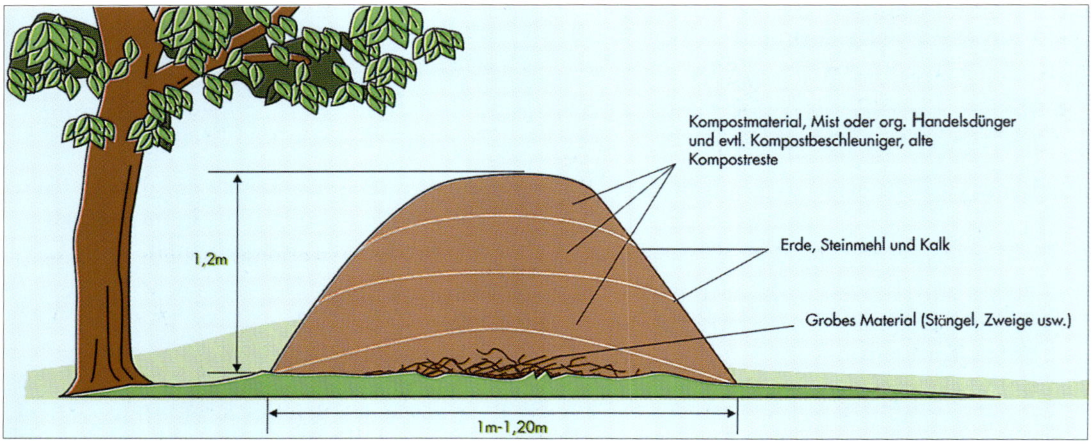

Mietenkompost

Grundsätze

- **Material:** Leicht verrottbare Abfälle aus Haus, Hof und Garten. Gröberes Material (verholzte Teile) zerkleinern. Je vielseitiger das Material, desto besser!
  Nicht verwenden: kranke Pflanzenteile, Samen tragende Unkräuter, unverrottbares Material.
- **Aufsetzen:** Schichtenweise aufsetzen. Mische Trockenes + Feuchtes, Grobes + Feines!
  Zwischen den Schichten können rottefördernde Stoffe zugefügt werden: organische Handelsdünger, Algenkalk, Gesteinsmehle, Erde, halbreifer Kompost, Kompostbeschleuniger, Holzasche, Heilkräuter, ...
- **Durchlüftung:** Die Verrottung ist ein aerober Vorgang. Grobes Schnittmaterial lockert den Komposthaufen auf und fördert die Durchlüftung.
  Zu hoch aufgesetzte Haufen bewirken Sauerstoffmangel im Inneren.
- **Reifung:** Der fertige Haufen wird abgedeckt: Stroh, Matten, Gründüngung, Gras, Vlies.
  Kleintiere zerkleinern das Ausgangsmaterial; Bakterien und Pilze wandeln es um. In der Abschlussphase der Reifung stellt der Mistwurm die Verbindung zwischen mineralischen und organischen Stoffen her.
  Bei der Rotte entstehen durch die starke Stoffwechseltätigkeit der Mikroorganismen im Inneren Temperaturen bis zu 70° C (Abtötung von Keimen und Unkrautsamen).

Je nach Feinheit des Ausgangsmaterials, der Häufigkeit des Umsetzens, der Zugabe von Kompostbeschleuniger sowie der Außentemperatur ist der Kompost nach 6 bis 18 Monaten fertig. Sein Zustand ist krümelig und er hat Erdgeruch.

Beachte:

- **Für die Rotte ist das C:N-Verhältnis ausschlaggebend.**
  N-armes Material muss mit N-reichem gemischt sein, damit die Mikroorganismen genügend Nahrung haben.

N-reiche Materialien: krautige Gartenabfälle, Grasschnitt, Mist, Küchenabfälle, Hornspäne und -mehl, Blutmehl
N-arme Materialien: Laub, Stroh, Holz, Sägemehl

- **Laub in größeren Mengen separat aufschichten** (mit grobem Häcksel mischen).

Gut kompostierbar: Laub von Obstbäumen, Ulmen, Eschen, Birken, Ahorn, Linden
Langsamer Abbau: Buche, Eiche, Kastanie, Walnuss, Nadelstreu
Hoher Gerbsäuregehalt: Eiche, Pappel, Birke, Kastanie

- **Rasenschnitt anwelken lassen, bevor er in größeren Mengen auf den Haufen kommt**, oder nur dünne Schichten einstreuen (Fäulnis!)
- **Schalen von Zitrusfrüchten zerschnetzeln** (wachsige Schale, viele Aromastoffe)

Verwendung des Kompostes

- **Rohkompost:** ca. 2 bis 6 Wochen alt. Geeignet zum Abdecken des offenen Bodens (Mulchen).

- **Reifer Kompost:** 6 bis 12 Monate alt. Zum Einhacken in alle Kulturen, Pflanzenzucht, Aussäen, Pikieren, für Balkon- und Zimmerpflanzen.

- **Flächenkompostierung:** Rasch abbaubare, organische Masse (Grasschnitt, Unkraut, Heilkräuter, halb verrotteter Kompost) wird aufgebracht. Dadurch entsteht ein Doppeleffekt von Schattengare und Humusbildung. Anwendbar auch als Winterbodenschutz.

Stallmist

Mist besteht aus Einstreu, Kot und Harn von Tieren. Seine Qualität ist abhängig von der Einstreu, der Lagerung, dem Alter und der Tierart.

Mistart	Eigenschaften, Verwendung
Rindermist	Milder Dünger für den Garten; frisch auch für Mistbeete geeignet.
Pferde- und Schafmist	Hitziger Dünger; für schwere, kalte Böden geeignet. Pferdemist ist zur Füllung von Mistbeeten besonders günstig, da er sich rasch erwärmt und zersetzt.
Schweinemist	Kalter Dünger. Er wird am besten mit anderen Mistarten vermischt.

Ausbringung
Stallmist wird je nach Menge alle 2 bis 3 Jahre oberflächlich in den Boden eingearbeitet.
Günstiger Zeitpunkt: Frühjahr, um Nährstoffauswaschung während der vegetationslosen Zeit zu verhindern. Damit die Gartenfläche durch den eingearbeiteten Mist nicht zu grob wird, soll man den Mist vorher kompostieren. Er kann auch schleierdünn ausgebracht und mit Steinmehl bestreut werden. Dieser Mist verrottet dann an der Oberfläche.
Aufwand
20–30 kg/10 m^2 (= halbe Scheibtruhe)

Jauche

Man versteht darunter mit Wasser angesetzte tierische oder pflanzliche Dünger. Ideal ist eine Mischung von beiden.

Die Herstellung von Jauche für den Hausgarten erfolgt in eigenen Behältern aus Holz, Steingut oder Plastik. Das **Düngermaterial** (z. B. frische Brennnesseln) wird mit Wasser (Regenwasser) und Steinmehlzusatz im Verhältnis 1:10 angesetzt, mit einem Rost zugedeckt und einmal täglich umgerührt. Nach erfolgter Gärung (ca. 2 Wochen) ist dieser Flüssigdünger gebrauchsfertig. Er wird abgeseiht und stark verdünnt (1:10 bis 1:20) verwendet.
Jauche wird als **Kopfdünger**, vor allem als Starthilfe in der ersten Vegetationshälfte für stark zehrende Pflanzen, gegeben.

Beispiele

- **Hühnerjauche mit frischem oder getrocknetem Geflügelmist:** besonders geeignet für Fruchtgemüse und Blumen
- **Kräuterjauche mit einem Gemisch von Brennnesseln, Beinwell und Kamille:** Brennnesseljauche fördert u. a. Wachstum und Chlorophyllbildung; verwendet wird das ganze grüne Kraut vor der Blüte.
- **Kräuterjauche mit Zusatz von 1/4 bis 1/3 tierischem Mist oder organischem Handelsdünger:** wirkt besonders ausgeglichen und ergiebig.

Gründüngung

Unter Gründüngung versteht man den Anbau rasch wachsender krautiger Pflanzen als Unter-, Zwischen- oder Nachfrucht zum Zweck der Einarbeitung in den Boden.

Vorteile
Anreicherung des Bodens mit organischer Masse (bei Leguminosen gleichzeitig N-Bindung aus der Luft)
Durchwurzelung des Bodens – lockert und durchlüftet Schattengare
Unterdrückung von Unkraut

Geeignete Pflanzen
Gelbsenf, Kresse, Wicken, Kleearten, Ackerbohne, Erbsen, Lupinien, Spinat, Phazellia sowie Gründüngungsmischungen.
Bei der Auswahl der Gründüngungspflanzen muss man die Fruchtfolge beachten. Viele Gemüsesorten gehören ebenso wie manche Gründüngungspflanzen zu den Kreuz- bzw. Schmetterlingsblütlern.

Pflanzenart	Erste Saat	Letzte Saat	**Mindest-kulturdauer** (Wochen)	Bemerkungen
Gräser				
Gerste	März	September	6	
Roggen	März	Oktober	6	winterhart
Knöterichgewächse				
Buchweizen	Mai	September	4	frostempfindlich
Korbblütler				
Ringelblume	April	Juli	8	bodengesundend
Sonnenblume	April	Juli	10	
Tagetes	April	Juli	8	bodengesundend
Kreuzblütler				
Ölrettich	März	September	5	tief wurzelnd
Winterraps	Juli			
Winterrübsen	Juli	Oktober	5	winterhart
Sommerraps	März			
Sommerrübsen	März	September	5	
Senf	März	Oktober	3	schnell wachsend
Schmetterlingsblütler (Leguminosen)				
Ackerbohne	März	Juli	6	wasserbedürftig
Kleearten	April	August	8	
Lupinie	April	August	9	tief wurzelnd
Luzerne	Mai	August	8	mehrjährig
Sommerwicke	April	August	8	wasserbedürftig
Winterwicke	Juli	September	8	winterhart
Wasserblattgewächse				
Phazellia	Mai	September	6	vertr. Trockenheit

Die Pflanzen werden entweder als Zwischenfrucht (zwischen zwei Hauptkulturen) oder als Vor- bzw. Nachfrucht angebaut. Sie sind rasch wachsend. Gründüngung wird entweder flach in den Boden eingearbeitet (niedrige Pflanzen) oder abgemäht und als Mulchdecke liegen gelassen (höhere Pflanzen). Gemäht soll noch vor der Blütenbildung werden, da sonst ein Teil der eingebrachten Nährstoffe rasch wieder verbraucht wird.
Überschüsse können auch kompostiert werden.

❑ Organische Handelsdünger

Dazu zählen Horn-, Blut-, Knochen-, Fischmehle, Hornspäne, Geflügeltrockenkot sowie Algenmehle.

Diese Düngemittel enthalten Nähr- und Wirkstoffe, die sich auf das Pflanzenwachstum und das Bodenleben günstig auswirken.

Sie können mit Nährstoffen und Spurenelementen angereichert sein (z. B. Oscorna). Handhabung und Aufwand sind der Verpackung zu entnehmen. Grundsätzlich werden sie vor einer Kultur eingearbeitet oder in Erden eingemischt.

Die im biologischen Landbau gebräuchlichsten Düngemittel und ihre Zusammensetzung

Düngemittel	N (%)	P_2O_5 (%)	K_2O (%)	MgO (%)	Kalk (%)	Silizium (%)	Organ Subst. (%)	Spurenelemente
Kompost	0,5	0,5	0,5	0,3	2,5	–	10–20	reich
Harnjauche (1:1 mit Wasser verdünnt)	0,3	0,06	0,45	–	0,1	–	4	reich
Volljauche (1:1 verd.)	0,25	0,1	0,35	–	0,1	–	5	reich
Kuhmist	0,4	0,2	0,6	0,1	0,5	–	17–25	mittel
Hühnermist	1,5	1,5	1	–	3	–	30–35	reich
Pferdemist	0,5	0,3	0,4	–	0,2	–	30	mittel
Hornmehl	9–14	4–5	–	–	6	–	80–85	arm
Blutmehl	12–15	1,5	0,8	–	1	–	60–70	reich
Knochenmehl	3–5	21	0,2	–	30	–	30	mittel
Holzasche	–	2–4	6–10	–	30–35	–	–	reich
Kalimagnesia	–	–	26	5	–	–	–	arm
Algenkalk	–	–	–	2–3	32	–	–	reich
Urgesteinsmehl	–	0,2	2,6	2,5	10,5	55	–	reich
Steinmehl mit Mg	–	Spur	0,8	6,4	22	39	–	reich
Basaltmehl	–	0,9	0,6	3,8	12,5	75	–	reich
Bentonit (Tonerde)	–	–	Spur	Spur	–	–	–	reich

5.1.2 Direkte Düngung

Mineraldünger sind als Ergänzung zu den organischen Düngern zu betrachten. Wird ein Garten nach biologischen Gesichtspunkten bewirtschaftet, kann auf Mineraldünger bis auf wenige Ausnahmen verzichtet werden.

Unsachgemäße Anwendung von Mineraldüngern führt:

- zu einer Anreicherung von Nährstoffen. Dadurch kommt es zu Auswaschungsverlusten und zur gegenseitigen Blockierung,
- zur Versalzung des Bodens. Restsalze, die von der Pflanze nicht aufgenommen werden, verbrennen die Wurzeln,
- Pflanzen nehmen mehr Nährstoffe auf, als sie tatsächlich benötigen. Sie werden mastig und weich. Dadurch erhöht sich die Krankheitsanfälligkeit.

Mineraldünger werden als Einzelnährstoff- oder Volldünger angeboten.
Einnährstoffdünger werden angewendet, um einen Mangel an einem bestimmten Element zu beheben. Der Nährstoffgehalt ist in % auf der Düngerpackung angegeben.
Mehrnährstoffdünger enthalten zwei oder mehr Hauptnährstoffe und eventuell noch Spurenelemente. Der Nährstoffgehalt bei Volldüngern wird immer in der Reihenfolge N:P:K und in % auf der Verpackung angegeben, z. B. 12:10:18.
Weitere Zahlen beziehen sich auf den Gehalt an Mg und Spurenelementen.

Kalkung
Kalkzufuhr ist hervorzuheben, da Kalk nicht nur ein Pflanzennährstoff, sondern auch ein wichtiger Bodenverbesserer ist.
Kalk bindet die Bodensäure, fördert die Humusbildung und das Bodenleben, baut eine Krümelstruktur auf und ist somit Grundlage der Bodengare.

Handelsbezeichnung	Wirkung/Anwendung
Mischkalk (65% CaO)	Schnell und nachhaltig wirkend, auf alle Böden anwendbar
Kohlensaurer Kalk (90–95% CaO)	Langsam und nachhaltig wirksam (löst sich schwer). Für leichte Böden geeignet

Durch Verwendung von Magnesiummischkalk kann gleichzeitig der Magnesiumbedarf abgedeckt werden.
Algenkalk ist reich an Spurenelementen und liefert gleichzeitig Wirkstoffe für das Pflanzenwachstum.
Aufwand: 30 bis 50g/m².

Aufdüngung von Erden für Pflanzschalen und Balkonkistchen:

Für gutes Pflanzenwachstum im Balkonkistchen sind die optimale Zusammensetzung der Erde, richtige Düngung und Wasserversorgung Voraussetzung. Hier haben die Pflanzenwurzeln nur einen eingeschränkten Wurzelraum, sodass jede Störung hinsichtlich Wasser-, Luft- und Nährstoffhaushalt rascher Auswirkungen zeigt als im natürlich gewachsenen Boden.

Selbst hergestellte Mischungen bedürfen daher eines genauen „Rezeptes“

70–80% Kompost + 15–25% Gartenerde + 5% Sand

- Dabei ist zu beachten, dass nur Mischkompost eine gute Nährstoffzusammensetzung hat.
- Der Anteil der Gartenerde richtet sich nach ihrem Tonanteil. Je höher dieser Anteil (schwerer Boden), desto geringer kann die beigefügte Menge sein.
  Zur Aufdüngung werden vor allem Volldünger verwendet. Sie enthalten die erforderlichen Hauptnährstoffe und eventuell Spurennährstoffe.

Für Balkonkistchen hat sich für die Nährstoffversorgung die Gruppe der Dauerdünger bewährt. Das sind mit einer Harzhülle umgebene Volldünger, welche die Nährstoffe über einige Monate hindurch langsam abgeben.
Dadurch kann der Nährstoffbedarf für die ganze Saison abgedeckt werden, ohne dass die Erde einen zu hohen Salzgehalt erhält. Man erspart sich häufiges Nachdüngen.
Als natürliche „Langzeitdünger“ eignen sich vor allem Hornspäne.

5.2 DURCHFÜHRUNG DER DÜNGUNG

❑ Düngerbedarf richtig berechnen!

Bei der Verwendung organischer Dünger erfolgt die Berechnung der auszubringenden Menge nach dem Nährstoffbedarf der Folgekultur.

Im **Gemüsebau** unterscheiden wir

Starkzehrer	Mittelzehrer	Schwachzehrer
Kohlgewächse, Kartoffeln, Lauch, Rhabarber, Zucchini, Paprika, Kürbis, Gurken	Rote Rüben, Salate, Kohlrabi, Radieschen, Petersilie, Schnittlauch, Sellerie	Erbsen, Bohnen, Kräuter, Feldsalat, Zwiebeln, Karotten

Bäume und **Sträucher** müssen im Wurzelbereich regelmäßig mit Nährstoffen versorgt werden.

❑ Zeitpunkt der Düngung

Nährstoffe müssen zum richtigen Zeitpunkt in den Boden kommen, um je nach Pflanzenart und Entwicklungsstadium verfügbar zu sein.

- **Grunddüngung**
  Erfolgt im Herbst oder im zeitigen Frühjahr. Langsam abbaubare organische Dünger werden flächig ausgebracht. Material mit einem hohen Anteil an verfügbarem N ist zu meiden, um eine Auswaschung zu unterbinden.
  Geeignete Dünger: Hornspäne, Steinmehle, Kompost, Gründüngung als Mulchdecke und lebende Einsaat.

- **Startdüngung**
  Bei der Saatbeetbereitung wird nährstoffreiches Material eingearbeitet. Je nach Bedarf der Pflanze sollen die entsprechenden Nährstoffe zur Verfügung stehen.
  Geeignete Dünger: Starkzehrer – Mistkompost, Reifekompost
  Mittelzehrer – Reifekompost
- **Kopfdüngung**
  Sie erfolgt als Trocken- oder Flüssigdüngung während der Kultur. Das Nährstoffangebot richtet sich nach der Pflanzenart und dem jeweiligen Entwicklungsstadium (vegetatives Wachstum – NK-betonte Düngung; generatives Wachstum – PK betontes Angebot).
  Geeignete Dünger: Reifekompost einhacken, Flüssigdüngung mit Jauchen.

5.3 DÜNGEPLAN

Die Voraussetzung für eine harmonische Düngung ist ein für mindestens zwei Jahre angelegter Düngeplan. Dabei sind die **Bodenverhältnisse**, der **Fruchtwechsel** (siehe Schlageinteilung) und die **Ansprüche** der einzelnen Gemüsearten zu berücksichtigen.

Aus dem Gesetz des Minimums (Justus v. Liebig) geht hervor, dass sich die Entwicklung der Pflanze nach dem Nährstoff richtet, welcher in geringster Menge zur Verfügung steht (siehe Abbildung). Es wäre daher verkehrt, ein Düngemittel besonders reichlich in den Boden zu bringen, ohne dass dafür Bedarf besteht. Einseitige Überdüngung schadet der Pflanze, ist unwirtschaftlich und belastet die Umwelt. Stickstoffüberdüngung führt zu erhöhten Nitratwerten in Pflanzen, Boden und Grundwasser.
Voraussetzung für eine harmonische Düngung ist daher die Kenntnis über Zusammensetzung und Nährstoffgehalt des Bodens. Dazu dient die Bodenuntersuchung. Sie ist das wichtigste Instrument zur sparsamen Düngerbemessung.

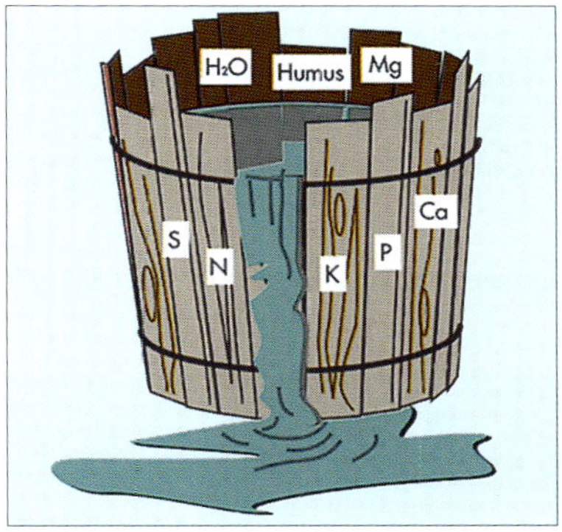

Minimumtonne

Beispiel eines Düngeplanes für den Biogarten

Schlag I, 1. Jahr	Schlag II, 1. Jahr
Kohl-, Frucht- und Blattgemüse	**Wurzel- u. Zwiebelgemüse, Hülsenfrüchte**
Grunddüngung im Herbst schleierdünn Stallmist oder Mistkompost aufstreuen, darüber Steinmehl (3–4 dag pro m²)	**Grunddüngung im Herbst** Mulchen mit Grünmasse + Steinmehl (3–4 dag pro m²); etwas Holzasche
Startdüngung im Frühjahr Kompost (ca. 6 kg pro m²)	**Startdüngung im Frühjahr** Kompost (ca. 3 kg pro m²)
Kopfdüngung zweimal mit verdünnter Mist-Kräuter-Jauche (1:20); mulchen	Kopfdüngung entfällt, eventuell mulchen

6. ANBAUPLANUNG

Eine gute Planung kann durch den Fruchtwechsel, die Fruchtfolge und den Zwischenfruchtbau schon auf kleinen Flächen zu größeren Erträgen führen. Dies bedeutet Arbeitseinsparung und fördert außerdem die Gesundheit von Boden und Pflanzen.
Durch eine Bedarfsfeststellung im zu versorgenden Haushalt und einen gestaffelten Anbau kann der Zeitpunkt der Ernten geplant werden.

6.1 GRUNDBEGRIFFE

6.1.1 Fruchtwechsel

Unter Fruchtwechsel versteht man den Wechsel der verschiedenen Kulturen auf der Anbaufläche im Verlauf von mehreren Jahren. Dazu sind Aufzeichnungen und eine Vorausplanung erforderlich (Gartenplan).

Durch den Fruchtwechsel werden folgende Faktoren günstig beeinflusst:

Enge Fruchtfolge, große Pflanzenvielfalt *und ein* ***gesunder Bestand***

❑ Gesunderhaltung des Bodens

Tief- und **Flachwurzler** entnehmen die Nährstoffe aus verschiedenen Bodenschichten. Die Tiefwurzler lockern und beleben auch die tieferen Schichten des Bodens. Zu den Tiefwurzlern zählen die Hülsenfrüchte; im Hausgarten sind dies Bohnen und Erbsen. Die meisten anderen Gemüsearten sind Flachwurzler. **Garefördernde** und **Garehemmende Pflanzen** wechseln am Standort, dadurch gleichen sich die Vor- und Nachteile aus. Garehemmend sind die Wurzelgemüse, wie Petersilie, Karotten, Schwarzwurzel; Garefördernd sind die Laucharten und Salate.
Die Wurzelausscheidungen einiger Pflanzen verändern den Boden nachteilig, daher ist ein wiederholter Anbau am selben Platz ungünstig. Manche Pflanzen sind empfindlich (unverträglich) gegen ihre eigenen Ausscheidungen.

❑ Bessere Ausnutzung der Nährstoffe

Stark zehrende Pflanzen wechseln mit schwach zehrenden ab. Der unterschiedliche Nährstoffbedarf wird damit berücksichtigt. Auch die Spurenelemente werden durch den Wechsel gleichmäßig ausgenützt. Bodenmüdigkeit wird verhindert.

❑ Hemmung des Krankheits- und Schädlingsbefalles

Bei gleich bleibendem Standort treten die spezifischen Pflanzenschädlinge und -krankheiten gehäuft auf, da die Erreger im Boden oder an den Pflanzenrückständen überwintern oder mit dem Stallmist zugeführt werden. Durch den Fruchtwechsel wird dies verhindert.

Das Ziel ist ein weiter Fruchtwechsel. Dabei kommen die verschiedenen Gemüsearten erst nach vielen Jahren (8 – 10 – 15 Jahren) wieder auf den gleichen Standort zu stehen (siehe Anbausysteme).

Vor- und Zwischenfrucht *– Salat*
Hauptfrucht *– Karfiol*
Nachfrucht *– wäre Endivien*

6.1.2 Fruchtfolge

Die Aufeinanderfolge verschiedener Gemüsearten auf dem gleichen Beet im gleichen Jahr bezeichnet man im Gartenbau als Frucht- oder Kulturfolge. Wir sprechen von Hauptkultur, Vor-, Zwischen- und Nachfrucht. Zunehmend an Bedeutung gewinnt der Anbau von Mischkulturen, wobei reihenweise andere Arten angebaut werden.

Vorfrucht *– wäre Vogerlsalat*
Hauptfrucht *– Sellerie*
Zwischenfrucht *– Porree*

Nach ihrem Anbau werden folgende Arten von Kulturen unterschieden:

- **Vorkulturen** haben eine kurze Entwicklungszeit und müssen unempfindlich gegen Fröste sein. Für Vorkulturen eignen sich z. B. Salat, Radieschen, Spinat, frühe Kohlarten, Vogerlsalat, Winterknoblauch, Wintersalat und Kresse.

- **Hauptkulturen** beanspruchen die Beetfläche am längsten. Bei späterem Anbau ist eine Vorkultur, bei früherer Ernte eine Nachkultur möglich. Als Hauptkulturen werden z. B. Bohnen, Spätkohlarten, Tomaten, Paprika, Gurken, Sellerie, Petersilie, Karotten und Kürbis angebaut.

- **Nachkulturen** sind bei Gemüsearten, die schon im Laufe des Sommers geerntet werden, möglich. Es können Sorten mit einer kurzen Entwicklungszeit angebaut werden: z. B. Kopfsalat, Kohlrabi, Rettich, Radieschen. Gemüsearten, die einen späten Anbau verlangen, eignen sich ebenfalls dafür: z. B. Endiviensalat, Chinakohl, Zuckerhutsalat, Knollenfenchel. Herbstsaaten von Gemüsearten, die über den Winter im Garten stehen bleiben, sind als Nachkulturen einzuplanen: z. B. Spinat, Vogerlsalat, Winterknoblauch.

Das Ziel ist eine enge Fruchtfolge. Der Boden soll nie frei liegen, der Pflanzenbestand soll ihn immer beschatten und dadurch die Schattengare fördern. Durch den Vor-, Zwischen- , Haupt- und Nachfruchtbau kann dies erreicht werden (siehe Zwischenfruchtbau und Mischkulturen).

6.1.3 Zwischenfruchtbau

Beim Zwischenfruchtbau wird die Anbaufläche überlegt genutzt. Es kommt zu mehreren Ernten. Durch den ständigen Pflanzenbestand wird der Boden bedeckt und dadurch die Schattengare und das Bodenleben gefördert.
Wegen der unterschiedlichen Pflanzenarten stellt der Zwischenfruchtbau auch eine Art der Mischkultur dar.

Zwischenkulturen sind möglich bei Gemüsearten, die viel Platz brauchen, aber eine lange Entwicklungszeit haben oder wegen der Frostgefahr erst ab Mitte Mai ausgepflanzt werden können, z. B. Gurken, Tomaten, Sellerie, Paprika, Bohnen u. a.
Für den Zwischenfruchtbau werden rasch wachsende, eher kleinere Gemüsearten oder Kräuter verwendet. Eine Vorkultur kann auch zur Zwischenkultur werden, wenn die Haupt- und Vorfrucht noch einige Zeit im Beet nebeneinander stehen.

Beispiele für Vor- und Zwischenfruchtbau

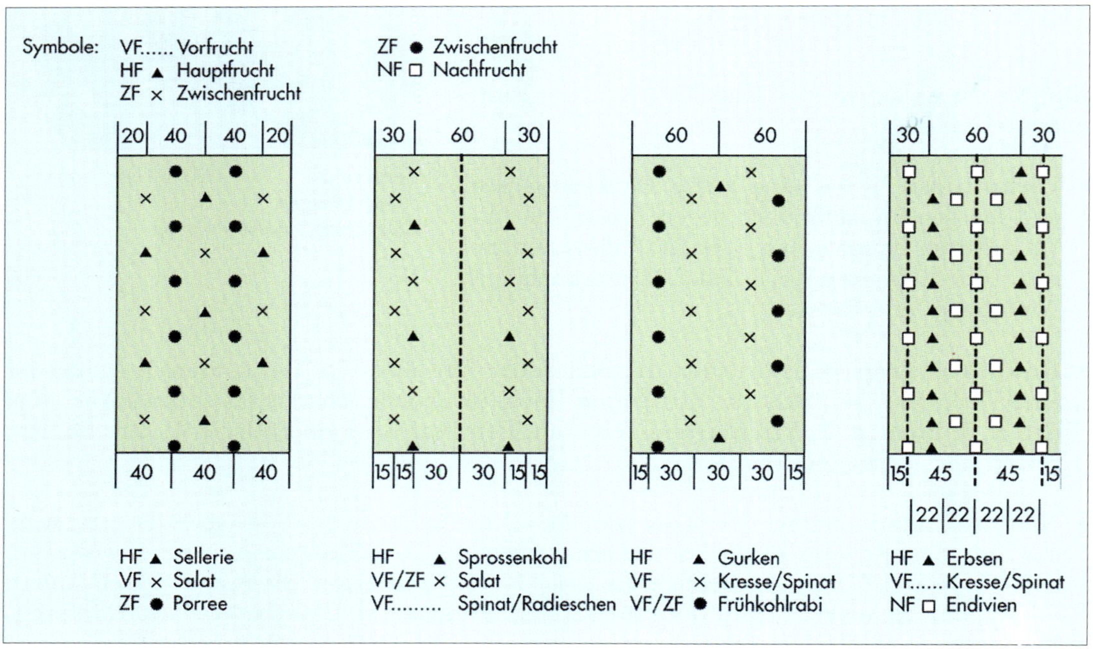

Anbauplanung – Beetkultur

Beetbreite = 1,20 m

Schlag I und Schlag II wechseln in den folgenden Jahren einander ab.

O = Säen	V = Pflanzen
x = Ernten	x ....= fortlaufend ernten
A = Anfang	M = Mitte
E = Ende	römische Zahl = Monat

Beispiele von Schlag I

V	Frühkohlrabi	A IV je 2 Randreihen x.......ab VI = Vor- und Zwischenfrucht
V	Kresse	A IV 1 Mittelreihe x.......ab V = Vorfrucht
V	Gurken	M V 1 Mittelreihe nach Kresse x...ab E VII = Hauptfrucht
O	Winterknoblauch	A X 6 Reihen x im nächsten Jahr = Nachfrucht
V	Frühkarfiol	M IV je eine Randreihe x....... ab VII = Zwischenfrucht
O	Schnittsalate	A IV 2 Reihen x........ ab V = Vorfrucht
V	Tomaten	M V 1 Mittelreihe x....... ab VIII = Hauptfrucht
V	Chinakohl	VIII 2 Reihen nach Karfiol x.... ab X = Nachfrucht
V	Frühsalat	IV 3 Reihen x........ ab VI = Vor- bzw. Zwischenfrucht
V	Spätkraut, Rotkraut, Sprossenkohl	M V 2 Reihen x X = Hauptfrucht
V	Kohl (mittel oder spät)	M V 2 Reihen x..... ab VIII = Hauptfrucht
V	Kohlrabi (mittel oder spät)	M V 2 Reihen x.... ab VIII = Zwischenfrucht
O	Vogerlsalat	4 Reihen vom Vorjahr IX.......x ab A IV = Vorfrucht
V	Sommersalat	M V 3 Reihen x........ ab E VII = Vor- bzw. Zwischenfrucht
V	Broccoli	A VI 2 Reihen x......... ab VIII = Hauptfrucht
O	Winterspinat	4 Reihen vom Vorjahr IX x.... ab M IV = Vorfrucht
O	Zucchini oder andere rankenlose Kürbisse	1 Reihe M V ...x... VIII = Hauptfrucht
O	Frühsalate	A IV je 2 Randreihen ...x... ab VI = Vor- bzw. Zwischenfrucht
O	Paprika	3 Reihen M V ......x...... ab VIII = Hauptfrucht
O	Sommerrettich	2 Reihen IV ......x ab VI = Vor- bzw. Zwischenfrucht
V	Karfiol mittelfrüh	3 Reihen E VI ....x.... ab IX = Hauptfrucht
V	Knollenfenchel	2 Reihen VIII ......x..... ab X = Zwischen- bzw. Nachfrucht
V	Frühsalat	3 Reihen M IV .....x..... ab VI = Vorfrucht bei Karfiol
V	Sommersalat	2 Reihen M V .... ab VII = Vorfrucht b. Knollenfenchel

Beispiele von Schlag II

O	Sommerspinat	A IV 4 Reihen x....... ab V = Vorkultur
O	Spätkarotten	M VI 5 Reihen x....... ab M IX = Hauptfrucht
O	Frühkarotten	A IV 5 Reihen x...... ab VI = Hauptfrucht
V	Chinakohl, Zuckerhut	4 Reihen M VIII x.... X = Nachfrucht
O	Petersilie	A IV 4 Reihen x....... ab E VII = Hauptfrucht
O	Radieschen	A IV 4 Reihen = Markiersaat in Petersilie x... ab V = Vorfrucht
V	Sellerie	M V 3 Reihen x........ ab E IX-X = Hauptfrucht
X	Porree	M V 2 Reihen x........... ab IX-X-XI = Zwischenfrucht
O	Schnittsalate oder Radieschen	5 Reihen M III x..... ab V = Vorfrucht
O	Steckzwiebel	5 Reihen oder Schalotten 4 Reihen A IV x.... VIII = Hauptfrucht
V	Winterendivien	5 Reihen M VIII x..... ab X = Nachfrucht
O	Buschbohnen	2 Reihen M V x....... ab VIII = Hauptfrucht
O	Winterspinat v. Vorjahr	4 Reihen IX x..... ab IV = Vorfrucht
O	Mangold	2 Reihen IV ......x...... ab VII = Hauptfrucht
O	Rote Rüben	3 Reihen V ......x.... ab VIII = Zwischenfrucht
O	Früherbsen (Palerbsen)	2 Reihen IV ...x.... ab VII = Hauptfrucht
O	Kresse oder Schnittsalat	III 3 Reihen x.... ab V = Vor- bzw. Zwischenfrucht
O	Winterspinat	4 Reihen IX x..... ab IV im nächsten Jahr = Nachfrucht
O	Markerbsen	3 Reihen E V ......x....... ab M VIII = Hauptfrucht
O	Winterknoblauch	5 Reihen E V ......x....... ab M VIII = Hauptfrucht
O	Winterknoblauch	5 Reihen v. Vorjahr X ....x V = Vorfrucht
O	Vogerlsalat	4 Reihen IX ......x.... ab IV im nächsten Jahr = Nachfrucht
O	Stangenbohnen	2 Reihen M V ....x...... ab VIII = Hauptfrucht
V	Frühsalat	3 Reihen M IV ....x.... ab M VI = Vor- bzw. Zwischenfrucht

6.1.4 Gestaffelter Anbau

Junges, zartes Gemüse zum richtigen Zeitpunkt in richtiger Menge erreichen wir durch eine Bedarfsfeststellung und einen gestaffelten Anbau.

Die **Bedarfsfeststellung** ergibt sich aus der Personenanzahl im zu versorgenden Haushalt zum jeweiligen Zeitpunkt. Diese kann mitunter sehr unterschiedlich sein, z. B. in Schulen mit

Sommerferien oder bei Fremdenverkehrsbetrieben in der Saison. Durch einen überlegten Anbau kann der gewünschte Erntezeitpunkt erzielt werden.
Der **gestaffelte Anbau** ergibt sich aus verschiedenen Möglichkeiten:
Bei einigen Gemüsearten ist eine Aussaat oder Auspflanzung in Abständen von 2 bis 3 oder 4 Wochen sinnvoll, z. B. bei Salat, Kohlrabi, Karfiol, Buschbohnen, Erbsen u. a.
Frühjahrskulturen können – im August, September angebaut – frische Herbsternten bringen, z. B. Radieschen, Spinat.
Der Anbau von Früh-, Sommer- und Spätsorten (siehe Sortenwahl) bringt beste Ernten zum unterschiedlichen Zeitpunkt. Genauere Angaben finden sich bei den verschiedenen Gemüsearten im Kapitel „Gemüsebau".

6.2 ANBAUSYSTEME

Durch die verschiedenen Anbausysteme soll Folgendes erreicht werden:

- Ein weit gestellter Fruchtwechsel
- Eine enge Fruchtfolge
- Ein richtiges Nährstoffangebot an die Pflanze
- Eine Pflanzenvielfalt statt Monokulturen
- Eine ständige Bodenbeschattung und dadurch Förderung der Schattengare sowie der Bodenlebewesen
- Eine Vorbeugung gegen Krankheiten und Schädlinge

Garten im Frühjahr *beim Anbau*

Im Wesentlichen handelt es sich um zwei Systeme:
Die Schlageinteilung mit Beeten, darauf die Haupt-, Vor-, Zwischen- und Nachkulturen, also schon immer weitgehend eine Mischkultur.
Die Mischkultur neuer Art, im Beet oder beetlos, wobei im reihenweisen Anbau die Haupt-, Vor-, Zwischen- und Nachfrucht, aber auch Grüneinsaaten wechseln.
Bei **beiden Systemen** ist ein jährliches Weiterrücken der Kulturen wesentlich. Als Zwischenfrüchte werden vielfach auch Würz- und Heilkräuter verwendet.

Mischkultur *– beetlos*

6.2.1 Schlageinteilung

Die Grundlage bilden die beiden Schläge. Die Gemüseanbaufläche wird in zwei Teile (= Schläge) geteilt. Schlag I wird mit Stallmist gedüngt, Schlag II bleibt ohne Stallmistgabe, dadurch wird einer Stickstoffüberdüngung vorgebeugt.
Im nächsten Jahr wird gewechselt: Aus Schlag I wird Schlag II und umgekehrt. Nach dem Nährstoffbedarf der Hauptfrüchte ergibt sich eine Einteilung in Stark- und Schwachzehrer wie auch Mittelzehrer.

Schlag I *– Starkzehrer*

Schlag II *– Schwachzehrer*

Starkzehrer sind Pflanzen mit großem Nährstoffbedarf, vor allem an Stickstoff. Sie vertragen eine Stallmistgabe gut. Dazu zählen Kohlgemüse, Fruchtgemüse und Blattgemüse (siehe „Gemüsebau").

Schwachzehrer haben einen geringen Nährstoffbedarf, vor allem an Stickstoff, und sollen keinen Stallmist bekommen. Dazu zählen die Wurzel- und Lauchgemüse sowie die Hülsenfrüchte (siehe „Gemüsebau").
Die Stark- und die Schwachzehrer unterscheiden sich auch im Pflanzentypus. So wechseln die Blattpflanzen, die Wurzel- und Knollengewächse, die garefördernden und die garehemmenden Pflanzen den Standort.
Um zu erreichen, dass Gemüsearten erst nach Jahren wieder auf denselben Platz kommen, also ein weit gestellter Fruchtwechsel eingehalten wird, ist es wichtig, mit ihnen auf den Schlägen jährlich weiterzurücken. Dazu sind Aufzeichnungen notwendig.

6.2.2 Mischkulturen

Die Mischkultur ist ein ausgereiftes System der Anbauplanung, in dem enge Fruchtfolge und weiter Fruchtwechsel die Platzausnützung fördern und die Bodenmüdigkeit ausschließen.

Die Verwendung eines Gartenplanes unter Berücksichtigung der positiven Nachbarpflanzen (Förderung durch Duft-, Blatt- und Wurzelausscheidungen) und deren Platzbedarf für Höhe, Blätter und Wurzeln ist notwendig.

Mischkultur

Die Ausgangsbasis für die Mischkultur bildet die Erhaltung des aktiven (Bodenleben), gesunden Bodens, der mit der Pflanze in enger Wechselwirkung steht. Denn, wie bereits eingangs erwähnt:

Der Boden ernährt die Pflanze

↕ ↕

Die Pflanze ernährt den Boden

Kennzeichen der Mischkultur	Wirkung
• Wechselnder Anbau von verträglichem Gemüse und einjährigen Kräutern reihenweise und in der Reihe	• Pflanzenvielfalt (Gegenteil der Monokultur) für gegenseitige Förderung Schutz vor Krankheiten und Schädlingen, gute Ausnützung der Nährstoffe durch Flach- und Tiefwurzler bzw. Stark- und Schwachzehrer
• Anbau von Grüneinsaaten zwischen den Reihen oder als Voraussaat in der Reihe bei späten Kulturen (z. B. Buschbohnen)	• Bodenbedeckung mit lebenden Pflanzen – vielfältige Ausscheidungen, Belebung, Bewurzelung, Erwärmung, Desinfektion des Bodens, Anreicherung von Nährstoffen für die Kulturpflanze im Folgejahr; Spinat für die Küche
• Ständige Bodenbedeckung durch Kultur-und Gründüngungspflanzen; später durch Mulchen mit Grüneinsaatschnitt oder anderem Mulchmaterial;	• Ernährung und Förderung des Bodenlebens durch organisches Material = Humusbildung. Schutz des Bodens und Bodenlebens vor der Austrocknung – weniger Aufwand für Bewässerung und Bearbeitung. Unterdrückung von Unkrautwuchs.
• Winterbodendecke aus Einsaat oder Mulch	• Kälteschutz für Bodenleben (aerobe, anaerobe), Schutz vor Austrocknung im Frühjahr, feucht warm, locker, nährstoffreich
• Kein Umstechen – nur Lockern mit entsprechenden Geräten	• Die Bodenlebewesen in den Bodenschichten können ohne Unterbrechung ihre Arbeit (Dauergare) leisten; Erleichterung der Gartenarbeit
• Keine leicht wasserlöslichen, ätzenden Dünger	• Sie schädigen das Bodenleben; die Pflanze unterliegt einer Zwangsernährung
• Verwendung organischer Dünger (Mist, Kompost, Grünpflanzen, Jauchen, Horn-, Knochen-, Blutmehl)	• Sie sind mild und langsam wirksam; Pflanze hat selektive Auswahl der Nährstoffe, die großteils erst durch die Aufschließung über das Bodenleben verfügbar sind
• Kein Einsatz chemisch-synthetischer Pflanzenschutz- bzw. Spritzmittel	• Pflanzenschutz geschieht ganzheitlich (positive Kräfte), vorbeugend (Kulturmaßnahmen) und sanft; Beachtung der Nahrungskette
• Verwendung von Pflanzen- und Bodenpflegemitteln	• Tees, Auszüge, Jauchen stärken und schützen die Pflanzen; Gesteinsmehle und milde Kalke pflegen den Boden

Pflanzenvielfalt statt Monokultur

Bodenbedeckung mit lebenden Pflanzen; Vor- und Zwischenkulturen, Einsaaten

Rechts: gut angewachsene Wintereinsaat

TABELLE FÜR MISCHKULTUREN

Verträglichkeit von Pflanzennachbarschaften

+ : Passen in Mischkulturen gut zueinander, Nachbarschaft erwünscht
– : Ungünstig für Mischkulturen und Nachbarschaft
Leere Felder: Neutrales Verhältnis zueinander

	Buschbohnen	Dill	Endivien	Erbsen	Fenchel	Gurken	Kresse	Karotten	Zichorie	Knoblauch	Kohl	Kohlrabi	Kopfsalat	Mangold	Lauch	Kamille	Petersilie	Pflücksalat	Radieschen	Rhabarber	Zucchini	Sellerie	Spinat	Stangenbohnen	Tomaten	Zwiebeln
Buschbohnen				–	–	+				–	+	+	+		–			+	+	+		+			+	–
Dill				+		+		+					+					+								+
Endivien					+						+													+		
Erbsen	–	+			+			+		–	+	+	+		–				+					–	–	
Fenchel	–		+	+		+			+				+					+						–	–	
Gurken	+	+			+				+	+	+		+						–			+		+	–	+
Kresse																			+					+		
Karotten		+		+					+	+				+	+				+						+	+
Zichorie					+	+		+					+											+	+	
Knoblauch	–			–		+		+			–													–	+	
Kohl	+		+	+		+							+	+	+			+	+	+		+	+	+	+	–
Kohlrabi	+			+									+	+	+				+			+	+	+	+	
Kopfsalat	+	+		+	+	+			+		+	+			+		–		+	+		–		+	+	+
Mangold								+			+	+							+	+						
Lauch	–		+	–	+			+			+	+	+									+		–	+	
Kamille																										+
Petersilie													–					–	+						+	
Pflücksalat	+	+			+						+								+	+					+	
Radieschen	+			+		–	+	+			+	+	+	+			+	+					+	+	+	
Rhabarber	+										+		+					+					+			
Zucchini																								+	+	+
Sellerie	+					+					+	+	–		+							–		+	+	
Spinat											+	+							+	+				+	+	
Stangenbohnen			+	–	–	+	+		+	–	+	+	+		–				+		+	+	+			+
Tomaten	+			–	–	–		+	+	+	+	+	+		+		+	+	+			+	+			
Zwiebeln	–	+				+		+			–		+			+					+					

Heil- und Würzkräuter in der Mischkultur

Petersilie	→	Tomaten
Kerbel	→	Salat
Basilikum	→	Gurken
Bohnenkraut	→	Buschbohnen
Kamille	→	Zwiebel
Dill	→	Karotten
Sellerie	→	Kohlarten

Rollierendes System

Bei Reihenanbau (RA: 50 cm) erfolgt das jährliche Vorrücken um 25 cm in die Mitte der vorjährigen Grüneinsaatreihe (RA = Reihenabstand).
Bei Beeteinteilung erfolgt ein blockweises Weiterrücken pro Beet.

Beispiel einer Mischkultur (beetlos, nach Frank)

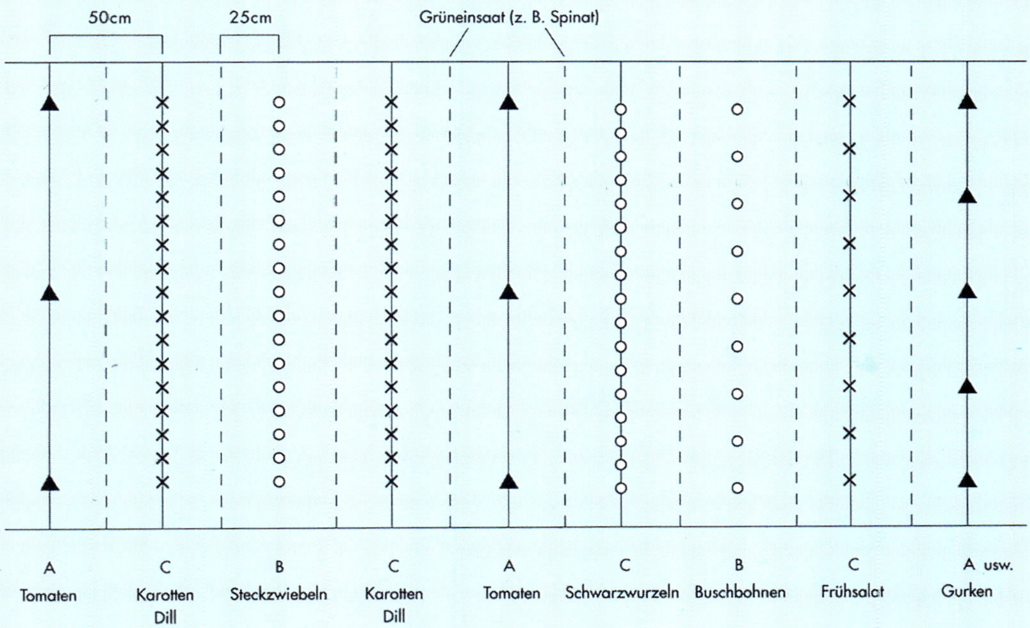

Anbauplan – Mischkultur

Beispiel für einen Schulgarten (nach Payr)

Methode Franck; rollierendes System, Reihenabstand 50 cm

Reihe	April	Mai	Juni	Juli	August	September	Oktober	
1	● Dill ● Frühkarotte		✕	✕ V Sommerendivie		✕ ● Rapunzel	✕	C
2	● Kamille ● Steckzwiebel			✕	✕ V	Chicorée	✕	B
3	● Dill ● Karotte		✕	✕ V	Roter Radicchio		✕	C
4	● Petersilie	V Tomaten		ab ✕	----------	----------	✕ ----------	A
5	● Pastinak ● Radieschen	✕					✕	C
6	V Kohlrabi	V Sellerie und Lauch dazwischen	✕				✕	B
7	● Schnittsalat ● Radieschen	✕ ✕	●	frei für Gurken				C
8	● Leguminosen	✂ V	Gurken und Basilikum		✕ ----------	----------	----------	A
9	V Kopfsalat ● Sommerrettich		✕ ✕	frei für Gurken				C
10	V Karfiol	V Sellerie dazwischen		✕			✕	B
11	● Kerbel V Kopfsalat		✕ ✕ ●	späte Karotten			✕	C
12	● Erbsen		●	✕ Knollenfenchel			✕	A
13	● Schwarzwurzel						✕	C
14	● Radieschen V Kopfsalat	✕	✕ V	Spätkraut, Blaukraut			✕	B
15	● Rote Rüben			✕	V	Zuckerhut	✕	C
16	● Salat	✕	●	Sojabohne			✕	A
17	● Kresse	✕ ●	Mangold		ab ✕ ----------	----------	----------	C
18	● Senf	✂ ● Buschbohne und Bohnenkraut			✕ V	Winterendivie	✕	B
19	V Kopfsalat: Great Lakes		✕	●	Winterrettich		✕	C
20	● Leguminosen	✂ V V	Broccoli Sellerie dazwischen	ab	✕	oder Sprossenkohl	---------- ✕	A

● Säen V Pflanzen ✕ Ernten ---- fortlaufende Ernte

Anbauplan Mischkultur

Die verschiedenen Systeme der Mischkultur, die durch die jeweiligen Arbeitsweisen oder Vorlieben des Gärtners entstanden sind, sollen nur Richtschnur für den eigenen Garten sein. Unter Beachtung der vielfältigen Wechselwirkung zwischen

Boden : Pflanze und
Pflanze : Boden,

deren sanfte Behandlung und Unterstützung, ist aber dem eigenen Experimentieren und freudigen Weiterentwickeln des Gartens zu etwas ganz Individuellem das Tor schrankenlos geöffnet.

6.2.3 Das Hügelbeet

Eine Alternative in der Anlage einer Gemüsefläche stellt das **Hügelbeet** dar. Durch Aufschichten verschiedener organischer Materialien (siehe Skizze) erhält man einen Hügel, der in Nord-Süd-Richtung angelegt werden soll und in Längsrichtung am besten in Mischkultur bepflanzt wird.

Vorteile des Hügelbeetes

- Vergrößerung der Anbaufläche – besonders für Kleingärten zu empfehlen.
- Arbeitserleichterung – man braucht sich nicht so tief zu bücken.
- Schnellere Erwärmung der Erde im Frühjahr – dadurch Ernteverfrühung.
- Verbesserung der Erde (bei schlechten Böden und Neuanlagen) – nach 5 bis 6 Jahren ist der Hügel zusammengesunken und mit einer 30 cm tiefen Humusschicht bedeckt.

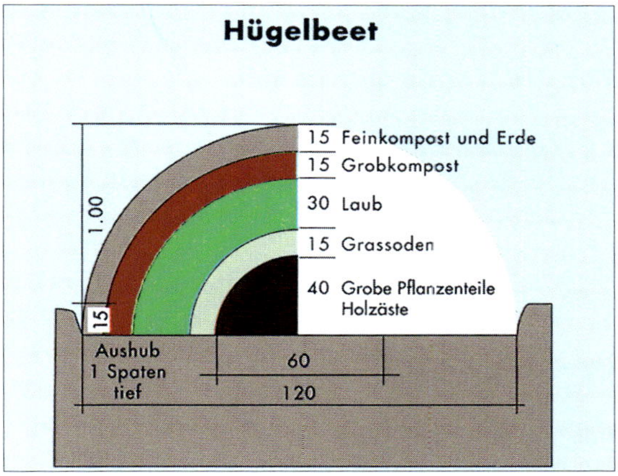

Nachteile des Hügelbeetes

- Einnisten von Wühlmäusen
- Leichteres Austrocknen
- Keine natürlichen Bodenschichten
- Erhöhter Nitratgehalt beim Gemüse

6.2.4 Das Hochbeet

Ein Hochbeet ist ähnlich aufgebaut wie ein Hügelbeet. Die Schichten mit dem organischen Material befinden sich waagrecht übereinander in einem Rahmen. Die Rahmenhöhe sollte ein aufrechtes, bequemes Arbeiten ermöglichen.

Mischkulturen am ***Hochbeet***

Vorteile gegenüber dem Hügelbeet

- Man kann völlig aufrecht arbeiten (beim Hügelbeet nur obenauf; es ist ideal bei Fuß- und Wirbelsäulenleiden)
- Kein Abschwemmen der Erde
- Mäusesicher
- Keine tiefe Bodenbearbeitung nötig

Nachteile

- Höherer Aufwand bei der Errichtung
- Keine Flächenvermehrung

Herstellung

Die Breite des Beetes beträgt 1,2–1,5 m, die Länge richtet sich nach dem Bedarf. Das Beet sollte in Nord-Süd-Richtung ausgelegt sein. Der Boden wird ca. 40 cm ausgehoben (die Erde braucht man dann zum Aufbau) und mit der Grabgabel gelockert.

Für die Wände eignen sich

- Rundhölzer (ab 8 cm Durchmesser)
- Holzbretter, mit Eisenecken verschraubt
- Hohlblocksteine
- Ziegel, aufgemauert
- Wellblechplatten (mit Draht stabilisiert)

Der Aufbau

Von unten nach oben:
Naturboden mit engmaschigem Drahtgitter gegen Mäuse auskleiden
40 cm Holzkern
20 cm dünne Äste
10 cm verrotteter Stallmist
20 cm Grobkompost
10 cm Feinkompost mit Muttererde

1.) Der Holzkern soll Abfallholz und Äste (ungefähr 10 cm Durchmesser) und etwas Erde enthalten. Das Ganze festklopfen und mit Wasser einschlemmen.
2.) Die nächste Schicht besteht aus dünnen Ästen, gehäckselt oder geschnitten, und etwas Erde.
3.) Die Mistschicht kann durch halb verrottetes Laub ersetzt werden. Es können auch andere organische Abfälle dazugegeben werden (z. B. Federn aus alten Tuchenten). In den ersten Anbaujahren gibt es durch die Verrottungswärme eine Ernteverfrühung. Jedes Jahr muss neuer Kompost nachgefüllt werden. Das Vegetationsjahr kann durch Abdecken mit Vlies und Folie (über Bögen gespannt) verlängert werden.

7. SAAT UND PFLANZUNG

Die Auswahl von geeignetem Saatgut ist von großer Bedeutung.
Nach den unterschiedlichen Ansprüchen der einzelnen Gemüsearten sind verschiedene Anbautermine und -formen zu wählen.

7.1 SAATGUT

Für die richtige Saatgutwahl im Gemüsebau sind folgende Faktoren wichtig:

❑ Richtige Sortenwahl

Beim Ankauf von Saatgut ist die geeignetste Sorte zu wählen; vor allem muss man auf standortgerechte Sorten achten (Studium der Fachkataloge). Es kommen immer wieder Neuzüchtungen heraus, die bessere Eigenschaften aufweisen, z. B. feinere Qualität, kürzere Wachstumszeit, größere Widerstandsfähigkeit gegen Krankheiten, bessere Konservier- und Lagerfähigkeit.
Selbst gewonnenes Saatgut ist billiger, aber oft schwierig zu erzeugen, da die meisten Gemüsearten erst im zweiten Jahr blühen und Samen bilden. Durch Einkreuzungen können sich die Eigenschaften verändern.
Hybridsorten werden durch Kreuzung von zwei verschiedenen, erbreinen Sorten erzielt. Sie vereinen die gewünschten Eigenschaften beider Grundsorten. Zur Saatgutgewinnung können Hybriden nicht genommen werden, da die Nachkommen durch die Aufspaltung der Erbanlagen sehr unterschiedliche Erbanlagen haben.

Nach der Kulturdauer unterscheiden wir bei einigen Gemüsearten folgende Sorten:

- **Frühsorten** bringen frühe Ernten, sind raschwüchsig, meist etwas kleiner, aber kaum lagerfähig und für den Anbau im Hochsommer selten geeignet (Ausschießen!). Kulturzeiten sind Frühjahr und Herbst.
- **Sommersorten** sind hitzebeständig. Sie bringen im Sommer die besten Erträge und haben meist eine etwas längere Kulturdauer. Sommersalate schießen nicht so leicht.
- **Spätsorten** wachsen langsam, eignen sich aber am besten zur Lagerung und Einwinterung. In manchen Gegenden reifen sie durch ihre lange Kulturdauer nicht mehr aus, z. B. Spätkarfiol im Gebirge mit kurzer Vegetationsdauer.

Die **Kulturdauer** schwankt nach den klimatischen Verhältnissen; sie wird in Tagen angegeben. Bei Aussaaten an Ort und Stelle gilt sie vom Aufgehen der Saat bis zur Ernte, bei Arten mit Vorkultur vom Zeitpunkt der Auspflanzung an (siehe Kulturtabelle beim „Gemüsebau").

❑ Saatgutqualität

Sie wird bestimmt durch die äußeren und inneren Eigenschaften des Samenkorns.
Die **äußeren Eigenschaften** zeigen an, ob das Saatgut alt oder frisch, gut ausgereift, sorgfältig gewonnen und gut gereinigt ist.

Dafür werden folgende Punkte überprüft:

Reinheit:	Wenig Beimengungen von Fremdsamen, Unkrautsamen, Sand und Erde.
Form:	Je nach Pflanzenart verschieden, soll aber gleichmäßig und nicht gebrochen sein.
Farbe:	Je nach Pflanzenart verschieden, gleichmäßige Färbung erwünscht.
Glanz:	Leichter Glanz zeugt von Frische.
Geruch:	Frisch, angenehm, nicht schimmelig.

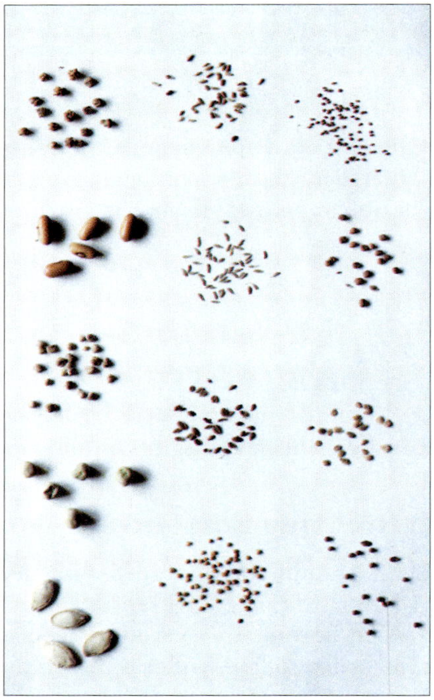

Gemüsesamen

Zu den **inneren Eigenschaften** des Saatgutes zählen folgende Faktoren:

Sortenechtheit:	Nicht überprüfbar; Saatgut sollte daher nur im anerkannten Fachhandel gekauft werden.
Keimdauer:	Innerhalb der Pflanzenarten sehr verschieden; Auskunft darüber gibt die Saat- und Keimtabelle.
Keimfähigkeit:	Geht bei einigen Gemüsesorten durch lange Lagerung verloren, oft schon nach einem Jahr. Sie wird durch eine Keimprobe festgestellt.

Aus Reinheit und Keimfähigkeit des Saatgutes kann der Gebrauchswert errechnet werden. Er gibt an, wie viele von 100 Samen aufgehen (keimen), und damit, ob weiter oder dichter gesät werden soll.

Die Formel lautet:

$$\frac{\textbf{Reinheit x Keimfähigkeit}}{\textbf{100}} = \textbf{Gebrauchswert}$$

Bei Mehrkornsamen (z. B. Rote Rüben, Mangold) sind in einem Samenknäuel mehrere Samen enthalten.
Saatgut wird auch in Form von Saatpillen, Saatband und kalibriert (nach Größe sortiert) angeboten.
Das Saatgut soll kühl, trocken und sicher vor Ungeziefer gelagert werden. Portionssäckchen gut mit Büroklammern verschließen.

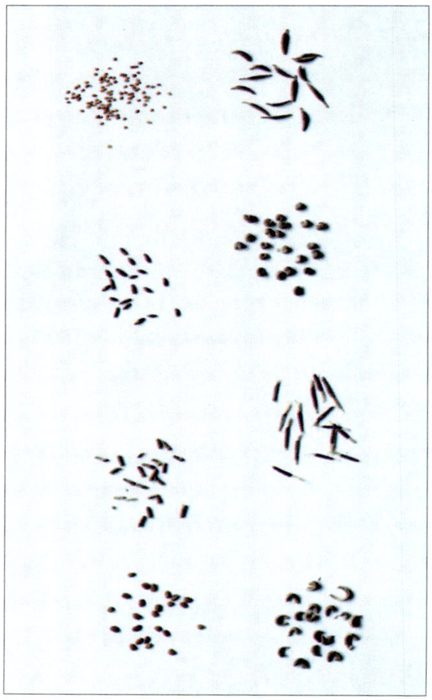

Blumensamen

Saat- und Keimtabelle einiger Gemüsearten				
	Durchschnittlicher Samenbedarf			
Gemüseart	auf 10 m²	zur Heranzucht von 100 Pflanzen	Aussaat	Keimdauer
Frühkohlarten Spätkohlarten		1 g 2 g	Mistbeet oder Freilandsaatbeet	5–6 Tage
Tomate		1/2 g	Mistbeet	6–8 Tage
Paprika		1 g	Mistbeet	14 Tage
Sellerie		1/4 g	Mistbeet	14–21 Tage
Kopfsalat	5 g	1/4g	Mistbeet oder Freilandsaatbeet	10 Tage
Winterendivie		1/2 g	Freilandsaatbeet	10 Tage
Rapunzel	20 g		Freiland	10 Tage
Spinat	30 g		Freiland	14–18 Tage
Schalotten Steckzwiebel	1 1/4–1 1/2 kg 1/2 kg		Freiland	14 Tage
Saatzwiebel	3–5 g		Mistbeet oder Freiland	14–21 Tage
Karotte (Möhre)	5–6 g je nach Reihenabstand		Freiland	14–21 Tage
Petersilie	5–6 g je nach Reihenabstand		Freiland	16–24 Tage
Rote Rüben	15–20 g		Freiland	8–12 Tage
Bohnen	100 g		Freiland	8 Tage
Gurken	3–5 g je nach Aussaa		Mistbeet oder Freiland	6–8 Tage
Radieschen	20–30 g		Freiland	7 Tage
Schwarzwurzel	20 g		Freiland	14 Tage

7.2 SAATFORMEN

❑ Breitsaat

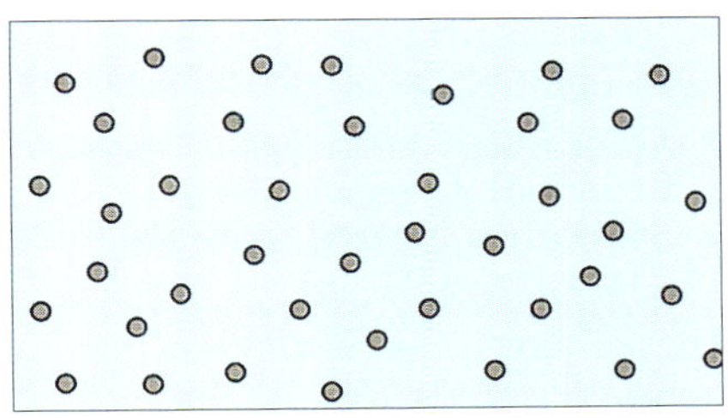

Der Vorteil dieser Saatform ist eine gute Platzausnützung. Die Unkrautbekämpfung und Durchlüftung des Bodens werden jedoch erschwert.
Anwendung: bei Pflanzenanzucht im Kistchen; im Freiland nur auf kleinen Flächen (z. B. bei Rapunzel).

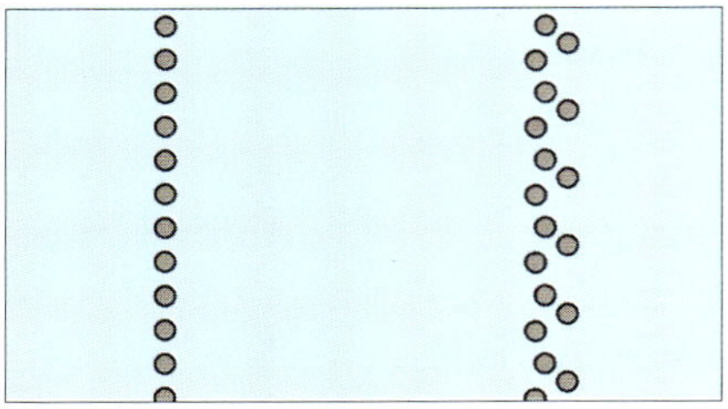

❑ Reihensaat

Die Saat kann gut gepflegt werden, die Bodenlockerung ist leicht möglich, daher gibt es weniger Krankheitsbefall. Die Arbeit mit Ziehgeräten ist möglich, ebenso das Mulchen.
Anwendung: zur Pflanzenanzucht im Mist-, Früh- und Saatbeet und bei Spinat, Kresse, Erbsen, Schnittsalat, Karotten, Petersilie.

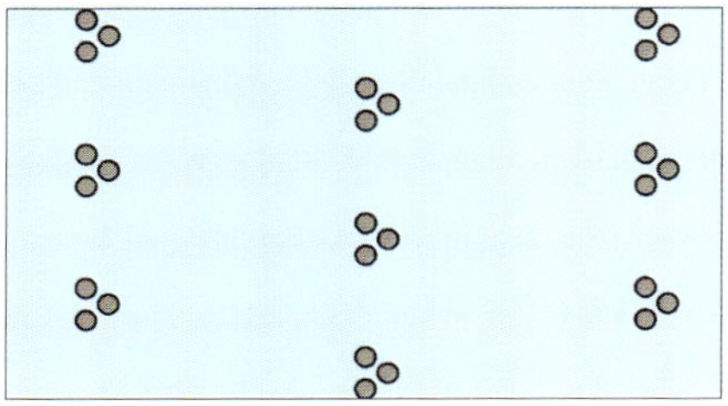

❑ Häufchen- oder Dibbelsaat (Horstsaat)

Bei dieser Reihensaat mit Abstand in der Reihe ist der Einsatz von Mulchfolie möglich, ebenso Pflanzenmulch.
Anwendung: bei Gurken, Kürbissen, Roten Rüben, Bohnen.

7.3 SAATTERMINE

Dabei sind außer den Wünschen des Gärtners noch folgende Faktoren zu berücksichtigen:
- Frostempfindlichkeit
- Keimtemperatur
- Lichteinflüsse (Kurz- und Langtage)

❑ Frostempfindlichkeit – Keimtemperatur

Verschiedene Arten von Gemüse und Blumen sind frostempfindlich und können bei niedrigen Temperaturen nur im Glashaus oder Mistbeet kultiviert oder vorkultiviert werden.
Im Freiland sind die Anbauzeiten nach den Spätfrösten einzuhalten. Die Eismänner (12. bis 15. Mai) sind Anhaltspunkte. Die Wetterentwicklung ist genau zu beobachten.
Beispiele frostempfindlicher Arten: Gurken, Tomaten, Paprika, Sellerie, Basilikum u. a.
Einige Arten, z. B. Stangenbohnen, Markerbsen u. a., brauchen zum Keimen eine genügende Erderwärmung und sollten daher im Freiland nicht zu früh gesät werden (je nach Wetterlage ab Anfang Mai – siehe Kulturtabelle).

❑ Lichteinflüsse

Viele Pflanzen sind in ihrer Blüten- und Samenentwicklung von der Länge des Tageslichtes abhängig.

- **Kurztagpflanzen** entwickeln Blüten und Samen in Kurztagen (= Tageslichtlänge unter 13 Stunden). Kurztage gehen bis ca. 20. Mai und beginnen wieder ab August.
- **Langtagpflanzen** entwickeln Blüten und Samen in Langtagen (= Tageslichtlänge über 14 Stunden). Langtage liegen zwischen 20. Mai und Anfang August).
- **Tagneutrale Pflanzen** sind von diesen Einflüssen nicht betroffen.

Diese Faktoren sind zu beachten, da es sonst zu unerwünschter Blütenbildung (Ausschießen) kommt, z. B. bei Kresse, Spinat und Radieschen.

7.4 MÖGLICHKEITEN DER AUSSAAT

Bei Gemüse, Gewürzkräutern und Blumen gibt es nach ihren jeweiligen Erfordernissen zwei Möglichkeiten der Aussaat:

- Eine Aussaat an Ort und Stelle – eine direkte Saat auf dem Standplatz der Kultur.
- Eine Saat in ein Kistchen, Mist-, Früh- oder Saatbeet für eine Vorkultur der Pflanzen, die später auf den Standplatz der Kultur umgesetzt werden.

7.4.1 Aussaat an Ort und Stelle

Es wird am Standort, auf dem das Gemüse heranwächst, gesät. Die Saat muss nach dem Aufgehen gelichtet werden (vereinzeln). Für diese Saatform eignen sich Gemüse- und Blumenarten, die nicht frostempfindlich sind, keine lange Anzuchtzeit haben und keine Verpflanzung benötigen.

Arbeitsdurchführung

Was?	Wie?	Warum?
Anbaufläche	Lockere Erde soll fein geebnet und feucht sein	Same soll nicht in Erdlöcher fallen
Reiheneinteilung	Den Abstand der Reihen ausmessen. Bei Beeten vom Steig her 1/2 Abstand	Reihenabstand ist je nach Pflanzenart und Anbausystem verschieden
Reihen ziehen	Mit Rillenzieher oder Schnur und Rechenstiel	Rillenzieher spart Arbeit, da mehrere Reihen auf einmal gezogen werden
Rille befeuchten	Mit Kanne ohne Brause	Die Rille soll gut durchfeuchtet sein, günstig für Keimung
Rille mit Steinmehl bestreuen	Dünn, mit Hand streuen	Steinmehl wirkt vorbeugend gegen Pilzkrankheiten (statt beizen)
Aussäen	Dünn und gleichmäßig in die Rille säen	Ergibt dünnen, gleichmäßigen Bestand, Saatgut kann gespart werden
Zudecken mit Erde	Mit dem Rücken des Rechens feine Erde in 2- bis 3facher Samenstärke darüberschieben	Same soll nicht zu wenig und nicht zu viel mit Erde bedeckt sein
Festdrücken der Erde	Mit Rücken des Rechens oder Walze oder Brett	Same soll Erdschluss haben
Eventuell abdecken	Mit Vlies oder Abdeckfolie locker bedecken. Ränder gut fixieren, den Rand mit Erde behäufeln.	Windschutz, Feuchtigkeit bleiben erhalten, rasche Entwicklung der Kulturen, Schutz vor Schädlingen

Vor allem die Pfahlwurzler sollten direkt gesät werden, z. B. Karotten und Petersilie, aber auch Radieschen, Rettiche, Hülsenfrüchte, Spinat und Kresse (siehe Kulturtabellen).
Bei Frühjahrskulturen ist eine Abdeckung mit Tunnel-, Loch- oder Schlitzfolie bzw. einem Vlies günstig.

Arbeitsunterweisung: Aussaat an Ort und Stelle.
Arbeitsmittel: Eisenrechen, Maßstab, Schnur, Rillenzieher, Saatgut, Walze oder Saatbrett. Für eventuelle Abdeckung: Vlies oder Folie, Schauferl.

Bei **Markiersaat** zum rascheren Sichtbarwerden der Saatreihen bei Gemüsearten mit langer Keimdauer, z. B. Petersilie (siehe Saat- und Keimtabelle), werden vor dem Zudecken der Rille in Abständen von 10 cm Samenkörner mit kurzer Keimdauer, etwa Radieschen, gelegt.

7.4.2 Aussaat für Vorkulturen

Pflanzen für den frühen Anbau, frostempfindliche Kulturen und solche mit einer langen Anzuchtzeit brauchen eine Vorkultur in einem Kistchen, Mist- oder Frühbeet. Frostunempfindliche Kulturen und Pflanzen für einen späteren Anbautermin können auch in einem Freilandsaatbeet herangezogen werden (siehe Kulturtabellen).

❏ Saatkistchen

Bei der Anlage eines **Saatkistchens** ist Folgendes zu beachten:

- **Kistchen:** aus Holz oder Plastik, Größe ca. 30 x 60 cm, Höhe 6 bis 7 cm, im Boden Rillen oder Löcher für den Wasserabzug.
- **Saaterde:** Kompost- oder Humuserde 1:1 mit Torf mischen oder Torfkultursubstrat (TKS) verwenden. Erde vorher sieben.
- **Füllen:** Wasserabzugslöcher mit runden Tonscherben überdecken, die vorbereitete Erde einfüllen und leicht andrücken.
- **Säen:** dünn und gleichmäßig in Reihen- oder Breitsaat. Erde oder Sand darüber sieben, festdrücken und begießen. Bei mehreren Kistchen am Rand beschriftete Etiketten einstecken.
- **Abdecken:** mit Folie oder Glasplatte.

Die Kistchen werden an einem warmen, hellen Platz (Fenster, Mistbeet oder Glashaus) aufgestellt. Solange an der Folie Tropfen hängen, braucht nicht überbraust zu werden. Sind die Keimblätter gut entwickelt, wird wieder in ein Kistchen oder Mistbeet umgepflanzt (pikiert).

❏ Mistbeet – Warmer Kasten

Voraussetzungen für die gute Nutzung eines Mistbeetes sind die fachlichen Kenntnisse und die Zeit für die Betreuung.

- **Verwendungsmöglichkeiten eines Mistbeetes**

Es dient im Frühjahr zur Pflanzenanzucht oder für Treibgemüsebau, im Sommer als Standort für empfindliche Kulturen und im Herbst zum Einwintern von Gemüse (z. B. Endiviensalat).

- **Anlage eines Mistbeetes**

Dabei ist Folgendes zu beachten:
Geschützte Lage, nach Süd, Südost geneigt, Hausnähe.
Rückwand 80 cm, Vorderwand 70 cm hoch, 60 cm in die Erde versenkt. Rahmen aus Lärchenholz oder Warmbeton, Fensterflächen aus Glas oder Kunststoff mit Luftkammern (z. B. Thermoclear).
Breite: 1,50 cm.
Länge: nach Wunsch. Ungeteilte Fenster bis 80 cm, geteilte Fenster bis 1 m Breite.

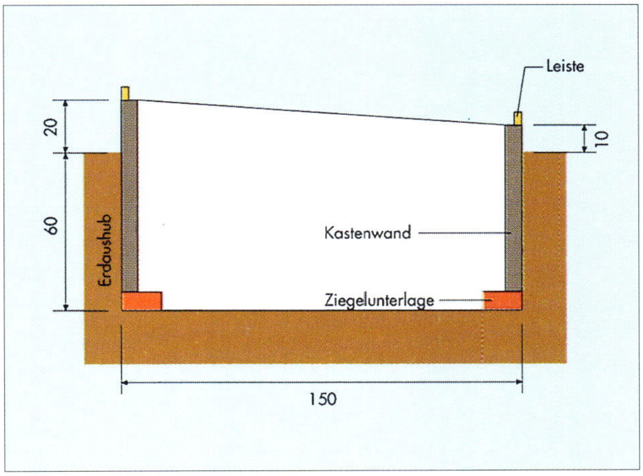

Im Handel sind fertige Bauelemente für Mistbeete und Glashäuser erhältlich.

- **Packen eines Mistbeetes**

Das Mistbeet wird im Herbst 60 cm tief ausgehoben und im zeitigen Frühjahr (Februar/März) gepackt. Dafür wird frischer Pferde- oder Rindermist lagenweise 40 cm hoch eingefüllt und nach jeder Lage festgetreten. Die Fenster werden aufgelegt, bei Nacht auch die Isoliermatten. Man lässt das Beet einige Tage erwärmen (Kontrolle mit Erdthermometer). Nach der Erwärmung werden 20 cm Erde aufgeschüttet und gleichmäßig eingeebnet, sodass noch 15 bis 20 cm Luftraum bleibt.
Für die Erdmischung wird gesiebter Kompost oder Mistbeeterde mit Torf 1:3 vermischt. Nach einer weiteren Erwärmung kann gesät werden. Tagsüber wird das Mistbeet mit Glasfenstern abgedeckt, bei Nacht erfolgt eine weitere Abdeckung mit Isoliermatten (Stroh- oder Noppenmatten) und Deckläden aus Holz.

Beispiel für die ***Anlage eines Mistbeetes***

Das Mistbeet wird von oben durch die Sonne und von unten durch die Wärme, welche beim Abbau organischer Substanzen – z. B. Mist oder Laub – entsteht, erwärmt. Auch Dampfröhren von Heizungen können installiert werden.

- **Aussaat im Mistbeet**

Sie erfolgt nach Erwärmung der Erde. Bei der Arbeit wird immer nur ein Fenster abgenommen, damit keine Wärme verloren geht.
Mit einer Leiste drückt man im Abstand von 5 bis 6 cm senkrechte Rillen in die Erde, in welche das gebeizte Saatgut dünn und gleichmäßig gesät wird. Die Saat wird leicht mit feiner Erde bedeckt und gut festgedrückt (mit Hand, Brettchen oder Walze). Sehr feine Samen werden nicht mit Erde überdeckt, sondern nur festgedrückt, z. B. Petunien, Sellerie.

Aussaat *im Mistbeet*

Ausgelichtete (vereinzelte) Saat

Die Saat ist mit feiner Brause zu begießen.
Nach dem Säen werden die Fenster wieder aufgelegt und Isoliermatten (eventuell auch Holzläden) darüber gedeckt. Die Saat keimt im Dunkeln (Ausnahme: Lichtkeimer). Sofort nach dem Sichtbarwerden der Keimlinge müssen am Tag Deckläden und Isoliermatten entfernt werden.

- **Mistbeetpflege**

Die Pflegearbeiten müssen gewissenhaft durchgeführt werden, sonst können die Pflanzen verbrennen, erfrieren, krank (Schwarzbeinigkeit), lang, spindelig oder mastig werden. Durch richtige Pflege erhält man kräftige, stockige, gesunde Pflanzen. Lüften und Beschatten hängt von der Witterung ab, die Wetterbeobachtung ist dafür sehr wichtig.

Pflegearbeiten beim Mistbeet

- **Zu- und Abdecken:** Am Abend auf die Fensterfläche Isoliermatten und Deckläden auflegen (Frostschutz), am Morgen abdecken.
- **Lüften:** Langsam beginnen, in windgeschützter Richtung über Mittag. Lüftungsholz erst flach einlegen, später stufenweise aufstellen. Sind die Pflanzen größer und ist das Wetter wärmer, die Fenster über Mittag abnehmen. Die Pflanzen einige Zeit vor dem Auspflanzen abhärten (immer weniger zudecken).
- **Beschatten:** Bei direkter Sonnenbestrahlung und nach dem Pikieren durch Auflagen von Schattiermatten beschatten.
- **Gießen:** Mit gut abgestandenem, nicht zu kaltem Wasser am Vormittag oder um die Mittagszeit gießen. Feine Brause verwenden.
- **Jäten** und **Auslichten** der Saat, damit genug Luft dazukommt und die Pflanzen kräftig werden.

Gelüftetes Mistbeet

❑ Frühbeet – Kalter Kasten

Die Anlage erfolgt wie beim Mistbeet an einem geschützten Platz. Der Rahmen aus Lärchenholz oder Metall umschließt die Beetfläche und ist nicht in den Boden versenkt. Es wird kein Mist verwendet, der Boden wird gelockert und mit Torf verbessert. Beim Mistbeet wärmen Mist und Sonne, beim Frühbeet dient nur die Sonne als Wärmequelle. Daher kann darin nicht so zeitig angebaut werden. Die Fenster sind aus Glas oder Kunststoff, eine Abdeckung mit Isoliermatten und Deckläden ist notwendig.

Verwendung, **Aussaat** und **Pflege** sind gleich wie beim Mistbeet, doch erfolgt die Aussaat später. Die Anlage ist billiger.

❑ Freilandsaatbeet

Ein Beet an einem geschützten Ort im Garten kann als Saatbeet zur Pflanzenanzucht verwendet werden. Durch Abdecken mit Wärmefolie kann man die Saat schützen.

Vorbereitete ***Saatrillen***

❑ Töpfe und Anzuchtplatten

Zur Pflanzenanzucht dienen auch Töpfe aus Ton, Plastik, Presstorf (Jiffypots), Torfquelltöpfe oder Anzuchtplatten (Multitopf).
Torftöpfe können miteingetopft werden (der Torf löst sich im feuchten Erdreich auf). Dies hat den Vorteil, dass der Wurzelballen nicht beschädigt wird, und ist besonders wichtig bei Gurken, Kürbissen, Melonen.

Die Töpfe aus ***Presstorf*** *(Jiffypots) werden mit eingepflanzt*

Für die Anzucht von Kräutern hat sich besonders die **Anzuchtplatte** bewährt; bei bestimmten Arten kann ein Saatbüscherl herangezogen werden.

Als **Wärmeschutz** werden Vliese oder Klarsichtfolien zur Abdeckung von Saaten, Jungpflanzen, Frühkulturen und – im Herbst – zur Verlängerung der Vegetation, z. B. bei Tomaten, Endiviensalat u. ä., verwendet. Wir kennen Folienhäuser, Folientunnel für Frühkulturen und empfindliche Kulturen, wie Tomaten, Gurken, Melonen u. ä., im Sommer.

Folienhaus

Zur Abdeckung der Beete gibt es neben der Loch- und Schlitzfolie jetzt auch ein preisgünstiges Vlies im Handel, welches sehr leicht ist, die Pflanzen nicht drückt, gut Licht und Wasser durchlässt. Bei Nässe und Frost bildet sich ein Eismantel, der die Pflanze darunter schützt.
Die Abdeckungen schützen vor allem gegen den Wind; die Feuchtigkeit wird erhalten. Bei **wasserundurchlässigen** Folien, z. B. Folientunnel, kann mit einem Tropfbewässerungsschlauch bewässert werden. Lüften ist an heißen Tagen erforderlich.

7.5 SAATPFLEGE – PIKIEREN

❑ Saatpflege

Die Saaterde soll sehr humusreich sein. Kompost, Torf oder TKS regen die Wurzelbildung an. Samen mit langer Keimdauer können eine **Markiersaat** bekommen; dazu werden schnell keimende Arten, z. B. Radieschen, Salat, Kresse, in die gleiche Saatreihe gestreut. Dadurch verkrustet sie nicht, und durch das Sichtbarwerden der Reihen ist eine baldige Bearbeitung möglich. Die Markierpflanzen werden nach dem Aufgehen der Kultur entfernt.

Pikieren *von* ***Jungpflanzen*** *aus dem Saatkistchen in Multitöpfe*

Der Boden soll **feucht gehalten** werden (bei Bedarf sanft beregnen). Ein Abdecken mit Folie oder Vlies ist günstig.
Die Saat wird unkrautfrei gehalten und, wenn notwendig, stark ausgelichtet (vereinzeln), damit jede Pflanze Platz zur Entwicklung hat. Die Pflanzen können bei Bedarf pikiert werden.
Die Saat ist gut zu belüften, damit keine Krankheiten auftreten und die Pflanze abgehärtet wird. Vor dem Herausnehmen ist durchdringend zu befeuchten, damit die Erde an den Wurzeln haften bleibt. Zu lange Wurzeln sind bis zu einem Drittel einzukürzen; Blätter werden nicht gekürzt. Die Pflanzen werden sortiert und sofort verpflanzt.

❑ Pikieren

Unter **Pikieren** versteht man das Umsetzen sehr kleiner Pflanzen (wenn die Keimblätter gut entwickelt sind und man die Pflanzen anfassen kann). Durch das Pikieren entwickelt die Pflanze ein besseres Wurzelsystem. Sie wird kräftiger, wächst beim Verpflanzen leichter an und hat einen Entwicklungsvorsprung.

Arbeitsvorgang *beim* ***Pikieren***

Die Pflanzen werden entweder in Töpfe, Kistchen oder in das Mistbeet pikiert. Sie müssen bis zum Anwachsen beschattet werden.
Pikiert werden: Tomaten (oft 2-mal), Paprika, Sellerie, eventuell Frühgemüse, einige Arten von Sommerblumen, Zweijahresblumen, Monatserdbeeren.

Arbeitsvorgang beim Pikieren

- Den Platz, auf dem die Pflanzen pikiert werden, vorbereiten. Die Erde mit Torf oder TKS 2 mischen, einebnen, angießen und durchziehen lassen.
- Die gut durchfeuchteten Pflänzchen untergreifen, lockern und herausnehmen, bei Sonnenschein sofort beschatten.
- Mit Pikierholz (Bleistiftform) die Pflänzchen auf die gewünschte Entfernung (5 x 5 cm oder 8 x 8 cm oder 10 x 10 cm) vorsichtig einsetzen. Sie sollen etwas tiefer stehen als im Saatbeet, doch dürfen die Keimblätter nicht in die Erde kommen. Im Wurzelbereich kräftig andrücken.
- Mit abgestandenem Wasser überbrausen, mit Lochfolie oder Vlies überdecken, beschriften und einige Tage beschatten, feucht halten.

7.6 PFLANZUNG

7.6.1 Anforderungen an eine Pflanze

- **Kräftiger,** gedrungener **Wuchs,** 4 bis 6 Blätter.
- **Gut entwickelte Wurzel** mit einem Wurzelballen.
- **Keine Krankheiten,** wie Flecken auf den Blättern, Knoten an Wurzeln und Stängel, Schwarzbeinigkeit (dünner schwarzer Wurzelhals).

Gut entwickelte ***Jungpflanzen*** *mit* ***Wurzelballen***

7.6.2 Pflanzbeet

Zur Vorbereitung wird die Erde gelockert, gut durchfeuchtet und eventuell mit Mulchpapier oder Folie (schwarzer Plastikfolie) abgedeckt. Pflanzenmulch wird nach dem Pflanzen und nach der Verrottung wieder aufgelegt.

Zwiebelkultur *mit* ***Mulchfolie***

7.6.3 Mulchfolie oder Mulchpapier

Sie verhindern durch ihre dunkle Farbe den Unkrautwuchs. Bodenfeuchtigkeit und Schattengare bleiben erhalten, starke Regenfälle können den Boden nicht verdichten. Der Stress an den Wurzeln durch den Temperaturwechsel zwischen Tag und Nacht wird gemildert. Da keine Pflegemaßnahmen notwendig sind, erspart man Arbeit.

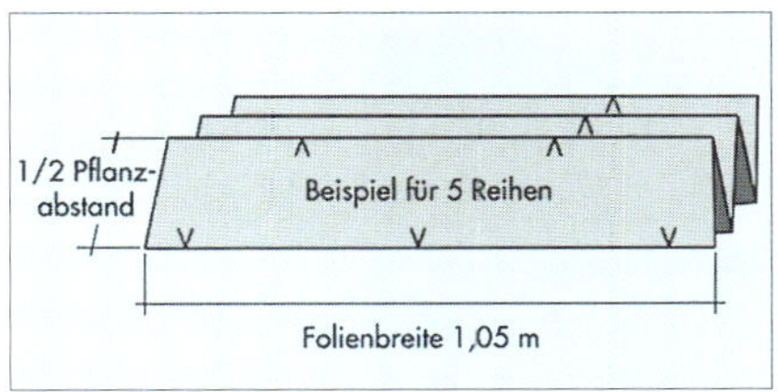

Einschneiden *der* ***Folie***

Beim Einsetzen werden folgende Arbeiten durchgeführt:

- **Einschneiden**: Folie oder Papier für die Beetlänge abmessen, herunterschneiden, in Falten legen (1 Faltenbreite = 1/2 Pflanzabstand); mit Wäscheklammern fixieren; vom Rand 1/2 Reihenabstand hereinmessen, mit Kreide die Schnittpunkte anzeichnen, Löcher als V-Schnitt mit 4 bis 5 cm Länge im Dreiecksverband einschneiden (eine Reihe unten, nächste Reihe oben usw.).

Die Folie kann auch nach dem Auflegen und Fixieren eingeschnitten werden.

- **Folie auflegen und fixieren:** Geschnittene Folie über die Beetfläche legen, vom Steig herein mit Erde lückenlos behäufeln (mit Setzschauferl arbeiten); über das Beet verstreut einige Steine oder

Karfiol *und* ***Salat*** *mit* ***Mulchfolie***

Erdklumpen verteilen, um die Folie zu fixieren. Wird über die Mulchfolie ein Folientunnel gedeckt, erübrigt sich das Befestigen, da der Wind nicht ankommt. Diese Kombination hat sich besonders gut bewährt.

Wird auf Mulchfolie gepflanzt, kann der Pflanzabstand verringert werden, wenn die Pflanze den Platz nicht zur Entwicklung braucht (Zwiebel, Knoblauch), da der sonst notwendige Abstand für die Bodenlockerung entfällt.

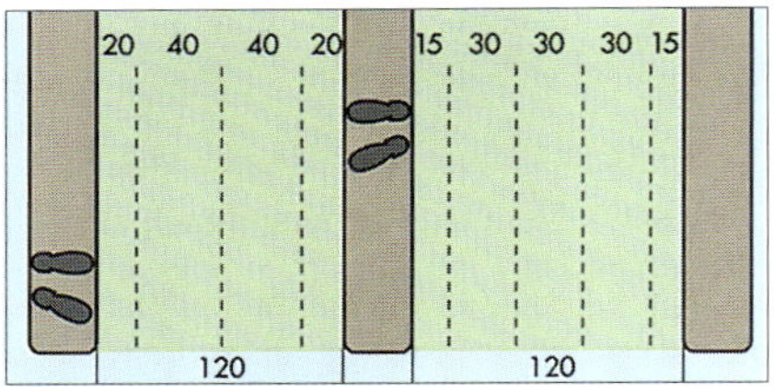

Reihenabstände

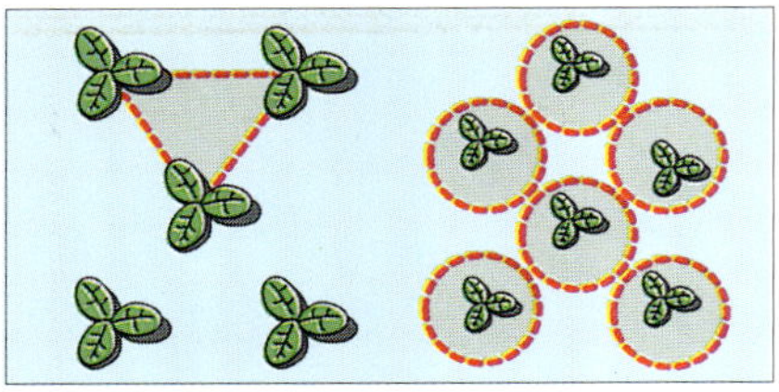
Pflanzabstände, Dreiecksverband

Pflanztiefe

7.6.4 Durchführung der Pflanzung

Dabei sind folgende Faktoren zu beachten:

- **Reihenabstand** ist der Abstand von Reihe zu Reihe. Bei Beetkultur vom Steig herein den 1/2 Reihenabstand messen.
  Bei Reihenanbau in Mischkulturen wird die Kulturzeile vorbereitet. Eventuell vorhandene Voraussaaten heraushacken und zum Mulchen verwenden.

- **Pflanzabstand** ist der Abstand von Pflanze zu Pflanze in der Reihe. Vom Beetrand bis zur ersten Pflanze wird der 1/2 Pflanzabstand gemessen. Beim Setzen im Dreiecksverband erreicht man eine bessere Platzausnützung.
  Die Pflanzlöcher nach Reihen- und Pflanzabstand können bei der Folie schon im Haus eingeschnitten werden. Wird ohne Folie gearbeitet, benötigt man einen Messstab und eine Gartenschnur.

- **Pflanztiefe** ist je nach Gemüseart verschieden. Kohlarten und Tomaten werden etwas tiefer gepflanzt, Zwiebel, Sellerie und Salat nicht zu tief.

❑ Richtiger Arbeitsablauf beim Pflanzen

- **Pflanzzeit:** Bei trübem, regnerischem Wetter oder abends.

- **Beetvorbereitung:** Lockere, gut befeuchtete Erde, kein nass-schmieriges Erdreich. Folie auflegen oder mit Schnur oder Rillenzieher Reihen einteilen.

- **Arbeitsgerät:** Setzholz, bei größerem Wurzelballen Setzschauferl oder Haue verwenden.

- **Pflanzen:** Vor dem Herausnehmen die Erde gut durchfeuchten, die Pflanzen im Wurzelbereich durch Untergreifen lockern und vorsichtig mit dem Erdballen an der Wurzel herausnehmen. In ein Kistchen legen und beschatten. Nur wenige Pflanzen in der Hand halten.
  Vor dem Einsetzen die Pflanzen eventuell sortieren und nur die gesunden, kräftigen Pflanzen einsetzen.

Wurzeln nicht umbiegen, lieber abzwicken, da sonst die Pflanze nicht anwächst.
Nach dem Pflanzen durch Ziehen an einem Blatt prüfen, ob die Pflanze in der Erde hält.
Das Blatt soll abreißen.

- **Angießen:** In jedes Gießloch zweimal in Abständen Wasser eingießen.

- **Abdecken:** Frühgemüse abdecken (Vlies, Folie).

❑ Feuchthalten der Kulturen

Durch Abdecken mit Vlies oder Folie. Durch Mulchen mit Pflanzenmaterial siehe S. 30 oder Mulchfolie siehe S. 83. Durch oberflächliche Bodenbearbeitung siehe S. 25. Bei Niederschlagsmangel Feuchtigkeit zuführen. Nicht zu oft, aber dafür durchdringend. Am Abend mit sanfter Beregnung, noch besser durch Berieselung oder Tropfbewässerung. Bei Verwendung von Regenwasser aus der Tonne oder Dungwasser (Pflanzenjauche 1:10 mit Wasser verdünnt, siehe S. 54) ist eine Pumpe dazwischenzuschalten.

Bei Bewässerungsautomaten stecken Schlauch oder Schläuche mit einem Verteilungssystem an der offenen Wasserleitung, wobei ein Schalt-Kästchen davorgeschaltet ist, in das Zeit und Dauer der Bewässerung einprogrammiert werden (günstig bei Abwesenheit des Gartenbetreuers).

Bewässerungsmöglichkeiten

8. PFLANZENSCHUTZ

Pflanzenschutz ist vor allem bei Monokulturen notwendig, um sichere Erträge zu erzielen. Im Hausgarten sollte auf giftige Pflanzenschutzmittel verzichtet werden. Durch optimale Lebensbedingungen und vorbeugende Maßnahmen können Pflanzen weitgehend gesund erhalten werden.

8.1 URSACHEN VON PFLANZENSCHÄDEN

8.1.1 Unbelebte Faktoren

Dazu zählen:

- Extreme Witterung (Frost, Hagel usw.)
- Fehlerhafte Bodenstruktur
- Falsche Nährstoffversorgung
- Abgase der Industrie
- Ungenaue Anwendung chemischer Pflanzenschutzmittel

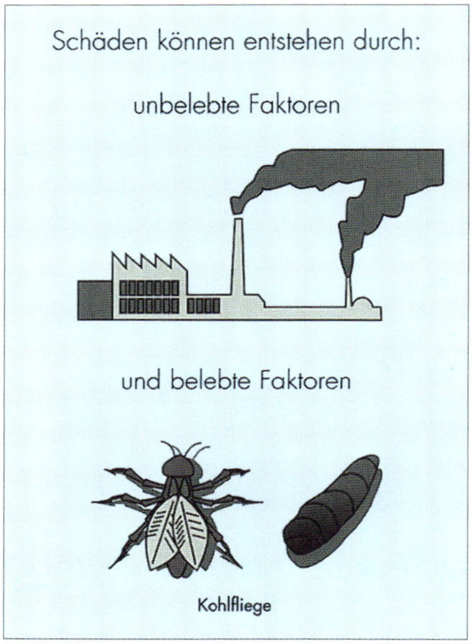

8.1.2 Belebte Faktoren

Dazu zählen:

❑ Krankheiten

Krankheitserreger sind Pilze, Bakterien und Viren.
Pilze sind die häufigsten Erreger und werden meist durch Regen und Wind übertragen. Eine feuchtwarme Witterung begünstigt ihre Verbreitung.
Bakterien rufen schwere Erkrankungen hervor und werden wie Pilze übertragen. Es werden dagegen widerstandsfähige Gemüsesorten gezüchtet.
Viren vermehren sich in der lebenden Zelle ihrer Wirtspflanzen. Sie bilden Virosen, das sind krankhafte Veränderungen im Wuchs oder in Färbung der Pflanze. Eine chemische Behandlung gegen Viren gibt es noch nicht, man wähle widerstandsfähige Pflanzen. Viren werden durch Blattläuse, durch Samen, Knollen und Pflegegeräte übertragen.

❑ Tierische Schädlinge

Insekten, Nematoden, Milben, Weichtiere und Nagetiere können zu Schädlingen werden. Die meisten Schäden verursachen die Insekten. Sie sind enorm fruchtbar und haben verschiedene Entwicklungsstadien. Sie können als Vollinsekt, Larve, Made oder Raupe schmarotzen. Ihr mehr oder weniger starkes Auftreten hängt von der Witterung und vom Vorhandensein ihrer natürlichen Feinde (Nützlinge) ab. Auch Kulturfehler begünstigen ihr Auftreten.

❑ Unkräuter

Sie werden auch als Beikräuter bezeichnet. Viele von ihnen wirken günstig (Bodenbeschattung, Heil- und Nachbarschaftswirkung). Bei Überhandnehmen entziehen sie jedoch den Kulturpflanzen Wasser, Nährstoffe, Licht und Platz.
Unkräuter zeigen durch ihren selbst gewählten Standort die Bodenbeschaffenheit an. (Jeder hat das Unkraut, das er verdient.)
Samenunkräuter sind einjährig und eignen sich zum Mulchen und Kompostieren.
Wurzelunkräuter sind ausdauernd. Jeder Wurzelrest treibt aus, daher sorgfältig die Wurzeln entfernen.
Wichtigste Vertreter: Brennnessel, Geißfuß (Erdholler), Quecke.

8.2 METHODEN DES PFLANZENSCHUTZES

Zu den Pflanzenschutzmaßnahmen zählen:

- Vorbeugender Pflanzenschutz
- Biologischer Pflanzenschutz
- Mechanisch-physikalischer Pflanzenschutz
- Pflanzenschutz mit natürlichen Mitteln
- Chemischer Pflanzenschutz
- Integrierter und ökologischer Pflanzenschutz

8.2.1 Vorbeugender Pflanzenschutz

Durch Schaffen optimaler Lebensbedingungen und durch vorbeugende Maßnahmen wird die Pflanze widerstandsfähiger und gesünder.

❑ Optimale Lebensbedingungen

Humuswirtschaft
Richtige Düngung und Bodenbearbeitung
Verzicht auf wasserlösliche und ätzende Dünger
Mulchen
Rechtzeitige Kulturmaßnahmen

❑ Vorbeugende Maßnahmen

Wahl standortgerechter und resistenter Sorten
Verwendung kräftiger Pflanzen
Fruchtwechsel
Mischkultur
Einsatz von Kräuterjauche und Steinmehl
Abdecken mit Vlies

8.2.2 Biologischer Pflanzenschutz

❑ Maßnahmen

- **Schonung**
- **Begünstigung** (durch Schaffen und Erhalten der Lebensräume)
- gelenkter **Einsatz von Nützlingen**

Nützlinge sind z. B. Singvögel, Marienkäfer und ihre Larven, Raubmilben, Zehrwespen, Florfliegen, Kröten, Igel und Schlangen. Es wird auf diesem Gebiet nach weiteren Maßnahmen für die Praxis geforscht. Der große Vorteil liegt in der **Ungiftigkeit** für Mensch und Tier.

Lebensbereiche** der **Nützlinge

8.2.3 Mechanisch-physikalischer Pflanzenschutz

Diese Methode reicht heute nicht mehr aus. Sie umfasst das **Entfernen** kranker Pflanzen oder Pflanzenteile (nicht zum Kompost geben, sondern verbrennen), das **Einsammeln** von Raupen, die Verwendung von Wühlmaus- und Schneckenfallen, das **Anbringen** von Gelbtafeln gegen weiße Fliegen und das **Auflegen** von Vlies gegen fliegende Schädlinge sowie gegen den Erdfloh.
Die physikalischen Methoden beruhen außerdem auf der Anwendung von **Wärme** und **Kälte** (elektrischer Strom), z. B. Dämpfen der Anzuchterde, Abflammen des Unkräuter. Auch das Abspritzen mit scharfem Wasserstrahl gehört dazu.

8.2.4 Pflanzenschutz mit natürlichen Mitteln (alternativer Pflanzenschutz)

Dabei wird größtes Augenmerk auf vorbeugenden Pflanzenschutz gelegt.
Zur vorbeugenden Behandlung der Pflanzen können auch Kräuterjauchen und -brühen eingesetzt werden. Außerdem schützt man die Kulturen durch Repellentpflanzen.

Repellentpflanzen wirken gegen verschiedene Schädlinge.

Pflanze	**Wirkung gegen**
Kapuzinerkresse	Blutläuse
Lavendel, Farnkraut oder Majoran auslegen; Vogerlsalat säen	Ameisen
Knoblauch, Kaiserkrone, Wolfsmilchpflanzen (Samen in Mauslöcher geben)	Mäuse
Tagetes, Zichorie, Ringelblume	Wurzelnematoden (Fadenwürmer, Älchen)

Als pflanzliche Mittel können Brühen, Tees, Auszüge sowie Jauchen aus frischen oder getrockneten Kräutern verwendet werden.

Für **Brühen** werden die Kräuter 24 Stunden eingeweicht und dann 15 bis 20 Minuten gekocht (z. B. Zinnkrautbrühe; Zinnkraut = Schachtelhalm).
Für die Bereitung des **Tees** werden die Kräuter mit kochendem Wasser übergossen und etwas ziehen gelassen.
Auszüge werden bereitet, indem man die Kräuter einen Tag in kaltes Wasser legt. Sie werden unverdünnt gegossen oder gespritzt (z. B. Brennnesselauszug).
Für **Jauchen** werden die Kräuter längere Zeit in Wasser (am besten Regenwasser) angesetzt. Man nimmt z. B. 1 kg frische oder 10 bis 20 dag getrocknete Kräuter auf 10 l Wasser und fügt eine Handvoll Steinmehl bei. Die Mischung ist täglich umzurühren und vergärt in ca. 14 Tagen. Die Gärung ist abgeschlossen, wenn die Jauche dunkel geworden ist und nicht mehr schäumt.
Vor Verwendung wird die Jauche verdünnt (1:10); die Pflanzen werden damit begossen.

❑ Verwendungsbeispiele natürlicher Pflanzenschutzmittel

- **Pflanzliche Mittel** – Brennnesselauszug, Wermut- oder Quassiatee gegen Insekten; Walnusslaub – im Herbst umgestochen – gegen Wühlmäuse
- **Mineralische Mittel** – Gesteinsmehl gegen Pilzkrankheiten (Salatfäule), Kalkalgenmehle gegen Insekten und Pilzkrankheiten (Mehltau, Krautfäule)
- **Mechanische Mittel** – Wühlmausfallen, Schneckenfallen (halb mit Bier gefüllte, in die Erde eingegrabene Jogurtbecher)

Der Handel bietet eine Reihe von natürlichen Pflanzenschutzmitteln an, z. B. Brennnesselpulver und Heilkräuterkonzentrate sowie EM 5 (EM = effektive Mikroorganismen).

8.2.5 Chemischer Pflanzenschutz

❑ Arten

Die amtlich eingehend geprüften und registrierten chemischen Mittel werden nach ihrer Wirksamkeit in Gruppen eingeteilt. Die wichtigsten sind:

Insektizide: Sie wirken gegen Insekten.
Fungizide: Sie wirken gegen Pilze.
Bakterizide: Sie wirken gegen Bakterien.
Herbizide: Sie wirken gegen Unkräuter.

Neben Begleitstoffen enthalten diese Mittel meist giftige Wirkstoffe, welche die Schädlinge vernichten. Sie gefährden das ökologische Gleichgewicht, da sie auch nützliche Lebewesen schädigen.
In Ausnahmefällen sind Pyrethrummittel (Parexan und Gartencit) einsetzbar. Diese werden aus Pflanzen gewonnen und wirken gegen Insekten, besonders Blattläuse, nicht aber gegen Schildläuse und Milben.
Kupfer- und Schwefelmittel können bei Pilzbefall sparsam eingesetzt werden.

❑ Vorsichtsmaßnahmen

Der unsachgemäße Einsatz von chemischen Pflanzenschutzmitteln kann Gefahr für Mensch und Umwelt mit sich bringen.

Gefahren für die Gesundheit des Menschen entstehen durch unvorsichtige Handhabung der Mittel bzw. deren unsachgemäße Aufbewahrung sowie durch schädigende Rückstände in Ernteprodukten. Die einschlägigen gesetzlichen Vorschriften sind zu beachten! Wartezeiten (Karenzzeiten) unbedingt einhalten!
Die Umwelt wird durch Rückstände und Abdriften (Boden, Grundwasser) ebenfalls stark belastet und gefährdet.

8.2.6 Integrierter und ökologischer Pflanzenschutz

Hier erfolgt eine Abstimmung bzw. Verknüpfung aller Einzelmethoden des Pflanzenschutzes:

- Überlegte Gestaltung der Fruchtfolge
- Auswahl möglichst resistenter, für den Standort geeigneter Sorten
- Entsprechende Bodenvorbereitung
- Optimale Saat- und Pflanztermine
- Auf den Bedarf der Pflanzen abgestimmte Düngung
- Zeit- und fachgerechte Kulturpflegemaßnahmen, gesunde Pflanzenanzucht
- Einsatz bzw. Begünstigung von Nutzorganismen
- Anwendung von chemischen Pflanzenschutzmitteln nur in besonderem Schadensfall (Berücksichtigung der wirtschaftlichen Schadensschwelle)

Ein gut ausgebautes **Prognose- und Warnsystem** (vor allem im Feldgemüse- und Obstbau) ist dabei besonders wichtig.

9. ERNTE UND LAGERUNG

Durch richtige Sortenwahl und gestaffelten Anbau bietet der Hausgarten laufend frisches Gemüse zur Ernte an. Durch richtige Lagerung kann die Küche auch während des Winters mit Gartenprodukten versorgt werden.

9.1 ERNTE

Um eine hohe Qualität der Ernteprodukte zu erreichen, sind verschiedene Voraussetzungen zu erfüllen:

9.1.1 Richtige Kulturtechnik

Von der Saat und Pflege der Gemüsekultur hängt auch die Qualität des geernteten Produktes ab. Vor allem sind ein gesunder Boden, eine ausgeglichene Düngung, die Wahl der richtigen Sorte und richtige Kulturmaßnahmen ausschlaggebend.
Klima und Reifegrad beeinflussen die Qualität ebenfalls.

9.1.2 Richtige Erntearbeit

Erntetechnik *bei Wurzelgemüse*

Die Erntearbeit ist sorgfältig durchzuführen. Das Erntegut darf nicht beschädigt werden (Druckstellen faulen). Gemüsearten, die länger im Ertrag stehen, dürfen beim Ernten nicht verletzt werden, da sich sonst die Erträge vermindern (z. B. Erbsen, Paprika, Gurken).
Unnötige Verschmutzungen durch Ernten bei nasser Witterung sind zu vermeiden. Beim Herausnehmen von Endiviensalat samt Wurzelballen soll keine Erde in die Herzen gelangen.
Bei der Ernte von Wurzeln ist ein vorsichtiges Hantieren mit Grabgabel oder Spaten wichtig, damit die Wurzeln nicht verletzt werden. Bei leichten Böden kann der Sauzahn eingesetzt werden. Bei den sehr spröden Schwarzwurzeln sticht man am besten neben der Reihe zwei Spaten tief die Erde heraus und lockert die Wurzel auf diese Weise von der anderen Seite.
Kranke Ernterückstände sind zu vernichten; andere Ernteabfälle sind zerkleinert zu kompostieren oder als Mulch zu verwenden.

9.1.3 Richtiger Erntezeitpunkt

Der ungefähre Erntezeitpunkt lässt sich mittels Angaben über die Kulturdauer errechnen.

- **Früh-** und **Sommergemüse** soll jung und zart, laufend geerntet werden. Ältere Pflanzen verholzen, sind dadurch schwerer verdaulich und weniger schmackhaft. Überschüsse sind rechtzeitig durch Einfrieren zu konservieren.

Geerntet wird im Allgemeinen, ehe das Gemüse sonnenwarm geworden ist. Erbsen und grüne Gartenbohnen (Fisolen) werden nach dem Abtrocknen der Blätter gepflückt, damit Mehltauinfektionen vermieden werden.

- **Heil-** und **Würzkräuter** sowie **Trockenblumen** sind am besten bei Sonnenschein zu schneiden (zwischen 9 und 11 Uhr), da sich zu diesem Zeitpunkt die meisten Duftstoffe entfalten und die Verluste an ätherischen Ölen am geringsten sind. Sie werden im Schatten an einem luftigen Ort getrocknet. Würzkräuter können auch frisch eingefroren werden.

- **Wintergemüse** darf weder zu früh noch überreif geerntet werden. Je später im Herbst die Ernte erfolgt, umso länger bleibt das Gemüse im Winter frisch. Es lohnt sich daher, bei den ersten Frühfrosten abzudecken, da meist noch schöne Herbsttage folgen.
  Spätkraut, Zuckerhut, Brokkoli und Chinakohl vertragen leichte Fröste. Bei Sprossen-, Kopf- und Krauskohl wird der strenge Geschmack durch Frost gemildert.
  Die Ernte soll möglichst bei trockenem Wetter erfolgen.

9.2 LAGERUNG

9.2.1 Grundsätzliches

Die Haltbarkeit des Gemüses bei der Lagerung hängt von folgenden Faktoren ab:

❑ Qualität und Eignung der Gemüseart

Nicht alle Gemüsearten eignen sich gleich gut zum Lagern. Die Lagerfähigkeit hängt von der Sorte und vom Wasserhaushalt der Pflanzen ab. Wurzeln bleiben daher länger lagerfähig als Salat. N-Überschuss sowie Kalimangel beeinträchtigen die Lagerfähigkeit.
Von Schädlingen befallenes und beschädigtes Gemüse darf nicht gelagert werden.

❑ Luftzufuhr, Luftfeuchtigkeit und Temperatur

Keller- und Lagerräume müssen lüftbar sein. Bei Temperaturen unter 0° C ist nur um die Mittagszeit zu lüften. Zu viel Luftfeuchtigkeit führt zum Faulen von Gemüse, zu trockene Räume lassen es welken.
Die günstigste Lagertemperatur beträgt 4 bis 5° C.
Die Luftfeuchtigkeit sollte 80 bis 90% betragen.
Obst und Gemüse nicht in einem Raum lagern.

9.2.2 Lagermöglichkeiten

❑ Keller

Kellerräume mit gestampften Lehmböden oder überhaupt Erdkeller eignen sich am besten zur Einlagerung von Gemüse. In feuchten Kellern wird ungelöschter Kalk aufgestellt, in zu trockenen ist öfters mit Wasser zu spritzen.

❑ Frostsichere Räume

Chinakohl, Lagerkraut und Kürbisse halten sich sehr gut in frostsicheren, kühlen und lüftbaren Räumen auf Stellagen oder in Steigen.

❑ Mistbeet und Erdmiete

Fehlt es an Kellerräumen, kann eine Einlagerung auch im Mistbeet, in Erdeinschlägen oder Erdmieten erfolgen. Das Gemüse hält hier länger, ist jedoch schwerer zu erreichen.

Das **Mistbeet** wird im Herbst ausgeräumt. Es kann der Salat (Endivie, Zuckerhut) wie im Keller eingesetzt werden. Abgedeckt wird mit Holzläden und Plastiksäcken. Es darf nicht hineinregnen. Gegen Frost kann durch eine Strohabdeckung geschützt werden. Die Lüftung hängt von der Temperatur ab – je wärmer, desto öfter.

Die **Erdmiete** eignet sich besonders für Wurzelgemüse. Der Boden ist gegen Mäuse mit Reisig auszulegen. Das Gemüse wird vorsichtig aufgeschichtet, sodass sich die Miete nach oben verjüngt. Die Miete wird mit Stroh und Erde abgedeckt, nachdem zuvor ein dreieckiger Lüftungskanal aus Latten eingebaut wurde. Rund um die Miete sollte ein Abflussgraben gezogen werden. Bei frostfreiem Wetter ist die Miete zu öffnen.

Erdgräben von ca. 40 cm Tiefe dienen zum Einwintern von Krautköpfen. Strunk und Wurzelballen schauen heraus. Es wird mit Erde abgedeckt.

❑ Lagerung an Ort und Stelle

Winterharte Gemüse (Krauskohl, Winterporree, Sprossenkohl, Rapunzel, z. T. Wurzelgemüse) können an Ort und Stelle belassen werden.

9.3 ÜBERSICHT ÜBER ERNTE UND LAGERUNG VON WINTERGEMÜSE

Gemüseart	Ernte	Lagerung
Wurzelgemüse	Vorsichtig herausnehmen, Blätter abdrehen, bei Petersilie und Sellerie die Herzblätter daranlassen. Sortieren, zu kleine und kranke Wurzeln ausscheiden. Etwas abtrocknen lassen.	Mit Steinmehl bestreuen und im Keller in Sand einschlagen, Sellerie reihenweise, das andere Wurzelgemüse übereinander; oder im Garten einmieten.
Kraut, Kohl und Chinakohl	Vom Strunk schneiden, nur die äußersten Hüllenblätter entfernen. Einschneidekraut vor Sauerkrautbereitung einige Tage abliegen lassen.	Lagersorten in kühlen Räumen oder im Keller ohne Strunk in Stellagen oder Steigen geben bzw. mit Strunk aufhängen.
Endiviensalat u. Zuckerhut	Samt Wurzelballen ernten, faule Blätter entfernen.	Im Keller reihenweise die Wurzelballen in Sand einschlagen.
Zwiebel	Wenn die Schäfte eingezogen haben (das Laub vorher nicht knicken), herausnehmen und abtrocknen lassen.	In kühlen, frostfreien Räumen in Büscheln oder Zöpfen aufhängen oder locker aufschütten.
Knoblauch	Wenn die Blätter gelb werden, herausnehmen und etwas abtrocknen lassen.	Wie Zwiebel.

10. GEMÜSEBAU

Es ist Hauptzweck des Hausgartens, die Küche mit frischem Gemüse zu versorgen. Die Vielfalt der Gemüse wird meist nach dem Teil der Pflanze, der vorwiegend für die Ernährung verwendet wird, in verschiedene Arten eingeteilt.

10.1 EINJÄHRIG GENUTZTE GEMÜSE

10.1.1 Kohlgemüse

Die Kohlgemüse sind Kreuzblütler. Sie liefern sowohl Massen- als auch Feingemüse und sind aus unserer Gemüseversorgung nicht mehr wegzudenken.

❑ Gesundheitlicher Wert

Das Kohlgemüse liefert durch seinen hohen Mineral- und Wirkstoffgehalt wertvolle Schutznahrung. Es eignet sich gut als Kost für Zuckerkranke und Fettsüchtige. Ausgezeichnet ist seine Wirkung auf die Verdauung (rohes Sauerkraut als Vorspeise!). Broccoli, Grün- und Sprossenkohl sind Spitzenreiter beim Gehalt an Vitamin C (über 100 mg je 100 g Frischgemüse).

Zum Kohlgemüse gehören Weißkraut, Blaukraut, Kohl, Kohlrabi, Karfiol (Blumenkohl), Broccoli, Sprossenkohl, Chinakohl und Krauskohl.

❑ Ansprüche der Kohlgemüse

- Klima: viel Feuchtigkeit (Kohlgemüse gedeihen auch in rauem Klima)
- Boden: mittelschwer, feuchtigkeitshaltend und nährstoffreich
- Düngung: I. Schlag, stark zehrend, zusätzlich Kopfdüngung. Ausnahme Kohlrabi – dieser gedeiht auch im II. Schlag

Weißkraut

Broccoli

Kohl

Chinakohl

Karfiol

Blattkohl *(Krauskohl)*

Kohlrabi

Sprossenkohl

Zeichenerklärung für Kulturtabellen

A = Anfang
M = Mitte
E = Ende
Römische Zahl = Monat

R = Reihe
VK = Vorkultur
ZK = Zwischenkultur
NK = Nachkultur

Die in Klammern angeführten Zahlen geben die Kulturdauer an.

Kulturtabelle für Kohlgemüse

Gemüseart	Aussaat		Pflanzzeit	Reihenweite x Pflanzweite in cm, Reihenanzahl pro Beet
	Ort	Zeit		
Frühkraut (71 Tage) Frühkohl (65 Tage) Frühkarfiol (60 Tage) Frühes Blaukraut (90 Tage)	Mistbeet	A III	A–M IV	40 x 40 = 3 R
Spätkraut (150 Tage) Spätkohl (140 Tage) Spätes Blaukraut (160 Tage) Spätkarfiol (90–110 Tage)	Freilandsaatbeet	IV–V	V–VI	60 x 50 = 2 R
Frühkohlrabi (60 Tage)	Mistbeet	E II–A III	A–M IV	30 x 30 = 4 R
Riesenkohlrabi (90 Tage)	Freilandsaatbeet	IV	V	60 x 60 = 2 R
Spätkohlrabi (95 Tage)	Freilandsaatbeet	E V–VI	E VI–VII	40 x 30 = 3 R
Sprossenkohl (130 Tage)	Freilandsaatbeet	IV–V	V–VI	60 x 50 = 2 R
Broccoli (90 Tage)	Freilandsaatbeet	VI	VII	40 x 50 = 3 R
Chinakohl (80 Tage)	Ort und Stelle	E VII–A VIII	E VIII vereinzeln	40 x 40 = 3 R
Blatt-, Grün oder Krauskohl (120 Tage)	Ort und Stelle VK	V–VI V	VI	50 x 50 = 2 R

❑ Besondere Hinweise

- Rasch wachsende Frühsorten können im Sommer nochmals für die Herbsternte angebaut werden.
- Broccoli soll nach der Ernte der Hauptrose stehenbleiben, es bilden sich laufend kleine Nebenrosen. Geerntet wird mit Stielansatz (ca. 10 cm).
- Fruchtfolgebeispiele: Frühkohlrabi eignet sich sehr gut als VK und ZK. Bei Spätkohlarten eignen sich Spinat und Salat als VK bzw. ZK; Mischkultur siehe Tabelle.

❑ Spezielle Pflegemaßnahmen

- Tief pflanzen, nach gutem Anwachsen anhäufeln (Ausnahme Kohlrabi)
- 2- bis 3-malige Kopfdüngung
- Den Boden locker und unkrautfrei halten oder mulchen
- Bei Trockenheit bewässern (besonders junge Pflanzen)
- Beobachten auf Schädlings- und Krankheitsbefall

❑ Krankheits- und Schädlingsbekämpfung

Pilzkrankheiten und ihre Bekämpfung

Krankheit	Schadensbild	Schutzmaßnahmen
Schwarzbeinigkeit	Fadendünner Stängel, der sich braun bis schwarz verfärbt; befällt nur Pflanzen im Anzuchtbeet, gefördert durch unfertigen Kompost, zu viel Feuchtigkeit, zu dichten Stand.	**Vorbeugung:** Anzuchterde dämpfen, Gesteinsmehl beimischen, schütter säen. Anzuchtbeet lüften. **Bekämpfung:** Befallstellen mit Schachtelhalmbrühe überspritzen (nur bei Sonnenschein, vormittags)
Falscher Mehltau	Ölfleckenartige Verfärbungen an der Blattoberseite, an der Unterseite weißgraue Pilzrasen; befallene Blätter vergilben und sterben ab; befällt vor allem junge Pflanzen.	**Vorbeugung:** wie bei Schwarzbeinigkeit; Jungpflanzen mit Brennnesseljauche stärken. **Bekämpfung:** mit kupferhältigen Mitteln spritzen oder bestäuben.
Kohlhernie oder Kropfkrankheit	Pflanzen welken, kümmern und gehen ein; unregelmäßige Verdickungen an den Wurzeln, die in schleimige Fäule übergehen – damit kommt der Erreger (Dauersporn) in den Boden und bleibt dort 4 bis 6 Jahre lebensfähig.	**Vorbeugung:** gute Kalkversorgung – alkalische Bodenreaktion hemmt die Sporenbildung, Einhaltung eines weiten Fruchtwechsels, frühzeitige Entfernung und Vernichtung erkrankter Pflanzen, keine zu hohen Stallmistgaben **Bekämpfung:** Es gibt keine wirksame.

Kohlhernie

Kohldrehherzmücke

Kohlfliege

Kohlweißling

Tierische Schädlinge

Schädling	Schadensbild	Bekämpfung
Erdfloh	Viele kleine Fraßstellen an jungen Pflanzen; kann zum Totalschaden führen; Auftreten besonders bei trockener Witterung; Schädling ist ein kleiner schwarzer oder gelb gestreifter Käfer mit großer Sprungkraft	**Vorbeugung:** häufiges Behacken, Lüften, Feuchthalten der Beete (Mulchen, mit jungen Lärchenzweigen oder Vlies bedecken). **Bekämpfung:** Bestäuben mit Holzasche oder Ruß; mit starkem Wermuttee zweimal pro Woche spritzen, Gartencit anwenden.
Kohlgallenrüsselkäfer	Er legt seine Eier am Stängelgrund der jungen Pflanze; es bilden sich Verdickungen, in denen die Larve schmarotzt.	**Bekämpfung:** stark befallene Setzlinge vernichten, bei schwachem Befall Verdickungen und Larve mit Fingernagel abzwicken oder bei starkem Befall wiederholtes Bestäuben oder Gießen mit Pyrethrum oder Brennnesselauszug.
Kohlfliege	Sie legt ihre Eier an den Wurzelhals der jungen Pflanze; die Larven fressen die feinen Faserwurzeln ab und dringen dann ins Innere der Hauptwurzel ein; Pflanzen kümmern, einzelne sterben ab. Die Kopfbildung bleibt mangelhaft. Pro Jahr entwickeln sich 2–3 Generationen des Schädlings, die erste ist die schädlichste.	**Vorbeugung:** keinen frischen Stallmist verwenden, Kohlstrünke rechtzeitig entfernen, Fruchtwechsel einhalten, nur gesunde Pflanzen aussetzen. Mulchen mit stark riechenden Kräutern. **Bekämpfung:** Gießen mit Schmierseifenbrühe (15–30 dag/l Wasser heiß auflösen und auf 10 l Wasser auffüllen).
Kohlweißling	Der Schmetterling legt seine Eier an die Blattunterseite. Die daraus schlüpfenden grünen Raupen zerfressen die Blätter – bei starkem Befall bis zu den Blattrippen.	**Bekämpfung:** durch Zerdrücken der Eier und Jungraupen, Gießen mit Wermuttee oder Tomatenblätterbrühe.
Kohl- und Gemüseeule	Die Raupen fressen zuerst die äußeren Blätter und dringen dann in das Innere des Kohlkopfes ein.	**Bekämpfung:** Wie beim Kohlweißling; jedoch nur wirksam, solange die Raupen noch an den Blättern fressen.
Drehherzmücke	Winzige Mücken legen ihre Eier zwischen die Herzblätter. Durch die Saugtätigkeit der daraus schlüpfenden Larven verkrüppeln die Herzblätter. Dadurch erfolgt keine Kopfbildung.	**Bekämpfung:** wiederholtes Spritzen oder Bestäuben mit Algenkalk, sobald die Larven schlüpfen.

10.1.2 Fruchtgemüse

Die Fruchtgemüse liefern einen wertvollen Beitrag zur gesunden Ernährung; die meisten können roh gegessen werden.

Zum Fruchtgemüse gehören Tomaten (Paradeiser), Paprika, Pfefferoni und Eierfrüchte (Nachtschattengewächse), Gurken, Kürbisse und Melonen (Kürbisgewächse).

❑ Gesundheitlicher Wert

Tomaten sind durch ihren hohen Gehalt an Vitamin A ausgesprochene Schutznahrung. Sie wirken gegen Blutarmut und Kreislaufstörungen. **Paprika** hat einen hohen Vitamin-C-Gehalt. Er wirkt auf die Schleimhäute des Mundes und des Magens desinfizierend und regt die Saftbildung bei der Verdauung an. **Gurken** und **Kürbisse** sind durch ihren Basenüberschuss harntreibend bzw. hautreinigend. Sie sind besonders für Nieren-, Gicht- und Rheumakranke zu empfehlen.

❑ Ansprüche

- **Klima:** viel Wärme, genügend Feuchtigkeit, kein Frost
- **Boden:** mittelschwer, humusreich
- **Düngung:** I. Schlag, stark zehrend, Vorrats- und Kopfdüngung

Tomaten

Paprika

Eierfrucht

Speisekürbisse

Kulturtabelle für Fruchtgemüse

Gemüseart	Aussaat		Pflanzzeit	Reihenweite x Pflanzweite in cm, Reihenanzahl pro Beet
	Ort	Zeit		
Tomaten (Stock 65–90 Tage) Tomaten (Busch 65 Tage)	Mistbeet	A III	M V	60 x 60–80 = 2 R 100 x 120 = 1 R
Paprika (70–90 Tage)	Mistbeet	E II–III	M V	40 x 40 = 3 R
Eierfrucht (75 Tage)	Mistbeet	E II–III	M–E V	60 x 40 = 2 R
Salatgurken (60–75 Tage)	Mistbeet, in Töpfen, Ort und Stelle;	E IV A–M V	M V –	120 x 40 = 1 R 120 x 40 = 1 R
Einlegegurken (55 Tage)	Ort und Stelle	A–M V	–	120 x 30 = 1 R
Kürbisse Patison (60 Tage) Zucchini (50 Tage)	VK in Töpfen	E IV	M V	120 x 100 = 1 R
Spagettikürbis (90 Tage) Hokaido (60 Tage)	Ort und Stelle	A V		
Zuckermelonen (80–90 Tage)	VK in Töpfen	E IV–A V	M V	40 x 80 = 1 R

Salatgurken

Zucchini

❑ Besondere Hinweise

Spiralstab

- Alle Fruchtgemüse können angehäufelt werden. Ausnahme: bei Verwendung von Mulchpapier nicht notwendig.
- Paradeiser, Paprika und Eierfrüchte müssen einmal, besser zweimal pikiert oder gleich in Jiffypots gesät werden.
- Werden Gurken und Kürbisse in Töpfen vorkultiviert, müssen sie mit Wurzelballen versetzt werden = Jiffypots.
- Patison, Spagetti- und Feldkürbisse in jungem Zustand ernten (Schale muss mit dem Fingernagel zu ritzen sein).
- Fruchtfolgebeispiele: bei Tomaten als VK Gelbsenf (Voraussaat), als ZK Sellerie oder Karfiol;
  bei Gurken und Kürbissen als VK und ZK Salat und Frühkohlrabi, als NK Rapunzel;
  bei Paprika als VK Spinat, als ZK Salat, als NK Winterknoblauch.

❑ Spezielle Pflegemaßnahmen

❑ Tomaten (Paradeiser)

• Kulturhinweise

Entgeizen

Vor dem Auspflanzen sind **Stützmöglichkeiten** zu schaffen – durch Holzpfähle (bei oftmaliger Verwendung desinfizieren), Eisenspiralstäbe oder Spalier mit Draht und Schnur. Es ist wichtig, **tief zu pflanzen**. Die Pflanze wird mit Bast in **Achterschlingen** an die Stützen gebunden. Bei Drahtspalier und Schnur wird sie hineingelegt. Um eine eintriebige Kultur zu erreichen, werden wöchentlich die Achseltriebe **entgeizt**, am besten mit der Hand, nicht mit dem Messer. Ende August werden die Pflanzen **entspitzt** (nach dem 5. bis 6. Fruchtansatz wird der Haupttrieb abgeschnitten), damit ein besseres Ausreifen der Früchte erreicht werden kann. Diesem Zweck dient auch das Überziehen einer Folienhaube.
Buschtomaten werden auf Mulchfolie gepflanzt; sie werden nicht entgeizt. Im Herbst wird mit einem Vlies überdeckt. Kranke Blätter sind zu entfernen.

• **Krankheits- und Schädlingsbekämpfung**

Krankheiten

Krankheit	Schadensbild	Schutzmaßnahmen
Bakterien-welke	Infektion erfolgt durch Bakterien meist vom verseuchten Boden aus oder als Neuansteckung durch Ausgeizen mit dem Messer. Die Blätter welken vor Beginn der Fruchtreife und vertrocknen; am Stamm zeigen sich braune, eingesunkene Längsstreifen, die Früchte schrumpfen ein und fallen ab.	**Vorbeugung:** gesundes Saatgut wählen; Anzuchterde dämpfen, weit gestellter Fruchtwechsel, erkrankte Pflanzen frühzeitig entfernen und verbrennen (nie auf Komposthaufen). **Bekämpfung:** keine wirksame Bekämpfung möglich.
Kraut- und Braunfäule	Pilz ruft auch bei Kartoffeln die Kraut- und Knollenfäule hervor, vermehrt sich nur bei warmem, feuchtem Wetter; graugrüne Flecken an der Blattoberseite, an der Unterseite weiße Pilzrasen; je nach Witterung vertrocknen oder verfaulen die Blätter; Früchte zeigen braune, eingesunkene Flecken, Fruchtfleisch bleibt hart.	**Vorbeugung:** gleiche Maßnahmen wie bei Bakterienwelke; beim Bewässern Blätter nicht benetzen, da die Infektion über feuchte Blätter erfolgt. **Bekämpfung:** rechtzeitiges Spritzen mit Kupfermitteln, Gießen mit Zinnkrautbrühe.

Es gibt noch weitere Pilzerkrankungen der Tomate, besonders die Blattfleckenkrankheiten, die gleich zu bekämpfen sind wie die Kraut- oder Braunfäule.
Tierische Schädlinge treten bei der Tomate weniger auf. **Blattläuse** werden mit Brennnesselauszug bekämpft.

❑ Paprika und Eierfrüchte

• **Kulturhinweise**
Paprika und Eierfrüchte sind noch wärmebedürftiger als die Tomate und verlangen besonders bei der Anzucht mehr Bodenwärme. Sie brauchen keine Stützgeräte und werden nicht entgeizt. Bessere Standfestigkeit wird durch Anhäufeln erreicht.

Krautfäule** der **Tomate

• **Krankheits- und Schädlingsbekämpfung**

Krankheiten

Krankheit	Schadensbild	Schutzmaßnahmen
Stängelgrundwelke	Sie tritt häufig im Anzuchtbeet auf; der Erreger ist ein Pilz und tritt vom Boden in die Wurzel ein; der Stängelgrund verfärbt sich braun, die Pflanze stirbt ab.	**Vorbeugung:** Anzuchterde dämpfen. **Bekämpfung:** Gießen mit Zinnkrautbrühe.
Dörrfleckenkrankheit	Durch zu starke Sonnenbestrahlung zeigen sich vergilbende Flecken auf den Früchten.	Schadensverhütung kaum möglich

Echter Mehltau** beim **Gurkenblatt

Tierische Schädlinge: Besonders an Eierfrüchten treten häufig Blattläuse und Kartoffelkäfer auf. Sie werden mit Brennnesselauszug bekämpft.

❑ Gurken und Kürbisse

• **Kulturhinweise**

Diese Fruchtgemüsearten werden in Häufchensaat zu 3 bis 4 Korn angebaut und nach dem Aufgehen auf 2 bis 3 Pflanzen vereinzelt.

Gurken und Kürbisse eignen sich gut für den Anbau mit Mulchfolie.

Gurken sind besonders in der heißen Zeit gegen kaltes Wasser empfindlich. Auch für Windschutz ist zu sorgen.

Die Ernte muss vorsichtig erfolgen, damit die Triebspitzen und Ranken nicht beschädigt werden.

• **Krankheits- und Schädlingsbekämpfung**

Krankheiten

Krankheit	Schadensbild	Schutzmaßnahmen
Bakterienblattfleckenkrankheit	Kleine, eckige, zunächst wässrig durchscheinende Flecken auf den Blättern, die sich grau bis braun verfärben und dann vertrocknen oder verfaulen.	**Vorbeugung:** Fruchtwechsel, Mischkulturen, Mulchen; öfteres Gießen mit verdünnter Brennnesseljauche. **Bekämpfung:** sofortiges Vernichten von erkrankten Pflanzen, rechtzeitiges Spritzen mit Kupferpräparaten.

Krankheit	Schadensbild	Schutzmaßnahmen
Gurkengrätze oder Gummifluss	Auch Blattstiele und Früchte können davon befallen werden. Der Schaden ist bei zeitigem Auftreten sehr groß: eingesunkene Flecken an den Früchten, von einem grauen bis schwarzgrünen, samtartigen Pilzrasen bedeckt, mitunter gummiartiger Ausfluss.	**Vorbeugung:** Wahl widerstandsfähiger (resistenter) Sorten, Verwendung von Mulchfolie (auf dem Boden aufliegende Früchte sind besonders gefährdet), Fruchtwechsel. **Bekämpfung:** rasches Beseitigen kranker Pflanzen.
Echter Mehltau	Weit verbreitete Krankheit, Befall meist erst gegen Ende der Vegetation; weißliche Tupfen überziehen Ober- und Unterseite des Blattes; trokkene und warme Witterung begünstigt Verbreitung.	**Bekämpfung:** Beseitigen und Verbrennen befallener Pflanzen, rechtzeitige Anwendung von Schwefelmitteln oder Gießen mit Zinnkrautbrühe. Verwendung resistenter Sorten.
Gurkenwelke	Erreger sind Pilze und Bakterien, die in die Wasserleitungsbahnen der Pflanze eindringen; Pflanze welkt.	**Vorbeugung:** Fruchtwechsel. Bekämpfung: Entfernung befallener Pflanzen.

Es gibt noch weitere Gurkenkrankheiten; Kürbisse sind weniger krankheitsanfällig. **Tierische Schädlinge** spezifisch für Gurken und Kürbisse gibt es nicht. Auftreten können **Blattläuse**. Eine Bekämpfung ist kaum erforderlich.

10.1.3 Blattgemüse

Die Blattgemüse bereichern unseren Speisezettel durch erfrischende Rohkost. Durch gestaffelten Anbau, richtige Sortenwahl und entsprechende Lagerung steht uns vor allem Salat das ganze Jahr zur Verfügung.

Zum Blattgemüse gehören die **Salatarten** Schnittsalat, Kopfsalat (Butterkopf-, Krach- und Eissalat), Schluss- bzw. Kochsalat, Pflücksalat, Endiviensalat, Zichoriensalat und Zuckerhut (Korbblütler), Rapunzel = Vogerlsalat (Baldriangewächs), Kresse (Kreuzblütler) sowie die **Spinatarten** Blattspinate, Mangold (Gänsefußgewächse) und Rebenspinat (Eisenkrautgewächs).

❑ Gesundheitlicher Wert

Alle frischen Blattgemüse liefern durch ihren Gehalt an biologischen Wirkstoffen und Blattgrün wertvolle Schutznahrung. Kopfsalat fördert gesunden Schlaf. Zichoriensalate regen Leber und Galle an. Kresse reinigt das Blut. Spinat wirkt gegen Blutarmut und Darmträgheit.

❑ Ansprüche

- **Klima:** anspruchslos, empfindlich gegen Trockenheit; Rebenspinat ist wärmebedürftig und verträgt keinen Frost
- **Boden:** locker, humusreich, keine sauren Böden
- **Düngung:** Anbau ist im I. und II. Schlag möglich, nur gut verrotteten Dünger verwenden; Kopfdüngung

Kulturtabelle für Blattgemüse

Gemüseart	Aussaat		Pflanzzeit	Reihenweite x Pflanzweite in cm, Reihenanzahl pro Beet
	Ort	Zeit		
Kopfsalat: Frühsorten (55–60 Tage) Sommersorten (70–80 Tage) Herbstsorten (70 Tage) Wintersorten (210 Tage)	 Mistbeet Freilandsaatbeet Freilandsaatbeet Freilandsaatbeet	 E II–III IV–VI VII E VIII–M IX	 E III–IV V–VII VIII E IX–X	 20 x 25 = 6 R 30 x 30 = 4 R 30 x 30 = 4 R 30 x 30 = 4 R
Blattsalat (40 Tage) Schnittsalat (40 Tage)	Ort und Stelle	IV–VI	–	25 x 20 = 5 R vereinzeln
Kochsalat (60 Tage)	Mistbeet Freilandsaatbeet	III–VIII	IV–IX	30 x 35 = 4 R
Endivien (Sommer 80 Tage, Winter 85–100 Tage)	 Freilandsaatbeet	 E V–VI A VII	 E VI–VII A VIII	 30 x 35 = 4 R
Zichoriensalate Zuckerhut (120 Tage) Rote Zichorie (70–90 Tage)	 Ort und Stelle	 A–M VII A V–E VII	 – –	 30 x 35 = 4 R 25 x 30 = 5 R vereinzeln
Rapunzel (60 Tage)	Ort und Stelle	IX	–	Breitsaat oder Reihensaat 15 = 8 R
Kresse (10–15 Tage)	Mistbeet, Kisterl, Freiland	E II–IV	–	wie bei Rapunzel
Rucola (Rauke)	Mistbeet, Kisterl, Freiland	ganzjährig A III–A IX	–	25 x 20 = 5 R vereinzeln
Spinat (45–55 Tage)	Ort und Stelle	III–IV und VIII–IX	–	20 = 5 R
Rebenspinat (50 Tage)	Mistbeet	A IV	M V	120 x 40 = 1 R
Mangold: Blattmangold (70 Tage) Rippenmangold	 Ort und Stelle	 M IV–VII	 M V	 30 x 10= 4 R 40 x 30 = 3 R

Butterhäuptel

Krauthäuptel

Blattsalat

Endiviensalat

Radicchio

Zuckerhut

Neuseeländerspinat

Mangold

❑ Besondere Hinweise

- Um die ständige Versorgung mit Blattgemüse zu sichern, sät man in Folgesaaten aus. Man versteht darunter die laufende Aussaat kleinerer Mengen (ca. alle 14 Tage), die dem Bedarf entsprechen. Das gilt besonders für Salat. Wichtig ist, die der Jahreszeit entsprechende Sorte zu wählen.
- Der Boden ist locker und unkrautfrei zu halten.
- Bei Trockenheit ist zu bewässern – Blattgemüse brauchen viel Feuchtigkeit.
- Fruchfolgebeispiele: Blattgemüse eignen sich wegen ihrer Raschwüchsigkeit und teilweisen Frosthärte besonders als VK, ZK und NK. Beispiele, siehe Kohl- und Fruchtgemüse. Mischkultur siehe Tabelle.

❑ Spezielle Pflegemaßnahmen

❑ Salat

- **Kulturhinweise**
  Salat darf nicht zu tief gesetzt werden. Die erste Kopfsalaternte kann durch die Anwendung von Schlitz-, Loch- oder Tunnelfolie bzw. Vlies wesentlich früher erfolgen. Die Folie wird gleich nach dem Setzen und Eingießen auf das Saatbeet gelegt und befestigt.
  Eine Neuzüchtung von rotem Zichoriensalat, die Sorte „Palla Rossa", ist der Sorte „Radici" (Radicchio) ähnlich, kann jedoch schon früher als andere Zichoriensalate angebaut werden und bringt früh rot gefärbte Blätter.
  Treibzichorie wird im Mai an Ort und Stelle angebaut, im Herbst werden die Wurzeln geerntet und ohne Blätter (bis auf 2 bis 3 cm abschneiden) in Sand oder Wasserbad in einem dunklen Raum getrieben (bei 15 bis 20° C).

- **Krankheits- und Schädlingsbekämpfung**

Krankheit	Schadensbild	Schutzmaßnahmen
Salat- und Endivienfäule (Schwarzfäule)	Erreger können verschiedene Pilze und Bakterien sein; weißes Pilzgewebe am Wurzelhals, Blätter welken und vertrocknen oder faulen ab.	**Vorbeugung:** weit gestellter Fruchtwechsel. **Bekämpfung:** sofortiges Entfernen und Vernichten kranker Pflanzen. Eine chemische Behandlung sollte im Hausgarten nicht erfolgen. Möglich ist ein Bestäuben mit Steinmehl.
Falscher Mehltau des Salates	Erst hellgelbe, dann braun vertrocknete Flecken an der Blattoberseite, an der Unterseite weißlicher Pilzrasen, hervorgerufen durch einen im Boden überwinternden Pilz, gefährlich vor allem für junge Pflanzen, bei älteren erkranken meist nur die äußeren Blätter. Pilzsporen vermehren sich nur bei Feuchtigkeit.	**Vorbeugung:** Salat nicht zu eng setzen, damit er abtrocknen kann; nicht zwischen höhere Pflanzen setzen, welche die Abtrocknung behindern. **Bekämpfung:** Eine chemische Behandlung sollte im Hausgarten nicht erfolgen. Möglich ist ein Bestäuben mit Steinmehl.

Krankheit	Schadensbild	Schutzmaßnahmen
Endivienrost	Durch einen Pilz hervorgerufene winzige rotbraune Pusteln auf den äußeren Blättern; zusätzlich können noch Fäulnisbakterien eindringen.	**Vorbeugend:** alle bekannten Maßnahmen anwenden, besonders Fruchtwechsel beachten.
Randen	Braunwerden und Eintrocknen des Blattrandes.	**Vorbeugend:** Regelmäßig und ausreichend bewässern.

Tierische Schädlinge an Kopf- und Endiviensalat sind im Allgemeinen solche, die auch bei anderen Gemüsepflanzen vorkommen, wie **Blatt-** und **Wurzelläuse**, **Engerlinge**, **Maulwurfsgrillen**, **Schnecken** und **Drahtwürmer**.

__Schwarzfäule__ beim __Salat__

- **Schneckenbekämpfung**

Den größten Schaden richtet die rote Wegschnecke (Nacktschnecke) an. Sie versteckt sich bei Tag in feuchten Schlupfwinkeln, unter Blättern oder in der Erde. Sie frisst bei Nacht – vor allem junge Pflanzen.

Schneckenzaun: Durch ihn schützt man den Garten vor der Zuwanderung neuer Tiere. Er besteht aus einem Blechstreifen (35 cm hoch), der nach außen scharf umgebogen ist (nur ein paar cm). Er wird mit der geraden Seite ca. 5 cm in die Erde versenkt.

Das **Absammeln** der Schnecken an **Köderplätzen** (unter liegen gelassenen Blättern oder angerotteten Holzbrettchen) gelingt am besten spätabends oder am frühen Morgen. Die eingesammelten Schnecken mit kochendem Wasser überbrühen.

Schneckenbrühe: Die überbrühten getöteten Tiere 4 bis 5 Tage stehen lassen und um besonders gefährdete Beete gießen (wird sehr schnell unwirksam, muss wiederholt werden).

Halten von Laufenten: Sie fressen vor allem junge Schnecken. Man sollte sie mindestens zu zweit halten, sie brauchen eine Wasserstelle und einen Unterstand.

__Randen__ des __Salates__

❑ Spinat

• Kulturhinweise

Neuseeländer und Mangold liefern im Sommer Massenerträge, während Blattspinat in dieser Zeit nicht angebaut werden kann, da er schießt. Neuseeländer ist frostempfindlich und wird am besten in Töpfen vorkultiviert. Geerntet werden laufend Blätter und Triebspitzen. Bei Mangold gibt es Sorten mit starken Rippen, die wie Spargel zubereitet werden.

• Krankheits- und Schädlingsbekämpfung

An Krankheiten gibt es bei Spinat den falschen Mehltau, der gleich wie beim Salat bekämpft wird, und die von einem Virus hervorgerufene Mosaik- und Vergilbungskrankheit, der durch den Anbau virusresistenter Sorten vorgebeugt wird.
Tierische Schädlinge, welche die Spinatbestände schädigen, sind Blattläuse und die Rübenfliege. Eine chemische Bekämpfung ist im Hausgarten abzulehnen.

10.1.4 Wurzel- und Knollengemüse

Das mit geringem Arbeitsaufwand erzeugte Wurzelgemüse lässt sich besonders gut für Diät- und Babykost (Karotten) verwenden. Durch gesundheitlichen Wert und Würzkraft verbessert es auch die Alltagskost.

Zum Wurzel- und Knollengemüse gehören Karotten oder Möhren, Petersilie, Wurzelsellerie, Bleichsellerie und Pastinak (Doldenblütler), Schwarzwurzel (Korbblütler), Rote Rüben und Speiserüben (Gänsefußgewächse), Rettich, Radieschen und Kren (Kreuzblütler).

Knollenfenchel zählt nicht direkt zum Wurzel- und Knollengemüse, hat aber ähnliche Ansprüche.
Pastinak, Bleichsellerie und Knollenfenchel sind in Österreich noch weniger bekannt, sollten aber mehr angebaut werden.

❑ Gesundheitlicher Wert

Karotten mit ihrem hohen Karotingehalt wirken wachstumsfördernd und blutbildend. Sie schützen vor Infektionen und fördern den Aufbau von Sehpurpur. Rettich regt die Galle an und wirkt schleimlösend. Rote Rüben sind blutbildend, harntreibend, fiebersenkend und darmreinigend. Sellerie und Petersilie helfen den Nieren, giftige Stoffwechselproukte auszuscheiden. Schwarzwurzeln ergeben eine günstige Diät für Zucker-, Magen- und Darmkranke. Kren wirkt bakterienhemmend, hustenreizlindernd sowie gegen Verschleimung. Außerdem regt er die Nierentätigkeit und die Verdauung an. Fenchel ist blähungswidrig.

❑ Ansprüche

- **Klima:** anspruchslos, genügend Feuchtigkeit beim Aufgehen
- **Boden:** mittelschwer, tiefgründig, humusreich
- **Düngung:** II. Schlag, gute Versorgung mit K, P und Spurenelementen

Kulturtabelle für Wurzelgemüse

Gemüseart	Aussaat		Pflanzzeit	Reihenweite x Pflanzweite in cm, Reihenanzahl pro Beet
	Ort	Zeit		
Karotten: Frühsorten (75–80 Tage) Spätsorten (150–180 Tage)	 Ort und Stelle Ort und Stelle	 III IV–M VI	 – –	 20 = 6 R 25 x 4 = 5 R
Wurzelpetersilie (120–180 Tage) Schnittpetersilie (60 Tage)	Ort und Stelle Ort und Stelle	III–IV III–V	– –	25 x 4 = 5 R 15 = 8 R
Knollensellerie (150 Tage) Bleichsellerie (110 Tage)	Mistbeet Mistbeet	III E IV	M–E V E VI	40 x 40 = 3 R 40 x 40 = 3 R
Pastinak (100 Tage)	Ort und Stelle	IV–V	–	30 x 15 = 4 R
Schwarzwurzel (180 Tage)	Ort und Stelle	IV	–	25 x 5 = 5 R
Rote Rüben (80–100 Tage)	Ort und Stelle Saatbeet	IV–A VII IV–A VII	– V–VII	25 x 10 = 5 R 25 x 15 = 5 R
Radieschen (30–40 Tage)	Ort und Stelle	III–V und VIII–IX	–	15 x 5 = 8 R
Sommerrettich (45 Tage) Herbst- und (90 Tage) Winterrettich (100 Tage)	Ort und Stelle Ort und Stelle	IV–VI VI–VII	– –	20 x 15 = 6 R 25 x 20 = 5 R
Knollenfenchel (100–120 Tage)	Ort und Stelle	V–M VII	–	40 x 20 = 3 R
Kren (ca. 180 Tage)	Ort und Stelle	III–IV	–	60 x 40 = 2 R
Speiserüben (100–120 Tage) (Wasserrüben)	Ort und Stelle	M V–A VIII	–	30 x 20 = 4 R

❑ Besondere Hinweise

- Alle Aussaaten an Ort und Stelle sollten rechtzeitig auf die angegebenen Weiten vereinzelt werden. Nach Regen lassen sich die Pflanzen leichter vereinzeln, ohne dass die stehen bleibenden gelockert werden. Nach dem Vereinzeln gründlich nachgießen.
- In schweren und verdichteten Böden gabeln sich die Wurzeln – daher ist eine tiefe Bodenlockerung notwendig. Fruchtfolgebeispiele: Radieschen, Rettich, Frühkarotten können als VK, ZK, und NK angebaut werden. Als NK eignen sich auch Rote Rübe, Speiserübe und Fenchel. Mischkultur, siehe Tabelle.

❑ Spezielle Pflegemaßnahmen

❑ Karotte (Möhre)

• Kulturhinweise

Damit man die Reihen nach der Aussaat früher erkennt, sät man etwas Salat oder Radieschen als Markiersaat dazwischen.

Wurzelpetersilie

Karotten

Rote Rüben

Radieschen

Pastinak

Knollensellerie

Sommerrettich

Knollenfenchel

- **Krankheits- und Schädlingsbekämpfung**

Die Karotte hat selten unter **Pilzkrankheiten** zu leiden. Die bei den Fruchtgemüsen durch einen Becherpilz hervorgerufene **Stängelfäule** tritt auch bei Karotten auf. Vorbeugend bekämpft man sie durch Fruchtwechsel. Der Keller, in dem kranke Wurzeln lagerten, ist sorgfältig zu reinigen und auszuschwefeln. Zum Einmieten wird frischer Sand verwendet.
Als **tierischer Schädling** tritt die **Möhrenfliege** auf, deren Maden sich in die Wurzeln bohren und dort Gänge ausfressen. Zur **Vorbeugung** gegen diesen Schädling ist der Fruchtwechsel zu beachten. Auch eine Vliesabdeckung ist günstig. Erkrankte Pflanzen dürfen nicht auf den Komposthaufen gegeben werden. Sehr frühe oder sehr späte Aussaat setzen den Befall ebenfalls herab. Eine Mischkultur mit Zwiebeln schützt Karotten vor Möhrenfliegen.

Möhrenfliege

❑ Petersilie

- **Kulturhinweise**

Petersilie ist nach sich selbst nicht verträglich, der Fruchtwechsel ist daher unbedingt einzuhalten. Sie zerstört die Bodengare, verlangt aber beim Anbau einen besonders garen Boden. Eine Markiersaat ist angebracht.
Schnittpetersilie wird angebaut, um die Küche ständig mit Petersiliengrün zu versorgen und die Wurzelpetersilie durch ständige Blattentnahme nicht im Ertrag zu schmälern. Sie ist weniger krankheitsanfällig, macht wenig Arbeit und kann laufend geschnitten werden. Zum Garnieren eignet sich die Sorte Mooskrause besonders gut.

- **Krankheits- und Schädlingsbekämpfung**

Bei der durch einen Pilz hervorgerufenen **Blattfleckenkrankheit** verfärben sich die Blätter und sterben ab; die Wurzeln zeigen rotbraune Flecken. Die **vorbeugenden Maßnahmen**

sind gleich wie bei allen Pilzerkrankungen. Mehrmaliges Gießen mit Zinnkrautabsud ist zu empfehlen.
Als **tierische Schädlinge** treten **Blattläuse** und **Wurzelläuse** auf. Eine chemische Bekämpfung ist nicht zu empfehlen.

❑ Sellerie

• **Kulturhinweise**

Knollensellerie erfordert eine lange und sorgfältige Anzucht im Mistbeet und ist wärme- und feuchtigkeitsbedürftig. Er wird 1- bis 2-mal pikiert und nicht zu tief gepflanzt, damit sich schöne Knollen bilden. Knollensellerie gedeiht gut als Zwischenfrucht bei Tomaten und Karfiol und verträgt größere Nährstoffgaben.
Bleichsellerie bildet keine Knollen, es werden nur die Blattstiele gegessen. Das Bleichen der Blattstiele wird durch Anhäufeln gefördert, neue Sorten bleichen von selbst. Bleichsellerie lässt sich wie Endiviensalat einwintern.
Schnittsellerie wird bei uns wenig angebaut; er bildet keine Knollen und hat ein feineres, sehr aromatisches Laub.

• **Krankheits- und Schädlingsbekämpfung**

Krankheiten

Krankheit	Schadensbild	Schutzmaßnahmen
Blattflecken-krankheit (Septoria)	Graubraune Flecken mit schwarzen Pünktchen an den Blättern, dadurch Ernteausfälle; fälschlich als Rost bezeichnet.	**Vorbeugung:** richtige Sortenwahl, gebeizter Samen, weit gestellter Fruchtwechsel, Entfernung erkrankter Blätter.
Sellerieschorf	Graue bis rötlichbraune Flecken an den Knollen, bei fortgeschrittener Krankheit Krusten und Risse.	**Bekämpfung:** Spritzen mit Kupferkalkbrühe, gespritzte Blätter nicht verwenden.

Tierische Schädlinge

Schädling	Schadensbild	Schutzmaßnahmen
Selleriefliege	Wie bei Möhrenfliege	Wie bei Möhrenfliege
Selleriewanze	Sie saugt im Spätsommer an den Herzblättern, die sich kräuseln und absterben; anschließend entsteht Herzfäule.	**Bekämpfung:** Gießen mit Brennnesselauszug

❑ Pastinak oder Hammelmöhre

• **Kulturhinweise**

Dieses Gemüse dient als Ersatz für Wurzelpetersilie. Pastinak ist anspruchslos und liefert hohe Erträge. Die Blätter sind nicht zu verwenden.

- **Krankheits- und Schädlingsbekämpfung**

Pastinak ist nicht krankheitsanfällig. Als tierische Schädlinge kommen Erdflöhe und Rettichfliege vor, die beide wie beim übrigen Gemüse bekämpft werden.

❑ Kren oder Meerrettich

- **Kulturhinweise**

Zum Anbau verwendet man die bei der Ernte gewonnenen Seitenwurzeln, so genannte **Fechser**. Sie sollen bleistiftstark (ca. 1 cm) und 30 bis 40 cm lang sein. Den Winter über werden sie gebündelt in Sand eingeschlagen.

Beim Anbau von Kren ist Folgendes zu beachten:

- Kren im Hausgarten nur auf Randflächen kultivieren
- Fechser vor der Pflanzung mit einem groben Tuch (Jute) abreiben, ausgenommen Kopf- und Wurzelende
- In flache Erdwälle schräg einsetzen
- Stangen an einem trüben Tag im Juni vorsichtig freilegen, von Seitenwurzeln befreien, ohne die Wurzelspitze herauszureißen; gleich wieder mit Erde bedecken.

- **Krankheits- und Schädlingsbekämpfung**

Vom **Weißen Rost** befallene Krenblätter zeigen an der Ober- und Unterseite leuchtend gelbweiße Pusteln. Ein schwacher Befall ist harmlos. Zur **Vorbeugung** werden Fechser nur von gesunden Pflanzen eingesammelt und verbrannt. Eine Bekämpfung erfolgt durch Gießen mit Zinnkrautbrühe.
Die **Rübsenblattwespe** kann in wenigen Tagen ganze Felder vernichten, da ihre Larven die Blätter durchlöchern. Sie wird nur bei feldmäßigem Anbau und nach eingehender Fachberatung mit Insektiziden bekämpft.

❑ Schwarzwurzel

- **Kulturhinweise**

Schwarzwurzeln zählen zu den Feingemüsen und können wie Spargel verwendet werden. Sie verlangen einen besonders tiefgründigen Boden. Die Kulturmaßnahmen gleichen denen der Karotte. Wurzelrückstände im Boden führen zur Verunkrautung.

- **Krankheitsbekämpfung**

Der **Weiße Rost** kann auch den Ertrag beim Anbau von Schwarzwurzeln mindern, wenn er vermehrt auftritt. Zur **Vorbeugung** ist der Fruchtwechsel einzuhalten, chemisch werden zur Bekämpfung Kupfermittel eingesetzt.

❑ Rote Rübe oder Ronen

- **Kulturhinweise**

Es gelten dieselben Anbaubedingungen wie für die Karotte. Runde Ronensorten können auch verpflanzt werden.

- **Krankheitsbekämpfung**

Rote Rüben sind wenig krankheitsanfällig; eine chemische Bekämpfung vereinzelter Blattkrankheiten erübrigt sich.

❑ Rettich und Radieschen, Speiserübe

- **Kulturhinweise**

In schweren Böden entwickeln Rettich und Radieschen größere Schärfe. Radieschen sollten in Folgesaaten angebaut werden und eignen sich vorzüglich als Vor- und Zwischenfrucht. Rettiche und Speiserüben verwendet man gerne als Nachfrucht.

- **Krankheits- und Schädlingsbekämpfung**

Falscher Mehltau und Hernie oder Kropfkrankheit werden wie bei Kohlgemüse bekämpft. Zum Schutz gegen die Rettichfliege ist vorbeugend mit Vlies abzudecken.

❑ Knollenfenchel

- **Kulturhinweise**

Knollenfenchel ist die ideale Nachfrucht, besonders nach Erbsen. Eine regelmäßige Wasserversorgung ist für ein entsprechendes Wachstum nötig.

- **Krankheits- und Schädlingsbekämpfung**

Krankheiten und Schädlinge sind bei uns nicht bekannt.

10.1.5 Zwiebel- und Lauchgemüse

Zwiebelgemüse gehören zu den Liliengewächsen; sie sind als Gemüse und als Würzmittel für die Zubereitung vieler Speisen unentbehrlich.

Zum Zwiebel- und Lauchgemüse zählen Zwiebel, Schalotte, Winterheckenzwiebel, Porree, Knoblauch, Schnittlauch und Chinesischer Lauch (Schnittknoblauch).

Zwiebel sind garefördernd und dienen der Gesunderhaltung des Bodens.

Knoblauch

❑ Gesundheitlicher Wert

Lauchgemüse besitzt einen sehr hohen gesundheitlichen Wert. Knoblauch und Zwiebel desinfizieren den Darm und regen die Verdauung an. Zwiebel wirkt harntreibend, krampflösend und blutbildend, Knoblauch fördert die Widerstandskraft gegen Infektionen, senkt den Blutdruck und verhindert Arterienverkalkung.

❑ Ansprüche

- **Klima:** anspruchslos, empfindlich nur gegen stauende Nässe
- **Boden:** leicht bis mittelschwer, kalkhaltig
- **Düngung:** II. Schlag, empfindlich gegen halb verrottete organische Dünger, Versorgung mit Kalk, Kali und Phosphor ist wichtig

Kulturtabelle für Zwiebel- und Knollengewächse

Gemüseart	Aussaat		Pflanzzeit	Reihenweite x Pflanzweite in cm, Reihenanzahl pro Beet
	Ort	Zeit		
Steckzwiebel	Ort und Stelle	III–IV od. X; stecken	–	20 x 15 = 6 R
Saatzwiebel	Ort und Stelle	III–IV	–	20 x 15 = 6 R
Pflanzzwiebel	Mistbeet oder Kalter Kasten	E II–III	E IV–M V –	20 x 15 = 6 R
Frühlingszwiebel	Ort und Stelle	VIII	–	20 x 15 = 6 R
Schalotte	Ort und Stelle	III–IV, stecken	–	25 x 20 = 5 R
Sommerporree	Mistbeet	II	–	25 x 25 = 5 R
Winterporree	Freilandsaatbeet oder Ort und Stelle	IV–V	V	
Winterknoblauch	Ort und Stelle	X	–	20 x 10 = 6 R
Sommerknoblauch	Ort und Stelle	III, stecken	–	
Schnittlauch	Mistbeet oder Freilandsaatbeet	III–IV	IV–V	20 x 25 = 6 R in Büscheln
Chinesischer Lauch	Mistbeet	III	M V	30 x 40 = 3 R
Winterheckenzwiebel	Mistbeet oder Kalter Kasten	III–IV	A VII	40 x 40 = 3 R

❑ Besondere Hinweise

- Der Anbau von Steckzwiebeln ist für den Hausgarten am einfachsten. Länger haltbar ist Pflanzzwiebel.
- Steckzwiebel und Steckknoblauch dürfen nicht zu tief gesteckt werden.
- Qualität und Preis der Steckzwiebeln richten sich nach der Größe, kleinere Steckzwiebeln (= Haselnussgröße) sind wertvoller, große gehen eher in Blüte über. Zwiebel und Knoblauch haben einen besonders hohen Mischkulturwert (siehe Tabelle).
- Winterheckenzwiebel und Chinesischer Lauch sind mehrjährig. Sie werden in Büscheln ausgesetzt. Nach 3 bis 4 Jahren Stöcke teilen und neu versetzen. Die grünen Blätter werden als Würze verwendet.

Winterheckenzwiebel

❑ Spezielle Pflegemaßnahmen

❑ Zwiebel

- **Kulturhinweise**

Pflanzzwiebeln werden flach gesetzt, sonst bilden sich keine großen Zwiebeln. Es können auch jeweils zwei Pflanzen zusammengesetzt werden. Saatzwiebeln sind richtig zu vereinzeln, die Zwiebelbeete werden unkrautfrei gehalten.

- **Krankheits- und Schädlingsbekämpfung**

Krankheiten

Krankheit	Schadensbild	Schutzmaßnahmen
Zwiebelbrand	Dunkelgraue, schwielige Stellen am Zwiebelrohr, befallene Pflanzen kümmern und gehen ein; der Erreger ist ein Pilz.	**Vorbeugung:** weit gestellter Fruchtwechsel, entseuchte Anzuchterde. **Bekämpfung:** Einsammeln und Verbrennen von erkrankten Pflanzen, Saatgut in Baldrianblütenextrakt tauchen.
Zwiebelmehltau	Erst bleiche graugrüne Flecken, auf denen später ein blaugrauer Schimmel erscheint; die Blätter gehen zugrunde, die Zwiebeln bleiben klein und sind nicht haltbar; der Erreger ist ein Falscher Mehltaupilz.	**Vorbeugung:** erkrankte Zwiebeln nicht untergraben, sondern einsammeln und vernichten; Frühjahrssaaten nicht neben Winterkulturen vornehmen. **Bekämpfung:** mit Kupfermitteln; da die stark wachshaltenden Zwiebelrohre ein Haften der Mittel verhindern, kann nur ein Teilerfolg erzielt werden.
Gelbstreifigkeit	Abgeflachte, welke Zwiebelröhrchen, meist gelbgrün verfärbt; mit gelben Längsstreifen befallene Pflanzen sind „dickhalsig“ und reifen schwer oder gar nicht; der Erreger ist ein Virus.	**Bekämpfung:** erkrankte Pflanzen radikal entfernen; Blattläuse bekämpfen, da diese die Krankheit übertragen
Zwiebelrotz	Er ist keine selbständige Krankheit, tritt z. B. als Folge von Gelbstreifigkeit oder anderen Schäden auf. Fäulnisbakterien bewirken eine Weichfäule, unangenehmes, glasartiges Aussehen, unangenehmer Geruch.	**Vorbeugung:** keine Stickstoffüberdüngung.

Zwiebelbrand

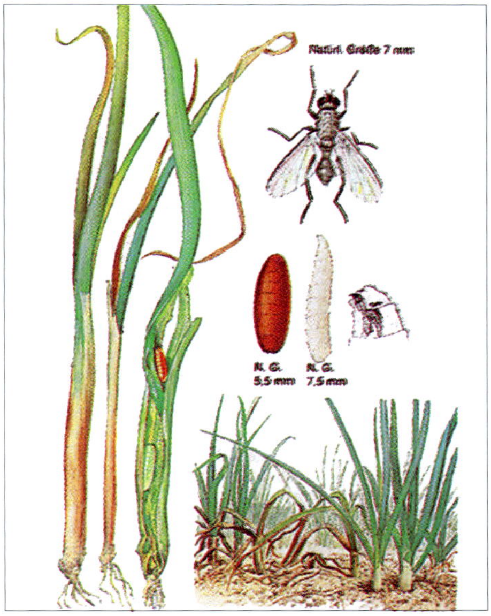

Zwiebelfliege

Tierische Schädlinge

Die **Zwiebelfliege** ist für den Großanbau eine ernste Gefahr. Ihre Larven bohren sich in die Pflanze ein, die Herzblätter sind leicht ausziehbar, befallene Pflanzen gehen in Fäulnis über. Zur **Vorbeugung** gegen den Schädling werden die befallenen Pflanzen entfernt und vernichtet. Mischkultur mit Karotten schützt vor der Zwiebelfliege.

❑ Porree

- **Kulturhinweise**

Porree verlangt im Gegensatz zur Zwiebel mehr Feuchtigkeit, mehr Nährstoffe und eine größere Pflanztiefe. Bei Aussaat an Ort und Stelle sollte angehäufelt werden, um schöne bleiche Stangen zu erzielen.
Wintersorten sind frosthart und können im Freien stehen bleiben. Wird überwinterter Porree zurückgeschnitten, bilden sich um die Mutterpflanze Perlzwiebeln. Das sind kleine Zwiebeln mit höchstens 15 mm Durchmesser, die konserviert werden. Man gewinnt sie auch durch vegetative Vermehrung einer Porreeabart.

- **Krankheiten** treten seltener auf.

❑ Knoblauch

- **Kulturhinweise**

Der Anbau erfolgt durch Stecken von Knoblauchzehen im Herbst oder zeitig im Frühjahr. Knoblauch bevorzugt mittelschwere, nicht zu humusreiche Böden – bei Misserfolgen im Garten ist der Anbau auf das Feld zu verlegen.

- **Krankheits- und Schädlingsbekämpfung**

Krankheiten und Schädlinge treten ähnlich wie bei Zwiebeln auf, nur nicht so häufig.

❑ Schnittlauch

• **Kulturhinweise**

Schnittlauch wird hauptsächlich durch Stockteilung vermehrt. Die Anzucht durch Samen ist ebenfalls möglich, nur dauert es bis zu einer ergiebigen Ernte länger. Schnittlauch ist ausdauernd. Er kann über den Winter in Töpfe gesetzt und hell und warm aufgestellt werden. Vorgangsweise: Stöcke ausheben und durchfrieren lassen, eintopfen.

10.1.6 Hülsenfrüchte

Hülsenfrüchte sind frisch als beliebtes Feingemüse, ausgereift und getrocknet als Nährstofflieferanten (Eiweiß, Kohlehydrate und Mineralstoffe) in unserer Küche geschätzt.

Zu den Hülsenfrüchten gehören Erbsen und Bohnen.

Erbsen und Bohnen zählen zu den **Leguminosen**, die mit Hilfe ihrer Knöllchenbakterien an den Wurzeln fähig sind, Luftstickstoff zu verwerten.

❑ Gesundheitlicher Wert

Bohnen fördern den Eiweiß- und den Fettstoffwechsel. Sie schützen Haut und Schleimhäute, beeinflussen das Wachstum sowie die Pigmentation der Haare günstig. Die Hülsen der reifen Früchte haben als Tee eine wasserausscheidende, blutzuckersenkende Wirkung. Grüne Erbsen eignen sich als Krankenkost (gute Verdaulichkeit, hoher Mineralstoff- und Vitamingehalt).

Buschbohne

❑ Ansprüche

- **Klima:** Bohnen und Markerbsen sind frostempfindlich; besonders Stangenbohnen benötigen viel Wärme
- **Boden:** sandig bis mittelschwer, gute Kalkversorgung
- **Düngung:** keine großen Ansprüche, II. Schlag

Kulturtabelle für Hülsenfrüchte

Gemüseart	Aussaat		Reihenweite x Saatweite in cm, Reihenanzahl pro Beet
	Ort	Zeit	
Palerbsen **Markerbsen** **Zuckererbsen**	Ort und Stelle Ort und Stelle Ort und Stelle	III–A IV E IV–V M IV–E IV	40 x 2 = 3 R 40 x 2 = 4 R 40 x 2 = 4 R
Buschbohnen **Stangenbohnen**	Ort und Stelle Folgesaat Ort und Stelle	A V bis M VII ab A V–E V	40 = 3 R Dibbelsaat 4–5 Bohnen 60 x 80 = 2 R um die Stange 6–8 Bohnen
Pferdebohnen (Puffbohnen) **Sojabohnen**	Ort und Stelle Ort und Stelle	M III–A IV M IV–A V	40 x 15 = 2 R 40 x 10 = 2 R

❑ Besondere Hinweise

- Hülsenfrüchte sollten angehäufelt werden.
- Sie sind vorsichtig zu ernten, da nicht alle Hülsen gleichzeitig reifen.
- Fruchtfolgebeispiele: Bei frühen Erbsen als ZK Kresse oder Radieschen, als NK Zuckerhut, Fenchel, Chinakohl. Bei Busch- und Stangenbohnen als VK Spinat, als ZK Kopfsalat, Rote Rüben.

❑ Spezielle Pflegemaßnahmen

❑ Erbsen

- **Kulturhinweise**

Erbsen können für die Herbsternte noch einmal Anfang Juni bis Mitte Juli gelegt werden. Es ist wichtig, sie 5 bis 6 cm tief in die Erde zu legen und, wenn nötig, einen Vogelschutz anzubringen. Höhere Sorten sind mit Reisig oder Drahtgeflecht zu stützen. Um besonders bei hohen Sorten das Pflücken zu erleichtern, ist ein zweireihiger Anbau mit Zwischenfrucht zu empfehlen.

- **Krankheits- und Schädlingsbekämpfung**

Krankheiten

Krankheit	Schadensbild	Schutzmaßnahmen
Erbsenmehltau	Siehe echter Mehltau bei Gurken.	**Vorbeugung:** keinen zu späten Frühjahrsanbau vornehmen, da der Erbsenmehltau besonders in den Sommermonaten häufig auftritt.

Krankheit	Schadensbild	Schutzmaßnahmen
Braunflecken-krankheit	Durch Pilze hervorgerufene hellbraune bis braunschwarze Flecken an Blättern, Stängeln und Hülsen. Auch Fuß und Hauptwurzel können sich braun verfärben, Flecken zeigen sich ebenfalls auf den Samen.	**Vorbeugung:** gesundes Saatgut verwenden, weit gestellter Fruchtwechsel, krankes Erbsenstroh verbrennen.

Tierische Schädlinge

Schädling	Schadensbild	Schutzmaßnahmen
Erbsenkäfer	Sie legen ihre Eier auf unreife Hülsen ab; die daraus schlüpfenden Larven bohren sich in die Samen ein und können bei starkem Befall erheblichen Schaden anrichten.	**Bekämpfung:** mit Quassia- und Schmierseifenlösung (Konzentration, siehe Seite 99 – Kohlfliege) spritzen.
Erbsenwickler	Die Raupen eines kleinen Falters bohren sich in die unreifen Hülsen, benagen den Samen und lassen Raupenkot zurück.	**Vorbeugung:** Anbau sehr früher oder sehr später Sorten, Mischkultur mit Karotten. **Bekämpfung:** Gießen mit Brennnesselauszug.

❑ Bohnen

• **Kulturhinweise**

Stangenbohnen stellen größere Ansprüche an Nährstoffgehalt und Wärme des Bodens.
Nur lichte Anlagen sind ertragreich (höchstens 2 bis 3 Reihen nebeneinander). Bohnenstangen müssen vor dem Anbau gesteckt werden. Andere Stützmöglichkeiten sind Spaliere mit Draht oder Schnur.

Bohnenrost

Bohnenkäfer

- **Krankheits- und Schädlingsbekämpfung**

Krankheiten

Krankheit	Schadensbild	Schutzmaßnahmen
Brennflecken-krankheit	Durch Pilze hervorgerufene, unscharf begrenzte graubraune Flecken auf den Samen.	**Bekämpfung:** Gießen mit Zinnkrautbrühe.
Fettflecken-krankheit	Bakterien verursachen anden Blättern wässrig-durchscheinende eckige Flecken mit gelbem Rand. Die Blätter werden braun, vertrocknen und sterben ab; auch auf den Hülsen entstehen fettig aussehende runde Flecken; Samen können ebenfalls befallen werden und zeigen bräunlich eingesunkene Flecken.	**Vorbeugung:** gesundes, gebeiztes Saatgut verwenden, widerstandsfähige Sorten wählen. **Bekämpfung:** wiederholtes Spritzen mit Kupfermitteln (nur Teilerfolge möglich).
Bohnen- und Erbsenrost	Befällt hauptsächlich Stangenbohnen; zuerst weiße, später braune bis schwärzlich stäubende Pusteln auf den Blättern; später auf die Hülsen übergreifend.	**Vorbeugung:** alle Bohnenstangen entseuchen; kranke Rückstände sorgfältig entfernen; widerstandsfähige Sorten wählen.

Tierische Schädlinge

Schädling	Schadensbild	Schutzmaßnahmen
Bohnen-blattlaus	Befällt vor allem die Triebspitzen.	**Vorbeugung:** Anbau der Reihen in Windrichtung **Bekämpfung:** Gießen mit Brennnesselauszug.
Bohnenkäfer	Siehe Erbsenkäfer.	Siehe Erbsenkäfer.
Bohnenfliege	Eiablage erfolgt auf dem keimenden Samen, Maden fressen am Keimling.	**Vorbeugung:** Einarbeiten von Steinmehl.

10.2 DAUERKULTUREN

Dauerkulturen bringen nach einmaligem Anbau Jahr für Jahr wertvolle Erträge.

Dazu gehören **Rhabarber** und **Spargel**.

10.2.1 Rhabarber (Knöterichgewächs)

Rhabarber

Rhabarber liefert zeitig im Frühjahr fleischige Stiele für das erste frische Kompott und andere Süßspeisen. Der **Anbau** kann durch Aussaat oder durch Stockteilung erfolgen.

❑ Gesundheitlicher Wert

Rhabarber hat eine anregende Wirkung auf Leber, Galle und Darm. Er eignet sich deshalb gut für eine entschlackende Frühjahrskur. Menschen mit Steinleiden sollten ihn wegen seines hohen Oxalsäuregehaltes meiden.

❑ Ansprüche

- **Klima:** viel Feuchtigkeit, sonst wenig Ansprüche
- **Boden:** schwerer oder leichter Boden mit entsprechendem Humusgehalt
- **Düngung:** Stallmist- und Mineraldüngung, Bodenprobe vor dem Anbau

• Kulturhinweise

- **Aussaat:** Sie erfolgt im April in das Freilandsaatbeet mit einem Reihenabstand von 25 cm. In der Reihe wird auf ca. 10 cm vereinzelt oder pikiert. Gut entwickelte Pflanzen werden im Oktober mit einer Pflanzweite von 1 x 1,50 m ausgepflanzt.
- **Stockteilung:** Diese Kulturart ist zu bevorzugen. Die Wurzelstöcke heißen Setzlinge und sollten mindestens 1 kg schwer sein. Gepflanzt wird ebenfalls im Herbst. Anschließend deckt man die Setzlinge mit verrottetem Stallmist ab. Eine tiefe Bodenlockerung ist notwendig.
- **Pflege:** Der Boden wird locker und unkrautfrei gehalten und bei Trockenheit bewässert. Nach der letzten Ernte ist zu düngen. Die Blütenstiele werden ausgebrochen.
- **Ernte:** Damit wird erst ab dem zweiten Jahr nach der Pflanzung begonnen. Es werden einmal pro Woche pro Stock 3 bis 5 Stiele abgedreht (nie abgeschnitten!).

Rhabarber bleibt 10 bis 15 Jahre an der gleichen Stelle.

• Krankheits- und Schädlingsbekämpfung

Rhabarber ist sehr widerstandsfähig. Eine Krankheits- und Schädlingsbekämpfung ist daher kaum notwendig.

10.2.2 Spargel (Liliengewächs)

Spargel wird im eigenen Garten relativ wenig angebaut und gilt als teures Feingemüse. Grünspargel verlangt weniger Arbeit (kein Anhäufeln).

❑ Gesundheitlicher Wert

Spargel regt die Nierentätigkeit sowie den gesamten Stoffwechsel an. Durch seine entschlackende Wirkung bessern sich auch chronische Ekzeme der Haut.

❑ Ansprüche

- **Klima:** keine besonderen Ansprüche
- **Boden:** leicht, sandig, tiefgründig
- **Düngung:** Stallmist- und Mineraldüngung, Bodenprobe vor dem Anbau

❑ Kulturhinweise

- **Neuanlage:** Dazu können Pflanzen gekauft oder selbst aus Samen gezogen werden.
- **Pflanzung:** Gepflanzt wird von April bis Mai in vorbereitete 30 cm tiefe und ca. 30 cm breite Gräben, in welche man zuvor 15 cm verrotteten Mist und Komposterde gegeben hat. Die Pflanzen werden in 50 cm Abstand sorgfältig auf leichten Hügeln gesetzt. Dabei sind die Wurzeln gleichmäßig zu verteilen und mit 10 cm guter Erde zu bedecken. Es wird eine Reihe pro Beet gepflanzt.
- **Pflege im 1. Jahr:** Die Kultur wird unkrautfrei gehalten. Im Juni und Juli erfolgt eine Kopfdüngung. Im Herbst sind die Stängel abzuschneiden und die Gräben mit verrottetem Stallmist abzudecken.
- **Pflege im 2. Jahr:** Im Frühjahr wird Stallmist mit etwas Dammerde eingearbeitet, die weiteren Pflegearbeiten erfolgen wie im 1. Jahr. In den beiden ersten Jahren können zur Beschattung des Bodens Buschbohnen angebaut werden.
- **Pflege im 3. Jahr:** Es ist Stallmist einzuarbeiten, und darüber sind ca. 30 cm hohe Dämme aufzuwerfen, um bleiche Spargelstangen zu erzielen.
- **Ernte:** Geerntet wird ab dem 3. Jahr von April bis 1. Juni. Ab dem 4. Jahr kann bis 20. Juni geerntet werden. Das Spargelstechen (mit Messer) erfolgt früh, noch ehe die Stangen ganz heraußen sind. Nach der Ernte sind die Dämme einzuebnen. Die weitere Pflege und Düngung erfolgt wie in den ersten Jahren. Zusätzlich wird jedes 3. Jahr eine Kalkung durchgeführt. Die Ernte von Grünspargel ist einfacher. Er wird bei einer Länge von 20 bis 25 cm geerntet.

Grünspargel

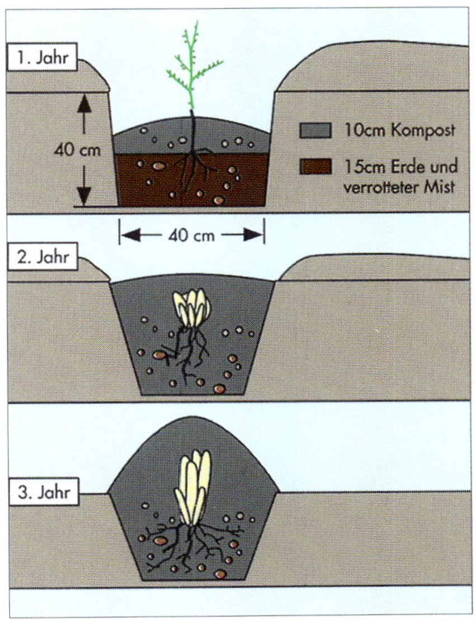

Pflanzung** von **Spargel

Spargelkäfer

Spargelanlagen bleiben 10–25 Jahre ertragsfähig.

• **Krankheits- und Schädlingsbekämpfung**

Beim **Spargelrost** bilden sich bleichgelbe Flecken an Trieben, Zweigen und Nadeln, die später rostbraun und schwarz werden. Die Pflanzen sterben frühzeitig ab. Zur **Vorbeugung** wird das Spargelstroh verbrannt. Zur **chemischen Bekämpfung** werden im gewerbemäßigen Anbau die 1- bis 2-jährigen Anlagen mit Spezialmitteln behandelt.

Tierische Schädlinge

Schädling	Schadensbild	Schutzmaßnahmen
Spargelfliege	Die Fliegenmaden zerfressen die Triebe, diese krümmen sich und verkümmern.	**Vorbeugung:** nur gut verrotteten Stallmist verwenden, befallene Triebe durch tiefes Ausstechen entfernen und verbrennen. **Bekämpfung:** Gießen mit Brennnesseljauche.
Spargelkäfer	Die Käfer und Larven fressen am Kraut.	**Vorbeugung:** Kraut im Herbst verbrennen. **Bekämpfung:** Spritzen mit Brennnesseljauche.

11. FELDGEMÜSEBAU

Verschiedene Gemüse können feldmäßig gebaut werden, um einen kleinen Garten zu ergänzen oder zusätzliche Nebeneinnahmen zu erzielen. Bei größeren Flächen und günstigem Standort kann Feldgemüse auch zum Hauptbetriebszweig werden. Feldgemüsebau ist in den landwirtschaftlichen Fruchtwechsel einzubinden.

Betriebe, die sich durch den feldmäßigen Gemüsebau eine neue Einnahmequelle schaffen wollen, müssen folgende **Voraussetzungen** erfüllen:

- Entsprechende Klima- und Bodenverhältnisse
- Günstige Marktlage, Nähe einer Sammelstelle oder Direktvermarktung
- Eignung des Betriebsführers durch Fachkenntnisse im Gemüse- und Pflanzenbau und kaufmännische Fähigkeiten (Marktorientierung)
- Vorhandensein der notwendigen Arbeitskräfte, da Feldgemüsebau einen hohen Arbeitskräftebedarf bringt

Günstig kann der **vertragsmäßige Anbau**, womöglich mit **Absatz- und Preisgarantie**, sein. Dazu ist der Beitritt zu einer Erzeuger- und Absatzgemeinschaft notwendig. Viele dieser Produkte werden industriell vermarktet.

Für den feldmäßigen Anbau eignen sich besonders Zwiebeln, Kraut, Chinakohl, Gurken (Salat- und Einlegegurken), Buschbohnen, Stangenbohnen, Erbsen, Rote Rüben, Paprika (Industriepaprika, Pfefferoni), Minimais, Kren, Salat, Spinat, Karotten oder Heilkräuter.

Eine spezielle, umfassende Beratung erteilen die zuständigen Beratungskräfte der Landwirtschaftskammern.

12. WÜRZ- UND HEILKRÄUTER

Der Wert der Würz- und Heilkräuter liegt in ihrem Gehalt an **ätherischen Ölen**, **Vitaminen** und **sonstigen Wirkstoffen**. Sie verbessern unsere Nahrung auf billige und gesunde Weise. So haben sie zum Beispiel anregende Wirkung auf die Verdauungsorgane und einen beruhigenden Einfluss auf das Nervensystem. Viele von ihnen sind ausgesprochene Heilpflanzen.

12.1 KULTURTABELLE

Zeichenerklärung

A	=	Aussaatmonat	P	=	Pikieren
F	=	Freilandsaat	V	=	Vereinzeln
M	=	Mistbeet	⊙	=	einjährig
R	=	Reihensaat	⚇	=	zweijährig
Pfl.	=	Pflanzweite	♃	=	ausdauernd

 ⚇ **Schnittpetersilie**	**Verwendung:** Roh oder gekocht zum Würzen. Krauspetersilie ist ideal für Dekoration von Speisen; wirkt harntreibend.	**Kulturhinweise:** A III – IV oder VIII, R = 15 cm, V = 2 cm, bei Überwinterung Nutzung bis zur Blüte möglich.
 ⊙ **Majoran**	**Verwendung:** zum Würzen von Fleisch-, Wurst-, Kartoffel- und Bohnengerichten. Heilpflanze für Tee gegen Krämpfe und Schlaflosigkeit; wirkt organstärkend.	**Kulturhinweise:** A III – IV, M oder F, P oder V, Pfl. = 15 x 20 cm, mehrere Pflanzen zusammen aussetzen.

⊙ ♃ **Thymian**

Verwendung:
zum Würzen wie Majoran und als Heilkraut für Tee bei Husten und Bronchitis. Einjähriger Thymian hat mehr Würzkraft als der mehrjährige.

Kulturhinweise:
A IV, F, R, V, Pfl. 15 x 20 cm, mehrere Pflanzen zusammen stehen lassen.

⊙ **Basilikum**

Verwendung:
zum Würzen von Fleisch-, Pilz-, Gemüse-, Nudelgerichten und Pizzas, zur Herstellung von Kräuteressig. Heilpflanze für Tee gegen Blähungen, Magen- und Darmentzündungen, Husten und Lungenkrankheiten.

Kulturhinweise:
A III, M, P, Pfl. 25 x 25 cm ab Mitte V, F.
Es gibt fein- und grobblättrige Arten, grüne und rote.

⊙ ♃ **Bohnenkraut**

Verwendung:
zum Würzen von Würsten und Bohnengerichten, zum Einlegen von Gurken.
Heilpflanze für Tee gegen Blähungen, Krämpfe und Durchfälle.

Kulturhinweise:
A IV, F, R 20 cm,
V = 15 cm.
Winterbohnenkraut:
A V–VIII, F,
V = 30 x 30 cm.
Samt sehr leicht aus.

⊙ **Borretsch**

Verwendung:
als Beigabe zu Salaten. Heilpflanze für Tee gegen Fieber und nervöses Herzleiden; wirkt blutreinigend.

Kulturhinweise:
A IV–VII, F, R 30 cm, V 30 cm, Folgesaaten.
Samt leicht aus.

⊙ **Kerbel**

Verwendung:
zum Würzen von Soßen, Suppen, Beigabe zu grünen Salaten; dient auch als Heilpflanze gegen Wassersucht und für Blutreinigung.

Kulturhinweise:
A IV–VII, F, R 15 cm, V, Folgesaaten.

⊙ **Dill**

Verwendung:
als Essiggewürz, junge Blätter zu Salaten und Soßen.
Dillsamen und Triebspitzen wirken als Tee gegen Blähungen und Schlaflosigkeit sowie verdauungsfördernd.

Kulturhinweise:
A IV–VII, F, R 20 cm, V 15 cm.

♃ **Ysop**

Verwendung:
Blätter frisch und getrocknet für Salate, Fleischspeisen.
Heilpflanze für Tee, wirkt krampflösend, blutreinigend, schleimlösend bei Husten und Bronchitis.

Kulturhinweise:
A III–IV, M oder F, R 30 cm, V 30 cm.

♃ **Liebstöckl**

Verwendung:
für Suppen und Fleischspeisen, zur Wurstbereitung und für Salat. Bestandteil der Maggiwürze. Frische und getrocknete Wurzeln gelten als Heilmittel gegen Wassersucht, Nierensteine und Rheuma.

Kulturhinweise:
A VII–VIII, F, Pfl. 80 x 40 cm, Stockteilung ist möglich, ein Stock pro Haushalt genügt. Blütenstände ausbrechen.

♃ **Estragon**

Verwendung:
zu Kräuteressig, Soßen und Salaten, besonders Gurkensalat. Heilpflanze für Tee gegen Appetitlosigkeit; wirkt harntreibend und regelfördernd.

Kulturhinweise:
A IV, M, P, Pfl. 40 x 40 cm. Stockteilung möglich. Zwei Arten: Französischer oder Deutscher Estragon (Bertram): nicht frosthart, keine Samen, Stecklinge. Russischer Estragon: frosthart, weniger aromatisch.

♃ **Zitronenmelisse**

Verwendung:
zu Salaten, Fleisch-, Fisch- und Pilzgerichten; als Heilmittel (Tee) gegen Migräne, Herzklopfen, Schlaflosigkeit, zur Herstellung von Melissengeist.

Kulturhinweise:
A IV, F, R 30 cm, V 30 cm.
Stockteilung möglich. Samt sehr leicht aus.

♃ **Pfefferminze**

Verwendung:
Zugabe zu Salaten und Soßen, als Heilmittel (Tee) gegen Blähungen und Gallenleiden.

Kulturhinweise:
A III–IV, F, V auf 30 x 30 cm, Vermehrung durch Wurzeltriebe.
Vorsicht: Breitet sich stark aus.

♃ **Salbei**

Verwendung:
für besondere Fleischspeisen, als Heilmittel (Tee) zum Gurgeln bei Halsentzündungen und gegen Verschleimungen aller Art.

Kulturhinweise:
A IV–V, F, R, V auf 40 x 40 cm.
Im Frühjahr zurückschneiden.

 ♃ **Wermut**	**Verwendung:** für Wildspezialitäten (sparsam verwenden), als Heilmittel (Tee, Wermutwein) appetitanregend, blutreinigend, gegen Magenbeschwerden, Durchfall, Würmer.	**Kulturhinweise:** A IV, R 50 cm, V auf 50 cm.
 ♃ **Schnittlauch**	**Verwendung:** siehe Zwiebel- und Lauchgemüse.	**Kulturhinweise:** siehe Zwiebel- und Lauchgemüse.
 ♃ **Beifuß**	**Verwendung:** Beigabe zu fetten Speisen und Soßen. Als Tee verdauungsfördernd, krampflösend, appetitanregend.	**Kulturhinweise:** A III–IV, M, P, R 40 cm, V 40 cm.
 ♃ **Pimpinelle**	**Verwendung:** junge Blätter als Würz- und Suppenkraut für Salate, Gurken und Soßen.	**Kulturhinweise:** A III–IV, M, P, R 40 cm, V 30 cm.

♃ **Oregano** oder **Dost**

Verwendung:
Blätter frisch oder getrocknet als Gewürz für Braten, Salat, Pizza, Würste, Suppen. Als Heilmittel blutdrucksenkend, schmerzstillend, beruhigend.

Kulturhinweise:
A III–IV, M, F, P, R 30 cm, V 30 cm in Büscheln. Stockteilung möglich.

♃ **Weinraute**

Verwendung:
frische Blätter als Küchengewürz (Wild- und Lammgerichte) sparsam verwenden.

Kulturhinweise:
A III–IV, M, P, R 30 cm, V 30 cm; friert leicht zurück.

12.2 BESONDERE KULTURHINWEISE

Keinen frischen Stallmist verwenden.
Bei ausdauernden Kräutern auf gute Humusversorgung mit Torf oder Kompost achten.
Im Allgemeinen stellen Würz- und Heilkräuter keine außergewöhnlichen Ansprüche.

Blätter von Heil- und Würzkräutern werden vor der Blüte (in den Vormittagsstunden) geerntet und in sauberen, luftigen Räumen im Schatten getrocknet. Blüten und Samen trocknet man ebenfalls im Schatten. Die Aufbewahrung erfolgt in dunklen, luftdichten Behältern.

Heil- und Würzkräuter können – je nach Art und Verwendung – auch frisch eingefroren oder in Salz, Öl, Essig und Alkohol konserviert werden.

Im Hausgarten können auch verschiedene Wildkräuter, wie Kamille, Löwenzahn, Sauerampfer, Waldmeister, Brunnenkresse und Kümmel, angebaut werden.

13. BEERENOBST

Bedeutung

Beerenobst ist reich an Vitaminen (besonders an Vitamin C), Mineralstoffen, Frucht- und Traubenzucker sowie Fruchtsäuren. Es ermöglicht eine vielseitige und attraktive Aufbesserung des täglichen Speisezettels, lässt sich ausgezeichnet konservieren und auch für Heilzwecke verwenden.

Voraussetzung für Erfolg im Beerenobstbau sind neben den entsprechenden **Boden-** und **Klimaverhältnissen** die **Standortwahl** sowie die spezielle **Sortenwahl**.

13.1 ERDBEEREN

Die Erdbeere ist eine Staude und gehört zu den Rosengewächsen. Die eigentlichen Früchte sitzen als kleine Nüsschen auf der wohlschmeckenden Scheinfrucht.

13.1.1 Sorten

Ananaserdbeere

❑ Ananaserdbeeren

Ananaserdbeeren sind großfrüchtig und bilden Ausläufer. Es gibt, frühe, mittelfrühe bis späte Sorten. Die meisten sind einmal tragend, doch gibt es auch mehrmals tragende.

❑ Monatserdbeeren

Diese wurden aus der Walderdbeere gezüchtet und sind ihr in Aussehen und Geschmack ähnlich. Die Früchte sind etwas größer; es werden keine Ausläufer gebildet.
Die Vermehrung erfolgt durch Samen.
Die Ernte erfolgt von Juli bis September.

❑ Hybridzüchtungen

Aus der Kreuzung zwischen Ananas- und Monatserdbeere entstand eine Erdbeersorte mit mittelgroßen aromatischen Früchten, die viele Ausläufer bildet – genannt **Erdbeerwiese.** Sie ist eine ideale Begrünung unter Gehölzen oder auf Böschungen.

❑ Hängeerdbeere und Spaliererdbeeren (Klettererdbeeren)

Diese sind immer tragende Neuzüchtungen mit Rankenbildung.

13.1.2 Ansprüche

- **Lage:** Sonnig, geschützt
- **Boden:** Mittelschwer, humus- und nährstoffreich, leicht sauer, gute Bodenfeuchtigkeit – ständig mulchen – Vergleich: Waldboden!
- **Düngung:** Hoher Nährstoffbedarf! Stallmist, Kompost, organische Mischdünger nach der Ernte

13.1.3 Kulturmaßnahmen

Bei **Monatserdbeeren** erfolgt die Vermehrung durch Samen. Nach der Aussaat ins Mistbeet und dem Pikieren werden die kräftigen Jungpflanzen von April bis Mai gepflanzt, wodurch noch im selben Jahr mit einer Ernte zu rechnen ist.
Ananaserdbeeren werden durch **Ausläufer** vermehrt. Von kräftigen, gut tragenden Mutterpflanzen werden die ersten zwei – am besten bereits bewurzelten – Ausläufer abgetrennt und von Juli bis August auf das gut vorbereitete Pflanzbeet gesetzt. Die notwendige Bodenfeuchtigkeit wird am besten durch Mulchen erhalten.

Ausläufervermehrung

Um dem so genannten **Abbau** vorzubeugen, ist es sinnvoll, zwischendurch hochwertige Pflanzen aus anerkannten Vermehrungsbetrieben zu **kaufen** (Meristempflanzen).

❑ Pflanzhinweise

- Eine **Neupflanzung** sollte jedes 2. Jahr, längstens aber nach drei Jahren erfolgen, da die Fruchtgröße abnimmt.
- Die **ideale Pflanzzeit** ist Ende Juli bis Anfang August. Die Neubildung der Wurzeln erfolgt am intensivsten im August, die Anlage der Blütenknospen im September.
- Der **Pflanzabstand** muss weit genug gewählt werden, damit die Sonne den Boden erwärmen und die Luft durch die Pflanzung streichen kann, damit der Fruchtfäule vorgebeugt wird.

Im **Dreiecksverband** beträgt die Pflanzweite ca. 40 x 30 cm, bei **Bandpflanzung** pflanzt man im Abstand von 80 cm in Doppelreihen.

- Bei der richtigen Pflanztiefe muss das Herz der Pflanze aus der Erde herausschauen.
- Einschlämmen der Wurzeln vor der Pflanzung fördert das rasche Anwurzeln.
- Bei Mischkultur sind Zwiebel- und Lauchgewächse, Salat, Spinat, Buschbohnen und Borretsch gute Nachbarn.

Pflanztiefe** bei **Erdbeeren

Blattfleckenkrankheit

***Schneckenfraß, Schwarzflecken, Grauschimmelfäule** (Botrytis)*

❑ Pflegemaßnahmen

- Der Boden wird unkrautfrei und durch Bodenabdeckung feucht gehalten. Geeignete Materialien sind gehäckseltes Stroh (gleichzeitig beste Unterlage für die Früchte), halb verrottetes Laub sowie holzige Abfälle, wie kleine Zweige, Hobelspäne, Rindenmulch und Nadelstreu.
  Auch Spezial-Erdbeer-Mulchfolie ist erhältlich.

Nach der Ernte sind nicht benötigte **Ausläufer zu entfernen**.
Der Boden ist zu lockern, **organisch zu düngen**, mit Gesteinsmehl zu bestreuen und immer wieder **bedeckt zu halten**.

Während der Blüte- und Reifezeit vertragen die Erdbeeren keine Bodenbearbeitung (Mulch!).
Die Hybridzüchtung „Erdbeerwiese" eignet sich auch als Bodendecker.

13.1.4 Krankheits- und Schädlingsbekämpfung

❑ Blattfleckenkrankheit

Schadbild: Durch Pilzbefall hervorgerufene, punktförmige Flecken an den Blättern, welche eintrocknen.
Schutzmaßnahmen: Auf gute Kaliversorgung achten (Holzasche)! Anwendung von Zinnkrautbrühe; bei starkem Befall Verwendung von Kupfermitteln. Blätter nach der Ernte vernichten.

❑ Grauschimmelfäule (Botrytis)

Schadbild: Faulende, mit Schimmel bedeckte Früchte
Schutzmaßnahmen: Luftiger Stand und rechtzeitiges Unterlegen der Früchte mit Strohmulch. Befallene Früchte sofort entfernen und vernichten. Mischkultur mit Knoblauch, Gesteinsmehl streuen, Zinnkrautbrühe und Brennnessel-Zwiebel-Jauche anwenden.

❑ Schnecken

Schadbild: Angefressene Früchte
Schutzmaßnahmen: Anwendung von Schneckenzaun und Schneckenfallen, Köder auslegen.

13.2 JOHANNISBEEREN (RIBISEL)

Johannisbeeren sind Sträucher; sie zählen zu den Steinbrechgewächsen, enthalten sehr viel Vitamin C, vor allem die Schwarzen, und sind frisch sowie konserviert vielfältig verwendbar.

Rote Johannisbeere

13.2.1 Sorten

❑ Rote und Weiße Johannisbeere

Sie sind die gleiche Züchtung und daher in den Ansprüchen und im Schnitt gleich. Die Weiße ist im Ertrag schwächer. Es gibt von diesen Sorten frühe, mittelfrühe und späte Vertreter.

❑ Schwarze Johannisbeere

Auch davon gibt es frühe, mittelfrühe und späte Sorten.

❑ Jostabeere

Sie ist eine Kreuzung zwischen Schwarzer Johannisbeere und Stachelbeere und vereint die Vorzüge beider Beerenobstarten.
Sie ist starkwüchsig, stachellos und großfrüchtig, mehltau- und blattfallresistent. Auch von der Jostabeere gibt es Früh- und Spätsorten.

Jostabeere

13.2.2 Ansprüche

- **Lage:** Sonnig bis halbschattig, auch für höhere und raue Lagen geeignet (entsprechende Sortenwahl). Die Schwarze Johannisbeere ist blütenfrostempfindlich.
- **Boden:** Mittelschwer, tiefgründig, humusreich und feucht durch ständige Bodenbedeckung mit Grüneinsaat oder Mulch. Bei zu trockenem Boden leiden die Sträucher an Blattranddürre.
- **Düngung:** Ausreichende Humuszufuhr durch Kompost oder Stallmist im Frühjahr und rasch nach der Ernte (damit das Holz noch ausreifen kann). Einsaat von Gründüngungspflanzen (besonders Phacelia) im Frühjahr ist ideal.

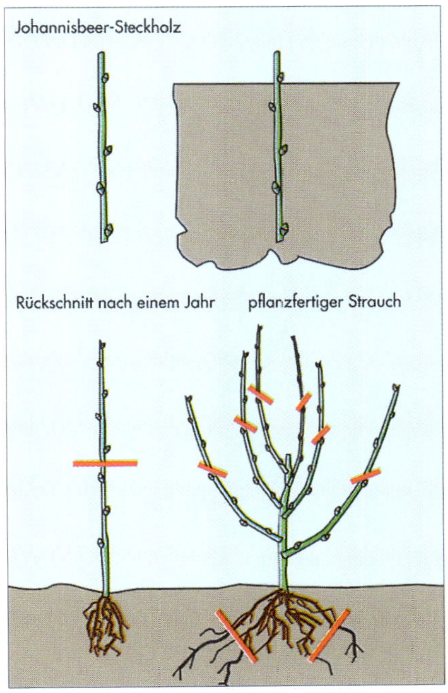

Stecklingsvermehrung

13.2.3 Kulturmaßnahmen

❑ Pflanzenanzucht

Meist erfolgt bei Neuanlagen ein **Zukauf** von 2- bis 3-jährigen Pflanzen mit 5 bis 7 Trieben von Markenbaumschulen mit Sortengarantie, doch kann man Johannisbeeren auch selbst durch Stecklinge oder Absenker vermehren.

• Vermehrung durch **Stecklinge** (Steckhölzer):
Gut ausgereifte Einjahrestriebe mit 5 bis 6 Augen werden im Herbst in ein tief gelockertes, mit Humus angereichertes Anzuchtbeet gesetzt. Die Stecklinge befinden sich bis zum obersten Auge in der Erde. Im folgenden Herbst werden die Pflanzen herausgenommen, auf 3 bis 4 Augen eingekürzt und auf weiteren Abstand verpflanzt. Im nächsten Herbst sind die Sträucher pflanzfertig.

Absenker

• Vermehrung durch **Absenker:**
Im Frühjahr werden kräftige vorjährige Triebe flach auf den gelockerten und kompostierten Boden gelegt, festgehakt und mit Erde bedeckt. Aus den Augen bilden sich die Schosse, die, mehrmals angehäufelt und gut bewurzelt, im Herbst von der Mutterpflanze getrennt werden. Jeder bewurzelte Schoss kann als selbständige Pflanze weiterkultiviert werden.
Johannisbeeren werden nicht nur als **Sträucher**, sondern auf Unterlagen veredelt, auch als **Kronenbäumchen** gehandelt (teurer, bruchempfindlich an der Vermehrungsstelle, geringer im Ertrag, praktischer beim Ernten).

❑ Pflanzhinweise

Grundsätzlich ist vor jeder Pflanzung (Neu- oder Umpflanzung) der Pflanzschnitt durchzuführen.
Dabei werden die überlangen und beschädigten Wurzeln bis ins gesunde Gewebe zurückgeschnitten und dadurch die Neubewurzelung angeregt. Außerdem erfolgt ein Rückschnitt der 5 bis 6 stärksten Triebe auf ein Drittel, wobei man auf ein nach außen gerichtetes Auge schneidet, um eine breite, pyramidale Strauchform zu erhalten. Überschüssige Triebe werden entfernt.

Pflanzschnitt

Günstiger **Pflanztermin** ist der Herbst, in rauen Lagen das Frühjahr.
Der **Pflanzabstand** richtet sich nach Sorte, Kulturart und Maschineneinsatz. Im Hausgarten rechnet man mit 1,5 x 2 m bei Roten und 2 x 2,5 m bei Schwarzen Johannisbeeren.
Der **Boden** wird entweder **flächig** vorbereitet – tiefgründig gelockert und organisch gedüngt – oder es werden **Pflanzlöcher** mit 40 cm Tiefe und Breite ausgehoben.

Nach der Durchführung des **Pflanzschnittes** erfolgt die **Pflanzung** etwas tiefer als in der Baumschule. Die Triebverzweigung sollte etwa 4 cm mit Erde bedeckt sein; dadurch können sich Neutriebe von der Basis aus bilden.
Wurzelhohlräume sind sorgfältig mit Erde zu füllen, und die Erde ist ein wenig anzudrücken.
In der Pflanzgrube erfolgt bereits ein **Einschlämmen** der Wurzeln, und nach erfolgter Pflanzung ein durchdringendes **Gießen**.
Wichtig ist – im Anschluss – das **Abdecken** der Pflanzscheiben oder des Bodens mit Stallmist, Stroh oder anderem Mulchmaterial bzw. die Ausbringung einer **Grüneinsaat**.

❑ Pflegemaßnahmen

- Eine Bodenabdeckung (Mulchen) erspart großteils das Lockern und die Unkrautbekämpfung; sie erhält außerdem die wichtige Bodenfeuchtigkeit. Ebenso günstig ist im Frühling eine Grüneinsaat (Phacelia), welche nach dem Schnitt als Mulch liegen bleibt.

- Das **Zusammenbinden** der Sträucher vor dem Schneefall verhindert Schneedruckschäden.

- Der **Pflegeschnitt** (laufender Schnitt, Verjüngungsschnitt) ist am besten gleich nach der Ernte durchzuführen.
  Zu dicht stehende, einander kreuzende oder zu Boden hängende Triebe werden herausgeschnitten. Altes Holz (4-jährig – dunkle Farbe) wird entfernt und dafür dieselbe Anzahl kräftiger Einjahrestriebe belassen. Die Entfernung überschüssiger Einjahrestriebe erfolgt im Frühjahr nach der Frostgefahr.
  Durch den **Pflegeschnitt** wird der Strauch ständig verjüngt und bleibt viele Jahre (20 Jahre) im Ertrag. Rote und Weiße Johannisbeeren tragen am zwei- bis dreijährigen Holz am besten, Schwarze bereits am einjährigen. Daher sollte der Strauch bei roten und weißen Sorten 8 bis 12 kräftige Triebe besitzen und sich ungefähr zu je einem Viertel aus ein-, zwei-, drei- und vierjährigem Holz zusammensetzen. Bei schwarzen Sorten werden nur ein-, zwei- und dreijährige Triebe belassen.

Pflegeschnitt

Ein-, zwei-, drei- und vierjähriger Trieb

- Der **Pflegeschnitt** der **Jostabeere** ist geringfügig. Zu dichte Sträucher sind auszulichten, überhängende Zweige einzukürzen. Sie trägt am einjährigen Holz.

13.2.4 Krankheits- und Schädlingsbekämpfung

❑ Blattfallkrankheit

Schadbild: Durch Pilzbefall entstehen dunkle Flecken auf den Blättern. Diese rollen sich ein und fallen ab.
Schutzmaßnahmen: Mit Zwiebelschalenwasser, Zinnkrautbrühe und Brennnesseljauche spritzen. Kupfermittel anwenden. Befallene Blätter einsammeln und vernichten.

Säulenrost** der **Schwarzen Johannisbeere

❑ Säulenrost

Schadbild: Rostiger Pilzrasen, später Pusteln auf der Blattunterseite von Schwarzen Johannisbeeren.
Schutzmaßnahmen: Schwarze Johannisbeeren nicht in die Nähe von fünfnadeligen Kiefern (Zwischenwirt) setzen. Wermut als Zwischenpflanzung. Zinnkrautbrühe, notfalls Kupfermittel anwenden.

❑ Schild- und Blattläuse

Schadbild: Saugschäden an Blättern und Trieben; Verkümmern
Schutzmaßnahmen: Stammanstrich; Winterspritzung mit Ölemulsionen; Abbürsten der Krusten; Entfernung befallener Triebe; Gartencit.

13.3 STACHELBEEREN

Rote Stachelbeeren

Stachelbeeren gehören wie die Johannisbeeren zu den Steinbrechgewächsen; sie ähneln diesen daher auch in ihren Ansprüchen und ihrer Pflege.

13.3.1 Sorten

❑ Grüne, Rote und Gelbe Stachelbeeren

Von diesen Sorten gibt es jeweils frühe, mittelfrühe und späte Vertreter.
Erwähnenswert wäre die Sorte **„Resistenta“** wegen ihrer Resistenz gegenüber dem Amerikanischen Stachelbeermehltau.

❑ **Jostabeere** = Kreuzung zwischen Stachelbeere und Schwarzer Johannisbeere

13.3.2 Ansprüche

13.3.3 Kulturmaßnahmen

} Siehe Johannisbeere

Die **Pflanzenanzucht** erfolgt durch **Absenker**.

Die **Pflanzung** erfolgt wie bei den Johannisbeeren, doch kann der **Pflanzabstand** geringer bemessen werden: 1,5 x 1,5 m.

Der **Pflegeschnitt** erfolgt nach denselben Richtlinien wie bei den Johannisbeeren. Die Kronen sind nach der Ernte gut auszulichten (Vorbeugung gegen Mehltau):
Stachelbeeren werden ebenfalls in Strauchform oder als Kronenbäumchen gezogen. Ein Stützgerüst für die Krone ist notwendig.

13.3.4 Krankheits- und Schädlingsbekämpfung

❑ Amerikanischer Stachelbeermehltau

Schadbild: Zuerst weißer filziger, dann brauner Belag an Triebspitzen und Früchten. Gehemmter Wuchs der Sträucher.
Schutzmaßnahmen: Harmonische Nährstoffversorgung des Bodens – keine N-Überdüngung. Luftiger Standort – regelmäßiger, kräftiger Schnitt. Mulchen mit Farnkraut, Spritzung mit Farnkrautextrakt. Befallene Teile entfernen. Notfalls Netzschwefel spritzen.

Amerikanischer Stachelbeermehltau *– Triebbefall*

13.4 HIMBEEREN

Himbeeren sind Halbsträucher; sie gehören zu den Rosengewächsen.

13.4.1 Sorten

❑ **Einmal tragende Sorten** mit früh, mittelfrüh und spät reifenden Vertretern. Diese tragen auf den vorjährigen Ruten.

❑ **Zweimal tragende Sorten** mit Herbsternte auf den einjährigen Ruten und Frühsommerernte des nächsten Jahres auf den Resten derselben Ruten.
Neuzüchtungen gehen ebenfalls in Richtung **stachellose Himbeere.**

Stachellose Himbeere

❑ **Kreuzungen** zwischen **Himbeeren** und **Brombeeren** wie

Boysenbeere
Loganbeere
Youngbeere
Taybeere
} haben einen hervorragenden Geschmack, sind aber bei uns eher selten.

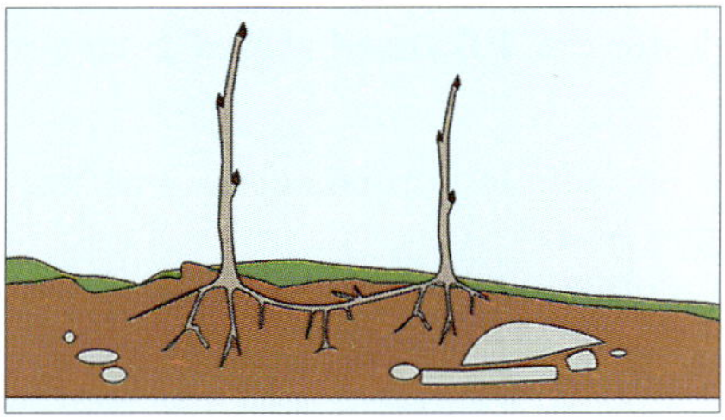

Wurzelausläufer

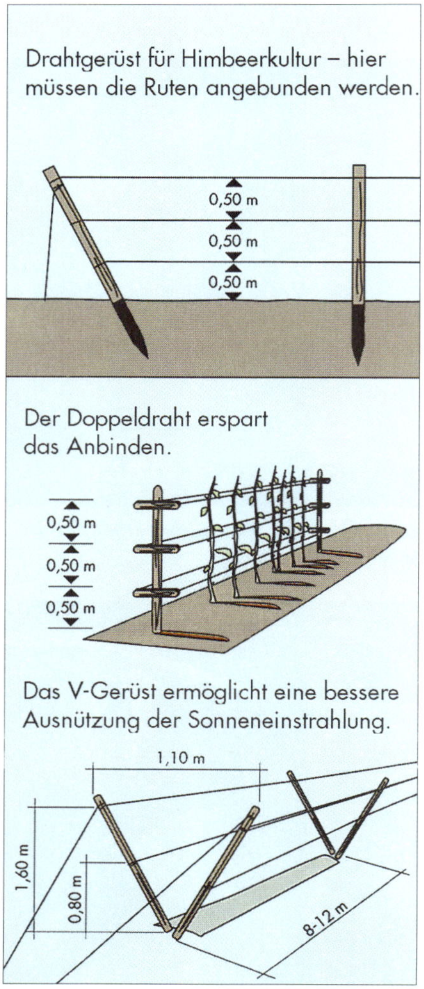

Kulturmöglichkeiten** bei der **Himbeere

13.4.2 Ansprüche

Himbeeren sind keineswegs anspruchslos.

- **Lage:** Sonnig bis leicht schattig – jedoch nicht heiß oder trocken; windgeschützt
- **Boden:** Locker, feucht, humusreich – ähnlich dem Waldboden, daher ständige Bodendecke aus Nadel-, Laub- oder Rindenmulch; pH-Wert 5,5–6
- **Düngung:** Ausreichend mit organischen, humusreichen Düngern, wie Stallmist, Kompost, Horn-, Knochen- und Blutmehl, Gründüngungseinsaaten (Ringelblume oder Leguminosen); Gesteinsmehlgaben

13.4.3 Kulturmaßnahmen

Bei Neuanlagen bringt der **Zukauf** von schädlingsfreien, viruskontrollierten Jungpflanzen Sicherheit (Meristempflanzen aus Gewebekulturen).

❑ Pflanzenanzucht

Man kann Himbeeren selbst durch Wurzelausläufer (Schösslinge) vermehren. Wurzelausläufer bilden sich im Frühjahr aus den Wurzelstöcken. Die kräftigsten werden im Herbst vom Mutterstock getrennt und ausgepflanzt.

❑ Pflanzhinweise

Die **Herbstpflanzung** ist der Frühjahrspflanzung (nur in rauen Lagen) vorzuziehen.
In den gut **vorbereiteten**, organisch gedüngten **Boden** werden die Himbeerpflanzen gleich tief **gesetzt**, wie sie in der Baumschule standen. Die an der Basis sitzenden Triebknospen vor Beschädigung schützen und mit Erde abdecken.

Vor der Pflanzung wird der **Pflanzschnitt** durchgeführt. Dabei werden die beschädigten Wurzeln eingekürzt. Die Ruten werden am besten nach der Pflanzung (Schnur spannen!) auf 30 bis 40 cm eingekürzt.

Bei der Pflanzung ist ein **Reihenabstand** von 1,50 m und ein **Pflanzabstand** von 40 bis 50 cm einzuhalten.
Himbeeren können als **Hecke** am Zaun entlang, als **Buschkultur** am Pfahl, am besten aber in **Drahtrahmenkultur** gezogen werden. Sie sind nicht standfest und brauchen eine **Stützvorrichtung** bzw. müssen angebunden werden.

❑ Pflegemaßnahmen

Die **Bodenpflege** hat sorgfältig zu erfolgen, damit die bis an die Oberfläche reichenden Saugwurzeln und die Triebknospen nicht beschädigt werden.
Notwendige Bodenfeuchtigkeit und ständiger Humusaufbau sind am besten über fortlaufendes **Mulchen** zu bewerkstelligen (Waldbodencharakter).

Beim **Pflegeschnitt** werden nach der Ernte alle abgetragenen Ruten sehr knapp über dem Boden abgeschnitten. Von den neuen Trieben lässt man im Jahr nach der Pflanzung 6 bis 8 pro Laufmeter, in den Folgejahren 8 bis 10 stehen, **kürzt** sie auf Handreichweite (ca. 2 m) ein und **bindet** sie je nach Stützvorrichtung an.
Überflüssige, schwache und krumme Ruten werden bereits im Frühjahr und Sommer entfernt.
Bei zweimal tragenden Himbeeren erfolgt der Rückschnitt nach der Herbsternte (Verzicht auf die relativ schwache Frühsommerernte). Es werden alle Triebe knapp über dem Boden abgeschnitten, da die Blüten- und Fruchtbildung am einjährigen Trieb erfolgt.
Bei Himbeer- und Brombeerkreuzungen gelten dieselben Kultur- und Pflegemaßnahmen.

13.4.4 Krankheits- und Schädlingsbekämpfung

❑ Rutenkrankheit

Schadbild: Bräunlichviolette Flecken durch Pilzbefall an den Ruten, Risse und allmähliches Absterben.
Schutzmaßnahmen: Gesunde (kontrollierte) Jungpflanzen setzen, ständige Bodenfeuchtigkeit und Schnitt nach der Ernte. Vernichten befallener Ruten; notfalls Kupfermittel; Standortwechsel.

Rutenkrankheit** der **Himbeere

❑ Himbeerkäfer

Schadbild: Die in die Blüte gelegten Eier entwickeln sich in der Frucht zur Made.
Schutzmaßnahmen: Boden bedeckt halten; Pyrethrum-Mittel auf Blüte spritzen. Im Frühjahr Triebspitzen um ca. 20 cm einkürzen (überwinternde Eier).

13.5 BROMBEEREN

Auch Brombeeren sind Halbsträucher aus der Familie der Rosengewächse. Im Allgemeinen haben die Triebe Stacheln (Ausstülpung der Oberhaut). Durch Mutation und Züchtung gibt es die beliebteren und leichter zu erntenden „Thornless“-Sorten.

Dornenlose Brombeere

13.5.1 Sorten

- ❑ **Aufrecht wachsende Brombeere**
- ❑ **Rankende Brombeere**
- ❑ **Dornenlose Brombeere**
- ❑ **Kreuzungen** zwischen **Brombeeren** und **Himbeeren** (siehe Himbeeren)

13.5.2 Ansprüche

Die Ansprüche sind im Allgemeinen dieselben wie bei den Himbeeren. In **Lagen** mit Früh- oder Spätfrösten (über 500 m; –15° C) können die Ranken erfrieren. Die Brombeere treibt zwar aus dem Wurzelstock wieder aus, doch ist die diesjährige Ernte verloren. Daher muss die Lage vollsonnig, wind- und frostgeschützt sein. Stacheln haben Schutzfunktion – stachelfreie Sorten sind empfindlicher.
Bezüglich **Boden** und **Düngung** sind die aufrecht wachsenden Sorten anspruchsvoller als die rankenden. **Mulchen** verbessert die Bodenverhältnisse.

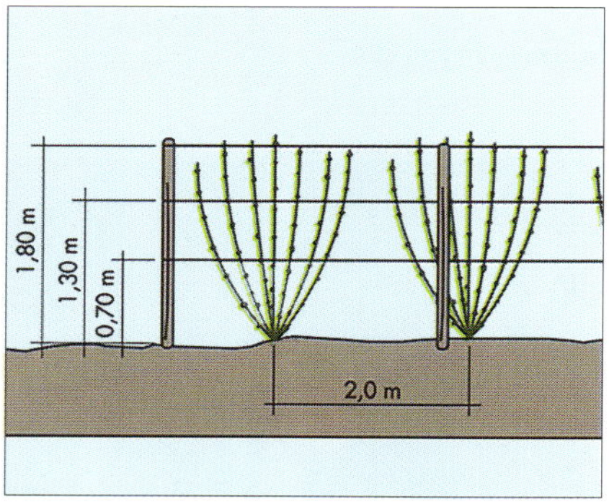

Aufrecht wachsende Sorte

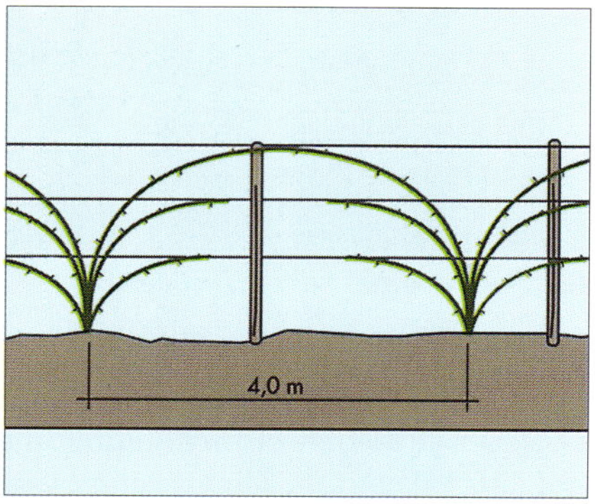

Rankende Sorte

13.5.3 Kulturmaßnahmen

Am besten verwendet man zweijährige Pflanzen, die von den Baumschulen als **Containerpflanzen** angeboten werden. In diesem Fall entfällt auch der Rückschnitt der Wurzeln.

❑ Pflanzenanzucht

Selbst vermehrt man aufrecht wachsende Brombeeren durch **Wurzelausläufer** (siehe Himbeeren). Diese werden verschult und erst im 2. oder 3. Jahr an Ort und Stelle gepflanzt.
Rankende Sorten werden durch **Absenker** (siehe Johannisbeere) vermehrt.

❑ Pflanzhinweise

Um Ausfälle während eines strengen Winters zu vermeiden, wird bei Brombeeren die **Frühjahrspflanzung** bevorzugt.
Die Behandlung des **Bodens** bei der Brombeerpflanzung ist dieselbe wie bei Himbeeren.
Die **Pflanztiefe** ist etwas tiefer als bei Himbeeren, die Triebknospen am Wurzelhals sollten geschützt und einige Zentimeter mit Erde bedeckt sein. Mulchen!

- Die Triebe nach der Pflanzung auf 2 bis 3 Augen (20 bis 30 cm) zurückschneiden.

Der **Pflanzabstand** ist bei aufrecht wachsenden und rankenden Sorten unterschiedlich:
Aufrecht wachsende Sorten: 1,50–2 m x 2 m
Rankende Sorten: 1,50–2 m x 3–4 m

- Brombeeren werden am **Spalier** gezogen. Bei rankenden Sorten bewährt sich ein Doppeldrahtspalier, bei welchem Jung- und Tragranken getrennt (rechts und links) festgebunden werden. Es erfolgt jährlich ein Seitenwechsel.

❑ Pflegemaßnahmen

Diese beziehen sich vor allem auf die **Bodenpflege** (siehe Himbeere) und den **Pflegeschnitt.**

- Der **Pflegeschnitt** bei aufrecht wachsenden Sorten wird wie bei den Himbeeren gehandhabt. Die abgetragenen Ruten werden nach der Ernte abgeschnitten; 4 bis 6 Jungruten werden für das nächstjährige Fruchten belassen.

  Beim **Pflegeschnitt** der rankenden Sorten erfolgt die Entfernung der abgetragenen und überschüssigen Ruten ebenfalls nach der Ernte im Spätherbst oder nach dem Frost. 4 bis 8 kräftige Triebe werden belassen.

- Unbedingt durchzuführen ist auch der so genannte **Sommerschnitt** bei allen Sorten. Dabei werden ca. ab Ende Juni die Seitentriebe (Geiztriebe) der Haupttriebe auf 2 bis 4 Augen zurückgeschnitten, damit sich aus den Basisaugen kräftige Blütenstände entwickeln.

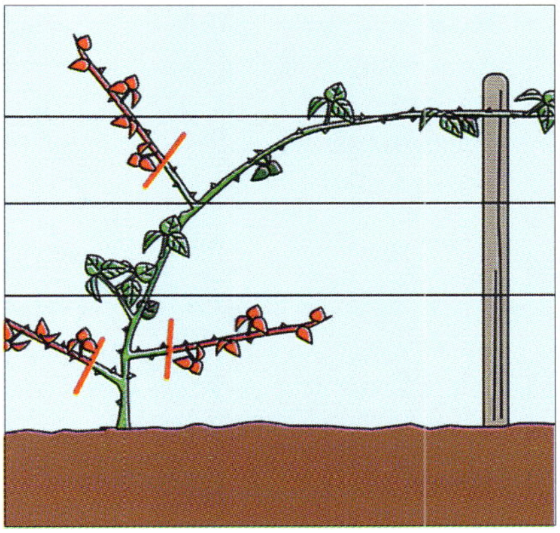

*Der überaus wichtige **Sommerschnitt** der Brombeerranken*

***Seitentriebe**, die aus den Blattachseln wachsen, werden im Sommer zurückgeschnitten*

Das **Anbinden** der Jungtriebe muss selbstverständlich auch während der Sommermonate geschehen.
Im Nachwinter sind eventuell erfrorene Trieb zu entfernen oder zu lange Ranken einzukürzen.

13.5.4 Krankheits- und Schädlingsbekämpfung

Brombeeren sind weniger anfällig als Himbeeren, doch können dieselben Krankheiten und Schädlinge auftreten. Daher gelten auch dieselben Schutz- und Bekämpfungsmaßnahmen.

13.6 HEIDELBEEREN

Kulturheidelbeere

Die **Kulturheidelbeere** ist aus amerikanischen Züchtungen hervorgegangen. Sie gehört zur Familie der Erikagewächse und ist eine Moorbeetpflanze. Der Geschmack ähnelt dem unserer Schwarzbeere, die „Blaufärbung" der Früchte gibt es nicht. Strauchhöhe 1–2 m.

13.6.1 Sorten

Es gibt verschiedene Sorten mit unterschiedlichem Zeitpunkt der Reife. Grundsätzlich sind aber auf jedem Strauch gleichzeitig Blüten, unreife und reife Früchte vorhanden, wodurch ein langer Zeitraum der Frischernte entsteht.

13.6.2 Ansprüche

- **Lage:** Windgeschützt, sonnig.
- **Boden:** Sauer (pH-Wert um 4,5), humos, gleichmäßig feucht. Mischung von Torf, Walderde, Sägespänen, Rindenschnitzel. Waldbodencharakter durch Nadelmulch und Laubmulch.
- **Düngung:** Reichlich Humuszufuhr mit oben genanntem Material und gut verrottetem Stallmist.

13.6.3 Kulturmaßnahmen

Für die Pflanzung werden **Containerpflanzen** gekauft.

❑ Pflanzhinweise

Herbst- oder **Frühjahrspflanzung** ist gut möglich.
Die **Pflanztiefe** ist etwas tiefer als in der Baumschule – dadurch wird die Jungtriebbildung angeregt.
Der **Pflanzabstand** beträgt 1,5 m x 3 m.

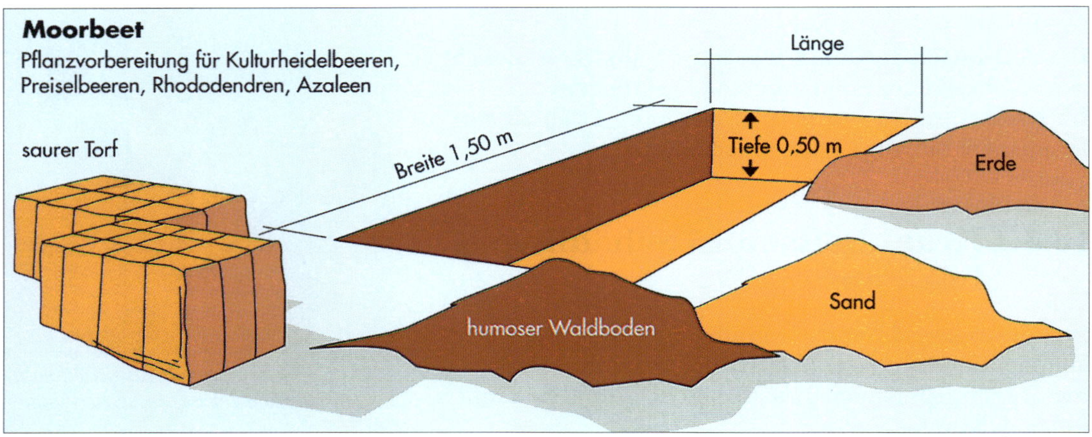

- Wichtig ist die Vorbereitung eines **Moorbeetes** als Pflanzbeet mit mindestens 0,50 m Tiefe und 1,5 m Breite.

❑ Pflegemaßnahmen

Die beste **Bodenpflege** besteht im Mulchen mit Torf, Sägespänen, Laub, Rindenabfällen und Stroh. Jede mechanische Bodenbearbeitung sollte unterbleiben.

Schnittmaßnahmen sind erst bei 4- bis 5-jährigen Sträuchern notwendig. Im Winter werden die ältesten, in Trieb und Fruchtbarkeit nachlassenden Äste herausgeschnitten, damit sie durch kräftigen Neuaustrieb ersetzt werden.
Erfrorene Triebspitzen (bei später Düngung) werden im Nachwinter entfernt.
Das Moorbeet darf nie austrocknen!

13.6.4 Krankheits- und Schädlingsbekämpfung

Sie spielen keine nennenswerte Rolle. Allenfalls Schutz vor Vogelfraß.

13.7 PREISELBEEREN

Sie gehören ebenfalls zu den Erikagewächsen und sind als Unterpflanzung zu den Heidelbeeren ideal, da sie dieselben Ansprüche an Lage, Boden und Düngung haben.

13.7.1 Sorten

❑ Korallenbeere

Kleinfrüchtig, der Wildpreiselbeere ähnlich.

❑ Moosbeere (Cranberry)

Großfrüchtig, rankend, der heimischen Moosbeere ähnlich.
Preiselbeeren erreichen eine Höhe von 30 cm. Der **Pflanzabstand** soll 30 x 30 cm betragen.

Moosbeere, Cranberry, Preiselbeere

- Bis zur vollständigen Bewachsung des Bodens ist dieser zu mulchen. In schneearmen Wintern ist ein Winterschutz mit Reisig oder Laub günstig (Immergrüne).

Erträge liefert die Preiselbeere ab dem 2. Standjahr.
Die **Vermehrung** erfolgt bei beiden Sorten durch **Stecklinge**.

13.8 SONSTIGE BEERENOBSTARTEN UND WILDFRÜCHTE

Kiwi

❑ Kiwi und Kokuwa

Sie gehören zu den Strahlengriffelgewächsen und weisen einen hohen Vitamin-C-Gehalt auf.

• Kiwi

Sie ist in China beheimatet. Ihre Frucht ist eigroß und behaart.

• Kokuwa oder Japanische Honigbeere

Sie hat Stachelbeergröße und eine glatte, essbare Schale.

- Diese Pflanzen sind zweihäusig, d. h. dass man männliche und weibliche Pflanzen setzen muss, damit die Fruchtbarkeit gegeben ist (1 männliche genügt für 5 bis 7 weibliche).

Sie werden als **Containerpflanzen** geliefert und beanspruchen sonnige, warme und windgeschützte **Lagen** (Südwand).
Beide Arten sind stark rankende **Schlingpflanzen**, sie benötigen ein stabiles **Klettergerüst** mit ca. 3 x 4 m. Sie benötigen ferner einen humosen, feuchten, leicht sauren (pH-Wert 5–6) **Boden** sowie **Wurzelschutz** durch Abdeckung mit Stroh, Torf oder Reisig.
Ein **Schnitt** ist höchstens bei der **Kiwi** notwendig, und zwar im Sommer 3 bis 5 Blätter über der letzten Blüte. Der **Ertrag** setzt im 2. bis 3. Standjahr ein. Die Früchte sind vor den Nachtfrösten zu ernten. Sie sind konservierbar oder, gekühlt, auch einige Monate lagerfähig.

❑ Holunder (Schwarzer Holler)

Schwarzer Holler zählt zu den Geißblattgewächsen; er steht in der Volksmedizin in hohem Ansehen:
Blüten als Tee bei Erkältungskrankheiten; der **Saft** der Beeren wirkt blutreinigend und fiebersenkend.
Er wird als Meterstamm oder Strauch bis 3 m Höhe gezogen. Die einjährigen Triebe bringen den Ertrag – abgetragene Äste werden entfernt.
Holunder beansprucht lockeren, leichten Boden und gedeiht auch in rauen Lagen mit Spätfrösten (Blüte im Juni).

Eberesche

❑ Mährische Eberesche

Sie heißt auch essbare Eberesche und hat einen hohen Vitamin-C-Gehalt. Sie gehört zu den Rosengewächsen.
Sie wird als **Busch**, **Halbstamm** oder **Hochstamm** kultiviert.
Sie liebt einen sonnigen bis halbschattigen **Standort** sowie einen nährstoffreichen **Boden**.
Konservierung wie Preiselbeere.

❑ Apfelbeere oder Aronia

Apfelbeere

Sie heißt auch „Schwarze Edeleberesche“ und hat ebenfalls einen hohen Vitamin-C-Gehalt. Die Apfelbeere kommt aus Nordamerika und gehört zu den Rosengewächsen.

- Der buschige bis 1 m hohe Strauch wird in 1 bis 2 m Abstand gepflanzt.

- Die Aronia ist anspruchslos, frostfest und gedeiht in jedem Boden. Das alte Holz wird ausgelichtet, da die Aronia besser am jungen Holz fruchtet (vergleichbar mit der Johannisbeere).

- Die Früchte reifen im August und sind für die Saft- und Marmeladenbereitung, zur Farbverstärkung und zum Füllen von Backwaren verwendbar.

❑ Hagebutte (Frucht der Rose) – Rosengewächs

Hagebutten

❑ Sanddorn – Ölweidengewächs

❑ Berberitze – Sauerdorngewächs

Sie zählen zu den wild wachsenden Beerenobstarten, werden jedoch schon vielfach kultiviert.
Sie erhöhen die Vielfalt der üblichen Beerenobstarten, haben einen sehr hohen Vitamin-C-Gehalt und sind gut konservierbar.

Neben ihrem medizinischen Wert bestechen sie durch ihren Schmuckcharakter.

Sanddorn

Berberitze

14. ZIERPFLANZEN

Zierpflanzen wirken durch Blüten- bzw. Beerenschmuck, Form, Wuchs, Laubfärbung, Herbst- und Holzfärbung sowie durch immergrüne Nadeln oder immergrünes Laub.

14.1 ÜBERSICHT

Grundsätzlich werden folgenden Gruppen von Zierpflanzen unterschieden:

Blumen **Krautige Pflanzen**		**Bäume und Sträucher** **Holzgewächse**	
1- und 2-jährige	**mehrjährige**	**Laubgehölze**	**Nadelgehölze**
Sommerblumen ⊙ z. B. Salvien Löwenmaul Tagetes Zinnien Petunien	**Stauden** ♃ z. B.Herzlblume Pfingstrose Phlox Rittersporn Schafgarbe	z. B. Jasmin Flieder Schneeball Spirea Cotoneaster Jap. Quitte Rosen	z. B. Blaufichte Föhrenarten Wacholderarten Tamarisken Zypressen
Zweijahres-blumen ⊙ z. B. Goldlack Stiefmütterchen Vergissmeinnicht Gänseblümchen usw.	**Zwiebel- und Knollenge-wächse** z. B. Narzissen Tulpen Dahlien Gladiolen usw.	**Bäume** sind Holzgewächse mit einer Stammbildung. **Sträucher** sind Holzgewächse mit mehreren Austrieben.	

Durch eine richtige Auswahl der Zierpflanzen können sehr große Wirkungen mit geringem Pflegeaufwand erreicht werden.
Die Kombination von **Grünfläche** (Rasen Wiese), **Grünraum** (Sträucher, Bäume) und **Blumen** ist arbeitsmäßig günstig und sehr wirkungsvoll.

14.2 EINJÄHRIGE SOMMERBLUMEN (ANNUELLEN) ⊙

Sommerblumen werden jedes Jahr neu kultiviert. Die Pflanzen sterben nach der Vegetation ab.

14.2.1 Verwendung

Die Blüte dauert vom Sommer bis in den Spätherbst, bei frostempfindlichen Arten nur bis zu den ersten Herbstfrösten.

- **Niedere Arten** (5–25 cm) werden für geschlossene Beetpflanzungen (Teppichart), Einfassungen, Blumenkistchen und Tröge, Zwischenpflanzungen bei Stauden und Grabbepflanzungen verwendet.
- **Mittelhohe** bis **hohe Arten** (0,30–2 m) finden als Schnittblumen, Beetbepflanzungen, geschlossener Bestand, als Gruppenpflanzung oder als Kombination mit anderen Zierpflanzen Verwendung.
- **Rankende Arten** (1–5 m) eignen sich zur Bedeckung von Zaungeflechten und hängend zur Abdeckung von Mauern, Böschungen, Blumenkistchen und Trögen.

14.2.2 Ansprüche

Einjährige Sommerblumen stellen folgende Ansprüche:

- **Klima:** unterschiedlich; es gibt frostempfindliche und frostunempfindliche Arten (Kulturtabelle)
- **Lage:** sonnig, höchstens halbschattig
- **Boden:** humusreich, locker, nährstoffreich, mäßige, aber regelmäßige Feuchtigkeit

14.2.3 Kulturmaßnahmen

❑ Pflanzenanzucht

Die Pflanzenanzucht erfolgt bei einigen Arten durch **Aussaat an Ort und Stelle**; bei den meisten durch eine **Vorkultur** im Kistchen oder Mistbeet. Diese ist vor allem für frostempfindliche Pflanzen und Arten mit langer Kulturdauer notwendig.
Ausgesät wird im Frühjahr (Februar bis April), die **Pflanzung** erfolgt von April bis Ende Mai. Weitere Angaben, siehe Kulturtabelle.

❑ Pflanzhinweise

Bei der Pflanzung von Sommerblumen ist Folgendes zu beachten:

- **Beet:** Es wird gut gelockert, durchfeuchtet und mit Phosphor und Kali gedüngt. Humus wird eingearbeitet. Die Beetform kann als schmale Rabatte sowie – als natürlichere Form – geschwungen oder asymmetrisch gestaltet werden.

- **Bestand:** Für einen **geschlossenen Bestand** ist im Dreiecksverband zu pflanzen, wobei der Abstand je nach Pflanzengröße 20 x 20 cm bis 30 x 30 cm beträgt. Für eine **Gruppenpflanzung** werden der größeren Wirkung wegen mehrere Pflanzen von einer Art und Farbe zusammengepflanzt. Die **Einzelstellung** ist für Sommerblumen nicht vorteilhaft, ausgenommen für starkwüchsige Sorten oder Schnittblumenbedarf.
- **Pflanzgeräte:** Für kleine Pflanzen wird ein Setzholz, für Blumen mit Wurzelballen ein Setzschauferl verwendet.

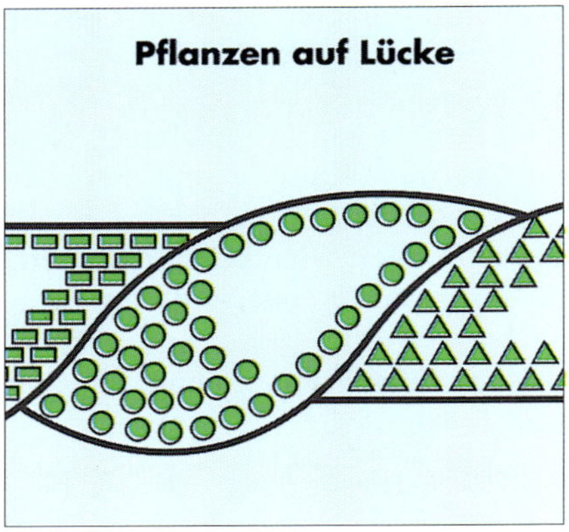

Das **Pflanzen auf Lücke** ist bei geschlossenen Beetpflanzungen (Teppichart) vorteilhaft, wird aber auch bei größeren Gruppen angewendet. Die Umrisse einer gewünschten Form, einer Farbgruppe und Pflanzenart werden zuerst und etwas dichter bepflanzt, um damit die Abhebung zur anderen Gruppe zu betonen. Erst dann ist der Raum innerhalb der Kontur im Dreiecksverband je nach der Lücke vollzupflanzen.

❑ Pflegemaßnahmen

Der Boden ist locker und unkrautfrei zu halten. Es wird regelmäßig gegossen und bei Bedarf eine Kopfdüngergabe (phosphor- und kalireiche Blumendünger) verabreicht. Abgeblühte Blumen werden entfernt, wobei bei einigen Arten ein kleiner Rückschnitt gemacht wird. Abgestorbene Pflanzen sind auszureißen.

14.2.4 Auswahlliste

Die nachstehende Liste ist nicht vollständig. Sie enthält nur eine Auswahl von bekannten und bewährten Arten, darunter auch einige aus alten Bauerngärten.

Zeichenerklärung

V =	Vorkultur	R =	Rankende Arten
P =	Pikieren	E =	Ende
F =	Frostempfindlich	G =	Anzucht gelingt besser im Glashaus oder Mistbeet
M =	Mitte		
O =	Aussaat an Ort und Stelle	S =	Schnittblume

Römische Zahl = Monat

Arten	Höhe cm	Farbe	Blüte-zeit	Kultur	Saat-zeit	Pflanz-zeit
Ageratum (Leberbalsam)	15–20, 50	Blau	VI–X	G, V, P	III	MV, F
Alyssum (Steinkraut)	10	Weiß, Violett, Rosa	VI–XI	V, P	III–IV	V
Amaranthus (Fuchsschwanz)	90	Rot	VII–X	V, P	III–IV	MV
Antirrhinum (Löwenmaul) S	20–90	viele Farben	VI–X	V, P	III–IV	MV
Astern S	20–90	viele Farben	VII–X	V	III–IV	V
Balsaminen	60	Rosa	VI–X	V	III–IV	MV F
Calendula (Ringelblume)	30	Gelb, Orange	VI–X	O	IV	–
Chrysanthemum (Margerite) S	50–80	Weiß, Rot, Rosa	VI–IX	V	III–IV	MV
Cosmea (Schmuckkörbchen) S	80	Rosa, Rot, Weiß	VII–X	V	III–IV	MV, F
Dianthus (Nelke)	40–50	viele Farben	VI–X	V, P	II–III	V
Helianthus (Sonnenblume) S	50–200	Gelb, Orange, Braun	VII–X	O	IV	–
Helichrysum (Strohblume) S	30–50	viele Farben	VI–X	V	III–IV	MV, F
Ipomoea (Trichterwinde)	300 R	Blau, Rot, Weiß	VII–X	O	IV	F
Lathyrus (Edelwicke) S	150 R, 20	viele Farben	VI–X	O	IV	–
Levkojen S	60	viele Farben	VI–IX	V	III–IV	MV
Lobelia (Männertreu)	12	Blau	VI–X	G, V, P	III	MV, F
Nigella (Jungfrau im Grünen)	50	Blau	VI–IX	V	III–IV	MV
Papaver (Mohn) S	70	Gelb, Rot, Orange, Lila	VI–IX	O	IV	–
Petunia	15–25	viele Farben	VI–X	G, V, P	II–III	MV, F
Portulakröschen	15	Rot, Rosa, Gelb, Weiß	VII–X	O	IV	–
Rudbeckia (Sonnenhut) S	50–80	Gelb, Orange, Braunrot	VII–X	V	III–IV	MV, F
Salvia (Feuerschein)	20–30	Rot	VI–X	V, P	II–III	MV, F
Sanvitalia (Husarenköpfchen)	15	Gelb	V–X	V	III–IV	MV, F
Tagetes (Studentenblume)	15–80	Gelb, Orange, Braun	VI–X	V	III–IV	MV, F
Tropaeoleum (Kapuzinerkresse)	20–100 R	Gelb, Orange, Rot, Braun	VI–X	O	IV	F
Verbena (Eisenkraut)	25–40	Blau, Rosa, Rot, Violett	VI–X	V, P	III–IV	MV
Zinia (Zinnien) S	50–90	viele Farben	VII–X	V	IV	MV, F

Sonnenblumen *(Helianthus)*

Kapuzinerkresse *(Tropaeoleum)*

Steinkraut *(Alyssum)*

Schleifenblume *(Iberis)*

Schmuckkörbchen *(Cosmea)*

Studentenblume *(Tagetes)*

Blumenwiese

14.3 ZWEIJAHRESBLUMEN (BIENNEN) ⊙

Zweijahresblumen haben ihre Hauptblütezeit im Jahr nach der Aussaat. Die Pflanzen sterben nach der Blüte ab oder verkümmern und sind zu entfernen.

14.3.1 Verwendung

Zweijahresblumen blühen viel früher als Sommerblumen und werden daher als erster Blütenflor angepflanzt. Die Blütezeit liegt im Frühjahr bis Frühsommer, bei früher Herbstpflanzung im Herbst bis Winter. Sie finden Verwendung als Beet- und Gruppenpflanzung, zur Bepflanzung von Kistchen und Blumentrögen und als Grabschmuck. Landnelken, Glockenblumen und die Stockrosen blühen etwas später, dafür aber in den Sommer hinein.

14.3.2 Ansprüche

- **Klima:** Die meisten Arten sind winterhart und können über den Winter im Freien stehen. In sehr rauen, schneearmen Lagen ist die Frühjahrspflanzung sicherer als die Herbstpflanzung. Einige Arten von Zweijahresblumen lieben ein wärmeres Klima, z. B. Goldlack.
- **Boden und Lage:** Zweijahresblumen stellen die gleichen Ansprüche wie Sommerblumen.

14.3.3 Kulturmaßnahmen

❑ Pflanzenanzucht

Die Pflanzenanzucht erfolgt aus Samen durch eine Vorkultur im kalten Kasten oder Mistbeet. Die Pflänzchen werden pikiert. Die meisten Arten werden im Sommer gesät (Juni bis August), einige Sorten im Mai (siehe Tabelle). Die Pflanzung hat im Herbst (September) oder im Frühjahr (April) zu erfolgen.

❑ Pflanzung und Pflege

Hier gelten die gleichen Richtlinien wie für Sommerblumen.

Bartnelken *(Dianthus)*

Vergissmeinnicht *(Myosotis)*

14.3.4 Auswahlliste

Arten	Höhe / cm	Farbe	Aussaat	Pflanzung
Viola tricolor (Stiefmütterchen)	20	viele Farben	VI–VIII	IX–IV
Bellis (Maßliebchen)	20	Rot, Weiß, Rosa	VII–VIII	IX–IV
Myosotis (Vergissmeinnicht)	30	Blau	VII–VIII	IX–IV
Dianthus (Landnelken)	30	Rot, Weiß, Gelb, Rosa	V–VI	IX–IV
Dianthus (Bartnelken) S	30	Rot, Rosa, Weiß	V–VI	IX–IV
Campanula (Glockenblume) S	80	Rot, Rosa, Weiß, Blau, Lila	V–VI	IX–IV
Cheiranthus cheirri (Goldlack) S	50	Braun, Gold, Gelb	V–VI	IX–IV
Althaea (Stockrose, Malve)	180	Rot, Rosa, Gelb, Weiß	VI–VII	IX–X

Stockrose *(Malve)*

Maßliebchen *(Bellis)*

Stiefmütterchen *(Viola tricolor)*

Marienglockenblumen *(Campanula)*

14.4 STAUDEN (PERENNEN) ♃

Bei Stauden stirbt der oberirdische Teil im Herbst ab, die ausdauernden Wurzeln treiben im Frühjahr neu aus. Stauden können viele Jahre am Leben bleiben und brauchen wenig Arbeit, da sie nicht jedes Jahr kultiviert werden müssen. Sie sind dankbare Blüher und vielfältig verwendbar.

14.4.1 Verwendung

- **Niedere Arten** (Polsterstauden, 3 bis 25 cm) eignen sich für Einfassungen, als Rasenersatz, für Stein-, Alpen- und Felsgärten, für Trockenmauern und als Grabbepflanzung.
- **Mittelhohe** und **hohe Staudenarten** (0,30 bis 2 m) werden für Beetbepflanzungen, Pflanzgruppen – auch in Kombinationen mit anderen Zierpflanzen – gewählt.

14.4.2 Ansprüche

- **Klima:** Die meisten Stauden sind absolut winterhart, nur wenige Arten brauchen im Winter eine Bodenabdeckung aus Mist, Torf oder Laub.
- **Boden:** Hohe und mittelhohe Arten benötigen meist einen guten, humus- und nährstoffreichen Boden sowie regelmäßige Feuchtigkeit (Mulchdecke). Niedere Stauden und manche mittelhohe bis hohe Perennen sind anspruchslos und gedeihen auch auf armen Böden, in trockenen Lagen, zwischen Fels und Stein (Alpengarten) und in Mauerfugen (Trockenmauern). Manche Arten vertragen einen sumpfigen Standort.
- **Lage:** Je nach Art werden Sonne, Halbschatten oder Schatten gewünscht.
- **Düngung:** Es erfolgt eine Vorratsdüngung mit verrottetem Stallmist oder Kompost. Alpen- und Steingartenpflanzen sollten nicht gedüngt werden, sie sind nur mit etwas Komposterde zu umgeben.

14.4.3 Kulturmaßnahmen

❑ Pflanzenanzucht

Die Vermehrung der Stauden kann durch **Samen** oder – vegetativ – durch **Wurzelteilung** erfolgen. Aus Samen gezogene Stauden werden wie Sommerpflanzen gepflanzt. Geteilte Wurzelstöcke sollten nicht zu groß sein, da der Stock sonst bald veraltert.

❑ Pflanzhinweise

Bei der Pflanzung von Stauden ist Folgendes zu beachten:

- **Beet**
  Bei einer Neupflanzung hat eine gute Bodenbearbeitung (tiefgründig) mit Humusbeigabe zu erfolgen. Die Beetform kann verschieden sein (breit, schmal, dreieckig, asymmetrisch, geschwungen).

- **Bestand**
  Beim geschlossenen Bestand werden mehrere Pflanzen von einer Art und Farbe gesetzt, Kontrastfarben nebeneinander. Höhe, Farbe, Blütezeit und Wüchsigkeit der Nachbarpflanzen sind zu berücksichtigen. Für die **Gruppenpflanzung** setzt man mindestens 3 bis 6 Pflanzen einer Art und Farbe. Die **Einzelpflanzung** ist weniger wirkungsvoll und eignet sich nur für stark wachsende Arten und „Schnittblumenbedarf". Eine **Kombination** mit anderen Zierpflanzen, z. B. eine Gruppe von dunkelblauem Rittersporn zu rotblühenden Kletterrosen und weißen Lilien, ist sehr wirkungsvoll.

- **Pflanzabstand**
  Er sollte nicht zu gering sein, da die Stöcke sonst rasch zusammenwachsen, veraltern oder sich gegenseitig verdrängen (auch bei Polsterpflanzen). Je nach Wüchsigkeit beträgt er 30 x 30 cm bis 80 x 80 cm.

❑ Pflegemaßnahmen

Im **Herbst** werden die abgestorbenen Triebe abgeschnitten, zerkleinert und kompostiert. Der Boden ist mit der Grabgabel vorsichtig umzustechen oder nur zu lockern, wobei die Wurzeln nicht verletzt werden dürfen. Die Bodenabdeckung erfolgt mit Mist, Rohkompost oder Torf.
Im **Sommer** ist der Boden immer locker und unkrautfrei zu halten (Mulchdecke), bei Bedarf zu gießen und zu düngen. Abgeblühte Blüten werden entfernt und die Triebe etwas zurückgeschnitten. Dadurch kommt es zu einer längeren oder zweiten Blüte, da die Seitentriebe wieder austreiben und blühen.
Bei vielen Staudenarten werden die größeren älteren Stöcke mit der Zeit holzig und sterben von innen heraus ab. Ein **Verjüngen** durch **Teilung** ist hier notwendig. Noch nicht verholzte Stöcke werden durch laufendes Abstechen von Außenteilen (mit dem Spaten) jung gehalten. Verholzte alte Stücke nimmt man heraus, entfernt holzige Teile und teilt sie in Büschel. Das Verjüngen geschieht im Frühjahr vor dem Austreiben oder im Herbst.
Nicht geteilt werden Pfingstrosen, Iris, Lilien, Astilben, Akeleien und einige Mohnarten.

14.4.4 Auswahlliste

***Schwertlilie** (Iris)*

Die nachstehende Liste ist nicht vollständig. Es gibt eine Unzahl von Arten und Sorten. Informationen sind durch den Besuch einer Baumschule oder das Studium von Fachkatalogen und Fachliteratur zu erhalten.

Zeichenerklärung

○ = Sonne
◑ = Halbschatten
● = Schatten
P = Polster
A = Alpinum
R = Rasenersatz
S = Schnitt
G = Gruppe
E = Einzelstellung

Arten	Höhe cm	Farbe	Blüte-zeit	Lage	Ver-wendung
Niedere Arten					
Arabis (Gänsekresse)	15–20	Weiß, Rosa	IV–V	○ – ◑	A, P, R
Alyssum (Steinkraut)	15	Gelb	IV–V	○	A, P, R
Aster – Zwerg- (Sternblume)	15–25	Blau, Lila, Rot	VIII–IX	○	P, G
Aubrieta (Blaukissen)	10	Blau, Violett	IV–V	○	P, A, R
Bergenia (Riesensteinbrech)	25	Rot	III–V	◑ – ●	A, G
Campanula alpina (Glockenblume)	15–25	Blau, Lila	VI–VII	○	A, P
Cerastium (Hornkraut)	10–20	Weiß	V–VI	○ – ◑	A, P, R
Dianthus (Nelke)	15–30	Rot, Rosa, Weiß	V–VII	○	P, A, R, S
Doronicum (Gemswurz)	20–30	Gelb	IV–V	○	G, S, A
Geum (Nelkwurz)	30	Gelb, Orange, Rot	VI–VIII	○ – ◑	A, G, S
Helianthemum (Sonnenröschen)	20–30	Gelb, Rot, Rosa, Orange	VI–VII	○	P
Helleborus (Schneerose)	20	Weiß, Rot	XII–III	◑ – ●	A, S
Heuchera (Purpurglöckchen)	25	Rot	VI–VII	○ – ◑	P, A
Iberis (Schleifenblume)	20	Weiß	V–VI	○ – ◑	P, A, R
Iris – Zwerg- (Schwertlilie)	15–25	Blau, Gelb, Weiß, Rot	IV–V	○ – ◑	A, G
Phlox – Polster (Flammenblume)	10	Rosa, Weiß, Blau	V–VI	○ – ◑	P, A, R
Primula (Schlüsselblume)	10–20	Rot, Gelb, Weiß, Lila	III–VI	◑ – ●	A, P
Saponaria (Seifenkraut)	15	Rosa	V–VI	○	P, R, A
Saxifraga (Steinbrech)	20	Weiß, Rot, Rosa	IV–VI	○ – ◑	P, A, R
Sedum (Mauerpfeffer)	5–15	Gelb, Rosa, Rot	VI–VIII	○	P, A, R
Sempervivum (Hauswurz)	5–20	Rosa, Weiß	VI–VIII	○	P, A; R
Silene (Leimkraut)	15	Rosa	VI–VIII	○	P, A
Vinca (Immergrün)	10	Blau	IV–VI	◑ – ●	R
Viola (Veilchen)	10–15	Blau, Violett, Rosa, Weiß	III–IV	○ – ◑	G, P, S

Arten	Höhe cm	Farbe	Blüte-zeit	Lage	Ver-wendung
Mittelhohe – hohe Arten					
Achillea (Schafgarbe)	30–120	Gelb, Rot, Weiß	VI–IX	○	G, S, R, E
Aconitum (Eisenhut)	80–150	Blau, Violett	VII–IX	○ – ◑	G, S, E
Anemone (Windröschen)	40–80	Weiß, Rot, Rosa, Lila	VI–IX	○ – ◑	G, S
Aquilegia (Akelei)	50–80	Rot, Rosa, Gelb, Blau	V–VII	○ – ◑	G, S
Aster – Herbst-(Sternblume) (Ausläufer oder Horste bildend)	40–120	Blau, Lila, Weiß, Rot, Rosa	IX–XI	○	G, S, E
Astilbe (Prachtspiere)	30–90	Weiß, Gelb, Rot, Rosa	VI–VIII	○ – ◑	G, S, R
Brunnera (Kaukasus-Vergissmeinnicht)	40	Blau	IV–VI	○ – ◑	G
Campanula (Glockenblume)	50–80	Weiß, Blau, Lila, Violett	VI–VIII	○ – ◑	G, S
Chrysanthemum (Winteraster)	40–100	Gelb, Weiß, Rot, Lila, Rosa	IX–XI	○	G, S
Coreopsis (Mädchenauge)	40–90	Gelb, Bronze, Braun	VI–X	○	G, S
Delphinium (Rittersporn)	30–150	Blau, Violett, Weiß, Rosa	VI–VII	○	G, S, E
Dicentra (Herzblume)	70	Rosa	V–VI	○ – ◑	G, S, E
Digitalis (Fingerhut)	100–120	Gelb, Rosa, Weiß	VI–VII	○ – ◑	G, S
Gaillardia (Kokardenblume)	70	Rot, Gelb	VI–IX	○	G, S
Helenium (Sonnenbraut)	60–100	Gelb, Rot, Braun	VII–IX	○	G, S
Helianthus (Sonnenblume)	120–150	Gelb	VIII–X	○	G, S, E
Heliopsis (Sonnenauge)	120	Gelb, Orange	VII–IX	○	G, S
Iris (Schwertlilie)	60–90	Blau, Gelb, Rot, Weiß	V–VI	○ – ◑	G, S
Lychnis (Brennende Liebe)	40–100	Rot	VI–VIII	○ – ◑	G, S
Paeonia (Pfingstrose)	60–100	Rot, Weiß, Rosa, Lila	V–VI	○ – ◑	G, S, E
Papaver (Türkenmohn)	80	Rot	VI–VII	○	G, S, E
Phlox (Flammenblume)	70–90	Rosa, Rot, Weiß, Lila	VII–IX	○ – ◑	G, S
Rudbeckia (Sonnenhut)	60–150	Gelb, Rot	VII–IX	○	G, S, E
Salvia (Salbei)	40–80	Blauviolett	V–IX	○	G, S
Solidago (Goldrute)	60–120	Gelb	VIII–IX	○ – ◑	G, S

Blaukissen *(Aubretia)*

Riesensteinbrech *(Bergenia)*

Steinnelke *(Dianthus)*

Mauerpfeffer *(Sedum)*

Herbstaster-Sternblume *(Aster)*

Schneerose *(Helleborus)*

Rittersporn *(Delphinium)*

Kugeldistel *(Echinops)*

Brennende Liebe *(Lychnis)*

Eisenhut *(Aconitum)*

Orientalischer Mohn *(Papaver)*

Akelei *(Aquilegia)*

Färberkamille *(Anthemis)*

Pfingstrose *(Paeonia)*

14.5 ZWIEBEL- UND KNOLLENGEWÄCHSE

An Stelle eines Wurzelstockes haben diese Pflanzen Zwiebeln oder Knollen. Wie bei den Stauden stirbt der oberirdische Teil nach der Vegetation ab. Frostempfindliche Arten müssen jedes Jahr im Herbst aus dem Boden genommen werden und überwintern im Keller. Sie werden im Frühjahr neu ausgepflanzt. Frostunempfindliche Gewächse bleiben im Winter im Boden. Neupflanzungen erfolgen im Herbst.

14.5.1 Verwendung

Frühjahrsblüher haben ihre **Blütezeit** von Februar oder März bis Juni, Sommerblüher von Juni bis zu den starken Herbstfrösten.

- **Frühjahrsblüher** dienen als sehr zeitlicher Blütenflor zur Beetbepflanzung, zur Gruppenpflanzung auch in Kombination mit anderen Zierpflanzen, für Gruppen in Rasenflächen und unter Bäumen und Sträuchern, für Steingärten, Blumentröge und Kistchen.
- **Sommerblüher** eignen sich ebenfalls für Beet- und Gruppenpflanzungen, auch in Verbindung mit anderen Zierpflanzen. Starkwüchsige Arten wirken auch als Einzelpflanzen.

14.5.2 Ansprüche

- **Klima:** Es gibt frostempfindliche und frostunempfindliche Arten. Wird die richtige Pflanzzeit gewählt, können sie in jedem Klima kultiviert werden.
- **Boden:** Er soll locker, tiefgründig, humus- und nährstoffreich sein und keine Stallmistdüngung erhalten.
- **Lage:** Zwiebel- und Knollengewächse bevorzugen Sonne bis Halbschatten, einige Arten gedeihen auch im Schatten.

14.5.3 Kulturmaßnahmen

❑ Pflanzenanzucht

Die Pflanzenanzucht erfolgt in Gärtnereien und vegetativ durch **Brutzwiebeln** oder **Teilung** der Knollen. **Ausgepflanzt** wird an Ort und Stelle, nur Dahlien können eventuell im Mistbeet vorgetrieben werden. **Nicht frostempfindliche** Arten werden im **Herbst** gepflanzt (September bis November), **frostempfindliche Gewächse** im **Frühjahr** (Anfang bis Mitte Mai). Sobald die Triebe aus der Erde schauen, sollte es bei frostempfindlichen Arten keine Fröste mehr geben.

❑ Pflanzhinweise

Bei der Pflanzung der Zwiebel- und Knollengewächse ist Folgendes zu beachten:

- **Beet:** Eine gute Vorbereitung erfolgt durch tiefes Umstechen und Humusbeigabe (kein Stallmist). Die Beetform kann verschieden sein (siehe Stauden).

- **Bestand:** Beim geschlossenen Bestand wird das gesamte Beet mit Pflanzen der gleichen Art, Höhe und Farbe vollgepflanzt. Für die Gruppenpflanzung wähle man mindestens 8 bis 20 Pflanzen der gleichen Art. Eine Einzelpflanzung wirkt nur bei starkwüchsigen Arten und Sorten, z. B. große Dahlien.
- **Pflanzabstand:** Die diesbezüglichen Angaben auf der Verpackung sind genau zu beachten.
- **Pflanzgerät:** Es wird ein Setzschauferl oder ein Spezialholz verwendet.
- **Pflanztiefe:** Als Faustregel gilt: Der doppelte Zwiebeldurchmesser = Pflanztiefe.
- **Bodenabdeckung:** Vor allem in rauen, schneearmen Lagen ist es günstig, den Boden nach der Pflanzung mit Torf oder Mist abzudecken.

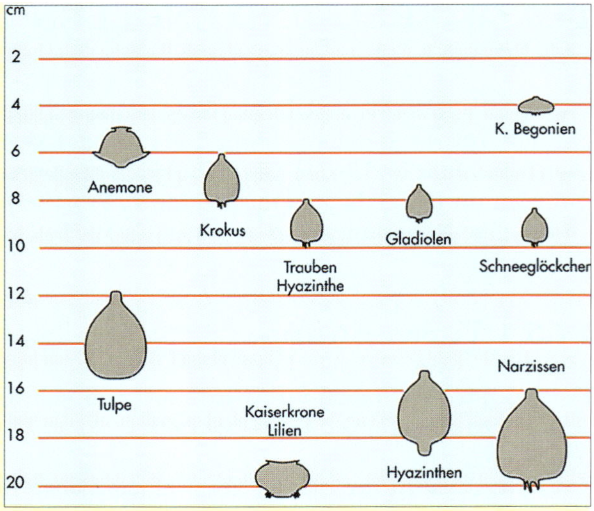

❑ Pflegemaßnahmen

Abgeblühte Blumen werden entfernt, Blätter und Stiele erst nach dem Gelbwerden der Blätter (Einziehen der Nährstoffe) abgeschnitten.

Zum **Überwintern** werden frostempfindliche Zwiebeln und Knollen aus dem Boden genommen, in Torf eingeschlagen (Stängelansatz nach unten) und frostsicher aufbewahrt.

14.5.4 Auswahlliste

Zeichenerklärung

H	= Herbst	R	= Rasenpflanzung
F	= Frühjahr	S	= Schnitt
W	= Winter – Bodenabdeckung	B	= Beet
Fr	= Frostempfindlich	G	= Gruppenpflanzung
UK	= Unterkultur	A	= Alpinum, Steingarten
FB	= Fensterblumen	E	= Einzelpflanzung

Römische Zahl = Blütezeit

Arten	Höhe cm	Farbe	Blüte-zeit	Pflanz-zeit	Kli-maan-sprü-che	Verwen-dung
Tulpen	15–90	Rot, Rosa, Weiß, Gelb, bunt	IV–VI	H	–	B, G, R, A
Narzissen	50	Weiß, Gelb, gemischt	IV–VI	H	–	B, G, R, A
Hyazinthen	25	Rot, Rosa, Blau, Weiß, Gelb	IV–V	H	–	B, G
Muscari (Traubenhyazinthe)	15	Blau, Weiß	IV–V	H	–	B, G, A, UK
Scilla camp. (Waldhyazinthe)	30	Rosa, Weiß, Blau, Lila,	IV–V	H	–	B, G
Scilla sib. (Blausternchen)	10	Blau	III–IV	H	–	B, G, A, UK
Galanthus (Schneeglöckchen)	15	Weiß-Grün	II–IV	H	–	G, R, A, UK
Leucojum (Frühlingsknoten-blume)	15	Weiß-Grün	II–IV	H	–	G, R, A, UK
Krokus	10	Weiß, Gelb, Blau, Lila, Rot	III	H	–	G, A, R
Ranunkeln	30	Rot, Rosa, Weiß, Gelb, Blau	VII–VIII	F	–	G, S
Ixia (Klebschwertl)	40	Rot, Rosa, Gelb, Weiß	VII	H	W	G, S
Anemonen	30	Rot, Blau, Weiß, Violett	VII	F	Fr	G, S
Iris (Schwertlilien)	10–90	Gelb, Blau, Weiß, Rot	IV–VI	H, F	–	G, S, A, UK
Lilien	90–100	Weiß, Gelb, Rot, Orange	VII–VIII	H, F	W	G, S, E
Monbretien (Haferlilien)	50	Orange	VIII–IX	F	Fr	G, S
Maiglöckchen	20	Weiß-Grün	V–VI	H	–	B, G, S, A
Knollenbegonien	25	viele Farben	VII–X	F	Fr	B, G, FB
Dahlien	25–150	viele Farben	VII–X	F	Fr	B, G, S, E
Gladiolen	80–120	viele Farben	VII–X	F	Fr	B, G, S
Kaiserkronen	60–100	Gelb, Orange	IV–V	H	W	B, G, E

Narzissen

Maiglöckchen

Tulpe

Krokus

Traubenhyazinthe *(Muscari)*

Frühlingsknotenblume *(Leucojum)*

14.6 BÄUME UND STRÄUCHER

Bäume und Sträucher geben unserem Garten das Gepräge und bilden den Grünraum im Gegensatz zur Grünfläche von Rasen oder Wiese. Sie sind dekorativ, spenden Schatten und wirken schützend gegen Sicht, Wind, Lärm und Staub. Singvögel haben im Geäst ihre Brutstätten. Vorhandene Bäume sollten nach Möglichkeit nicht gefällt, sondern in die Gestaltung einbezogen werden.

Bodendecker:
Laubgehölz *Cotoneaster (Fruchtschmuck)*

14.6.1 Wirkung

Laubgehölze wirken durch ihre Laubfärbung (Herbst), sie tragen meist auch Blüten- und Beerenschmuck. Mit wenigen immergrünen Ausnahmen sind sie im Winter kahl, die unbelaubten Zweige sind ebenfalls sehr effektvoll.
Nadelgehölze sind meist immergrün und weisen verschiedene Grünschattierungen auf. Im Sommer lockert ihr Grün den Blütenflor des Gartens auf, im Winter wirkt es belebend. Durch ihren unterschiedlichen Wuchs bieten sie eine große Formenvielfalt.

Bei der **Auswahl von Bäumen und Sträuchern** ist Folgendes zu überlegen:

- Anspruch an Klima, Lage und Boden
- Hausstil, Umgebung, Landschaft, andere Pflanzen
- Verwendungszweck
- Größe des ausgewachsenen Baumes, Kronenformen
- Größe, Höhe und Breite des ausgewachsenen Strauches

❑ Möglichkeiten der Anordnung von Bäumen

Einzelstellung (Solitär): für großkronige Bäume; bei kleineren Flächen
Gruppenpflanzung: für kleinkronige Bäume, in Verbindung mit Sträuchern; bei großen Flächen
Reihenpflanzung: einreihig als Begrenzung, Sicht- und Windschutz; **zweireihig** als Allee

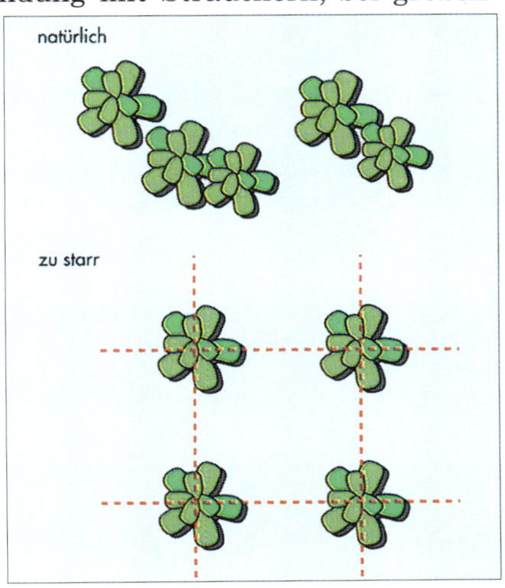

❑ Möglichkeiten der Anordnung von Sträuchern

Einzelstellung: wirkungsvoll nur bei großwüchsigen Arten
Gruppenpflanzung: größte Wirkung bei mehreren Pflanzen gleicher Art und Farbe. Bei gemischten Gruppen sind Höhe, Breite und Blütezeit der Nachbarpflanzen zu berücksichtigen.
Gruppe Baum – Strauch: natürliche, harmonische Wirkung bei unregelmäßigen, lockeren, der Höhe nach abgestuften Gruppen.

Gruppe: Baum – Strauch

Gruppe: Baum – Bodendecker

Reihenpflanzung – Hecke: eigenes Element im Garten als Begrenzung, Sicht-, Lärm- und Staubschutz, zur Abdeckung von Bauwerken, Kahlflächen und Böschungen, als Hinter- und Vordergrund und als lebender Zaun.

Frei wachsende Hecken wirken natürlich. Verwendung finden dafür alle dicht wachsenden Ziersträucher, die durch Blüten oder Laubfärbung wirken.

Geschnittene Hecken wirken gekünstelt und sollten zum Stil des Hauses und der Umgebung passen.

Immergrüne Hecken sind meist Nadelgehölze, es gibt aber auch immergrüne Laubhecken. Sie bieten auch im Winter eine Abschirmung.

Kletterpflanzen: zum Bewachsen von Wänden, Spalieren, Pergolen und Säulen.

Bodendecker: zur Bodenabdeckung bei kleinen Flächen, Böschungen, Winkeln und überall dort, wo das Mähen schwierig ist.
Als Bodendecker eignen sich flach wachsende bzw. niedere, sehr dicht wachsende Gehölze aus dem Bereich der Laub- und Nadelgehölze.
Es werden immer mehr höhere Arten auch für diesen Zweck nieder wachsend gezüchtet (siehe Baumschulkataloge und unsere kleine Auswahlliste).

14.6.2 Ansprüche

- **Klima:** Bodenständige Arten passen zum Klima, fremdartige Gewächse sind oft klimaempfindlich.
- **Boden:** Bäume können Flach- oder Tiefwurzler sein. Die meisten Sträucher stellen keine besonderen Ansprüche an den Boden. Es gibt Ausnahmen, die Kalkböden wünschen, und solche, die saure Böden bevorzugen (Rhododendron). Einige Arten vertragen Trockenheit, andere sumpfige Standorte.
- **Lage:** Es gibt für jede Lage das gewünschte Gewächs, da Bäume und Sträucher artweise verschiedene Ansprüche stellen.

Auskünfte über die verschiedenen Arten, Sorten und deren Ansprüche geben Baumschulen, Gärtnereien, Kataloge und Fachliteratur.

14.6.3 Kulturmaßnahmen

❑ Pflanzenanzucht

Sämlinge und Jungpflanzen erhält man aus Baumschulen oder dem eigenen Wald. Vegetativ kann die Vermehrung durch Veredlung, Ableger, Absenker, Wurzelaustriebe und Stecklinge erfolgen.
Die Pflanzzeit ist Frühjahr oder Herbst, für Containerpflanzen mit Wurzelballen auch der Sommer.

❑ Pflanzhinweise

Bei der Pflanzung von Sträuchern und Bäumen ist Folgendes zu beachten:

- Der Pflanzabstand: Er richtet sich nach der Größe des ausgewachsenen Baumes oder Strauches. Die Abstände zum Haus, zur Nachbargrenze und zu den übrigen Gartenanlagen sind zu beachten.

- **Pflanzen mit losen Wurzeln – sofort pflanzen**

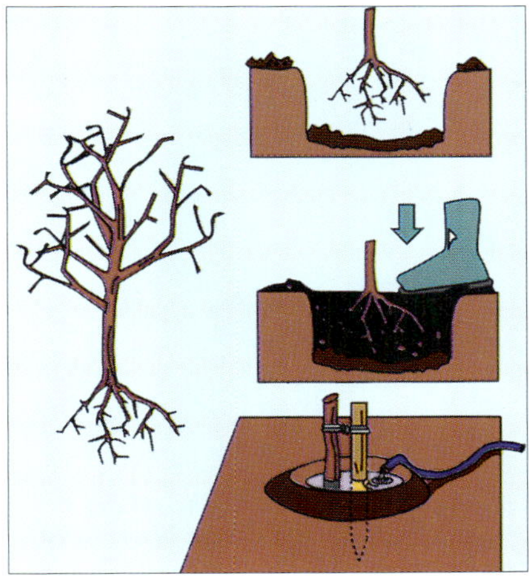

1. Wurzelende kürzen
2. Pflanze einige Stunden wässern
3. Pflanzloch genügend groß ausheben (doppelte Größe wie Wurzelwerk, Grund des Pflanzloches tief auflockern)
4. Ausgehobenes Erdreich aufbessern (mit gut gewässertem Torf oder Kompost)
5. Pflanze einsetzen, dabei Wurzeln nicht umknicken
6. Erdreich einfüllen, festtreten
7. Gießrand formen, Pflanze einschlämmen
8. Große Pflanzen mit einem Pfahl befestigen
9. Pflanzschnitt der Triebe durchführen

- **Ballenpflanzen**

1. Pflanzloch genügend groß ausheben (doppelte Größe wie Ballen, Grund des Pflanzloches tief auflockern – bei schweren, nassen Böden Drainageschicht einbringen)
2. Ausgehobenes Erdreich aufbessern (mit gut gewässertem Torf oder Kompost)
3. Pflanze mit Ballen bis zur Ballenhöhe einpflanzen. Ballentuch bzw. Drahtgitter öffnen, evtl. Gummibänder entfernen
4. Erdreich auffüllen, vorsichtig festtreten
5. Gießrand formen, Pflanze einschlämmen
6. Große Pflanzen mit einem Pfahl befestigen.

• **Containerpflanzen**

1. Pflanzloch genügend groß ausheben (doppelte Größe des Containers, Grund des Pflanzloches tief auflockern – bei schweren, nassen Böden Drainageschicht einbringen)
2. Ausgehobenes Erdreich aufbessern (mit gut gewässertem Torf oder Kompost)
3. Container vor dem Pflanzen ins Wasser stellen
4. Topf oder Foliencontainer entfernen
5. Randwurzeln nur bei dicht durchwurzeltem Topfballen leicht aufreißen
6. Pflanze in das Pflanzloch stellen
7. Erdreich einfüllen, festtreten
8. Gießrand formen, Pflanze einschlämmen
9. Große Pflanzen mit einem Pfahl befestigen

Die Baumscheiben mit Mulch bedecken.

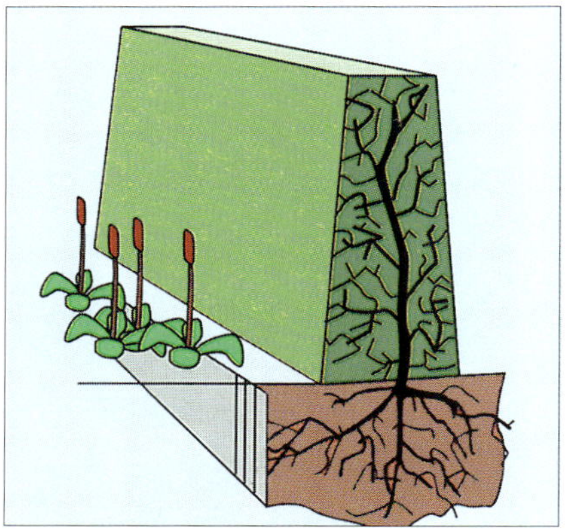

***Schräger, konischer Schnitt** der Seitenwände erhält die Hecke bis zum Boden dicht und grün*

❑ Pflegemaßnahmen

Bei **Bäumen** werden angebrochene, abgestorben Äste entfernt. Zur Verjüngung sind einige alte Äste herauszuschneiden, die Krone ist aber nicht abzuwerfen (unnatürlich, hässlich).
Bei **Sträuchern** entfernt man abgestorbene und geknickte Zweige. Sie sind alle zwei Jahre etwas auszulichten, wobei das alte Holz entfernt wird. Dadurch bleiben sie länger jung. Blütenstände sind nach dem Verblühen abzuschneiden.
Frei wachsende Hecken brauchen wenig Pflege. Sie werden nur ausgelichtet.
Geschnittene Hecken werden 1- bis 2-mal (im Sommer und im Winter) in eine regelmäßige Form geschnitten. Sie erfordern durch den notwendigen Schnitt viel Arbeit und Zeit.
Bodendecker sind nach dem Anwachsen eigentlich völlig pflegefrei, es kommt darunter auch kein Unkraut mehr auf. In dieser Arbeitsersparnis liegt ihr eigentlicher Sinn.

Laub- und Nadelgehölze

Sträucher, welche natürlich wachsen, brauchen kaum Pflegearbeit. Sie können jahrzehntelang schön bleiben und ihre Wirkung behalten.
Bäume benötigen ebenfalls wenig Pflege. Sie kommen erst mit den Jahren zur vollen Entfaltung, manche Baumarten brauchen dazu 50 bis 80 Jahre. Alte Bäume sollten unter Naturschutz gestellt werden. Auch Nutzbäume (Obstbäume, Wald) können in die Gartengestaltung einbezogen werden.

Blutahorn

Eberesche

14.6.4 Auswahlliste

Zeichenerklärung

○ = Sonne	Bd. = Bodendecker	Bf. = Blattfärbung
◑ = Halbschatten	W = Wuchs	Nf. = Nadelfärbung
● = Schatten	G = Gruppen	Rf. = Rindenfärbung
B = Baum	H = Hecken	Be. = Beerenschmuck (Frucht)
St. = Strauch	A = Alpinum (Steingarten)	Bl. = Blüten
K = Kletterpflanze	E = Einzelstellung	

Laubgehölze

Arten	Baum Strauch	Höhe m	Lage	Verwendung Schmuckwirkung
Acer (Ahorn)	B, St.	1,5–20	○ – ●	E, G, A, Bf.
Aesculus (Rosskastanie)	B, St.	3–20	○ – ◑	E, G, H, A, Bl.
Berberis (Berberitze)	St.	0,3–3	○ – ◑	E, G, H, A, Bf., Be
Betula (Birke)	B, St.	1–20	○	E, G, Bf., Rf.
Buddleia (Sommerflieder)	St.	2	○	E, G, Bl.
Calluna (Herbstheide)	St.	0,2–0,6	○ – ◑	G, A, Bd, Bl.
Chaenomeles (Japan. Quitte)	St.	1–2,5	○ – ◑	E, G, H, Bl.
Clematis (Waldrebe)	St. K	2–4	○ – ●	E, G, K, Bl.
Cornus (Hartriegel)	St.	1,5–3	○ – ●	E, G, H, Bf., Rf.
Corylus (Haselnuss)	St.	2–5	○ – ●	E, G, H, Bf.
Cotoneaster (Steinmispel)	St.	0,1–3	○ – ●	E, G, H, A, Bd., Bf., Be.
Crataegus (Weiß-, Rotdorn)	St., B	4–7	○ – ◑	E, G, H, Bl.
Cystisus (Ginster)	St.	0,2–2	○ – ◑	E, A, Bl.
Deutzia (Maiblumenstrauch)	St.	0,7–3	○ – ◑	E, G, H, A, Bl.
Erica carnea (Schneeheide)	St.	0,2	○ – ●	Bd., A, Bl.
Euonymus (Pfaffenkapperl)	St.	0,3–6	○ – ◑	E, H, A, Bf., Be.
Fagus (Buche)	B, St.	3–30	○ – ◑	E, Bf.

Arten	Baum Strauch	Höhe m	Lage	Verwendung Schmuckwirkung
Forsythia (Goldglöckchen)	St.	1–3	○ – ◑	E, G, H, Bl.
Hedera (Efeu)	St., K	4–10	◑ – ●	E, G, K, Bd.
Hibiscus (Eibisch)	St.	0,6–3	○	E, Bl.
Hypericum (Johanniskraut)	St.	0,2–1	○ – ●	G, Bd., Bl.
Kerria (Ranunkelstrauch)	St.	2	○ – ●	E, G, H, Bl.
Laburnum (Goldregen)	St.	3–5	○ – ●	E, Bl.
Lonicera (Geißblatt)	St., K	3–4	○ – ●	K, Bl.
Magnolia (Magnolie)	St.	1–10	○ – ◑	E, G, Bl.
Philadelphus (Jasmin – fälschlich)	St.	1,5–3	○ – ●	E, G, H, Bl.
Potentilla (Fünffingerstrauch)	St.	0,2–1,5	○	G, H, A, Bd., Bl.
Prunus (Zierkirsche und Pflaume)	St., B	1–10	○	E, G, Bl.
Pyracantha (Feuerdorn)	St.	2–3	○ – ◑	E, G, H, Be.
Parthenocissus (Veitschi, Wein)	St., K	5–20	○ – ●	K, Bf.
Rhus (Essigbaum)	St.	2–5	○	E, Bf.
Rhododendron und Azaleen	St.	1–3	◑ – ●	E, G, H, Bl.
Salix (Weide)	B, St.	1–15	○ – ◑	E, G, H, Bl., W
Sorbus (Eberesche)	B, St.	3–10	○ – ◑	E, Bf., Be.
Spiraea (Spieren)	St.	0,3–3	○ – ◑	E, G, H, Bl., Bf.
Syringa (Flieder)	St.	2–4	○ – ●	E, G, H, Bl.
Tilla (Linde)	B	20–40	○ – ◑	E, W, Bf.
Viburnum (Schneeball)	St.	1–3	○ – ●	E, H, Bl., Bf.
Weigela (Weigelie)	St.	0,8–3	○ – ◑	E, H, Bl., Bf.
Wisteria (Glyzinie)	St., K	10	○	E, K, Bl.

Nadelgehölze (Koniferen)

Arten	Baum Strauch	Höhe m	Lage	Verwendung Schmuckwirkung
Abies (Tanne)	B	0,5–30	○ – ◑	E, A, Nf., W
Chamaecyparis (Scheinzypresse)	B, St.	0,8–8	○ – ◑	E, A, Nf., W, H, Bd.
Juniperus (Wacholder)	St.	0,2–8	○ – ◑	E, G, A, H, Nf., W, Bd.
Picea (Fichte)	B, St.	0,6–20	○ – ◑	E, G, A, H, Nf., W
Pinus (Kiefer)	B, St.	0,5–20	○	E, G, A, Nf., W
Taxus (Eibe)	B, St.	0,5–4	○ – ●	E, G, A, Nf., W, H, Bd.
Thuja (Lebensbaum)	B, St.	0,5–10	○ – ◑	E, G, A, Nf., W, H

Bei Laub- und Nadelgehölzen gibt es eine große Vielfalt an Arten und Sorten. Ein Besuch in einer Baumschule lohnt sich. Kataloge anfordern und studieren!

Cotoneaster

Kolkwitzie

Ranunkelstrauch, Kerria

Japanische Quitte

Weigelie

Pfeifenstrauch („Jasmin“)

Weigelie

Blutberberitze

Goldglöckchen, Forsythia

14.7 ROSEN

Rosen sind Blütensträucher und werden, da sie zu den schönsten Blühern im Garten zählen, meist besonders hervorgehoben und speziell behandelt.

14.7.1 Verwendung

Rosen können einzeln (solitär), in Gruppen (Beet) und in Reihen (Hecke) oder zur Bodenabdeckung gepflanzt werden.

- Die **Einzelstellung** (solitär) wirkt besonders bei starkwüchsigen Strauchrosen, Park- und Kletterrosen in Kombination mit grünen Nadelgehölzen.
- Für die **Gruppenpflanzung** eignen sich die Beetrosen, vor allem reich blühende Polyantharosen. Größte Wirkung erzielt man durch die geschlossene Anordnung von Rosen einer Art und Farbe in Beetform. Bei gemischten Beständen sind immer Gruppen von 8 bis 15 Stück je Art und Farbe zu setzen. Der Pflanzenabstand hängt von der Starkwüchsigkeit ab und beträgt 30 x 30 cm bis 40 x 40 cm im Dreiecksverband. Rosenbeete wirken besonders schön in Verbindung mit Grünflächen oder als Vordergrund von Nadelhölzern (Koniferen).
- Für **Rosenhecken** eignen sich vor allem Strauch- und Parkrosen. Auch hier wird die größte Wirkung durch eine Art und eine Farbe erreicht.
- Für die **Bodenabdeckung** werden bei kleinwüchsigen Sorten 3 bis 5 Pflanzen, bei starkwüchsigen Sorten 2 bis 3 Pflanzen pro m^2 benötigt.

Nach Eigenart und Verwendung unterscheidet man folgende Rosenarten:

- **Edelrosen** tragen am Triebende eine edel geformte Blüte. Ihre Blütezeiten sind Frühsommer und Herbst, dazwischen liegt eine Blühpause. Sie werden als Hochstamm oder Busch gezogen und als Beet- oder Schnittrosen verwendet.
- **Polyantharosen**, **Floribundarosen** tragen am Triebende ein ganzes Büschel Blüten. Sie blühen reich und ohne Pause vom Frühsommer bis zum Spätherbst. Manche Arten haben edelrosenähnliche Blüten. Sie sind als Beetrosen bestens geeignet.
- **Strauchrosen** sind starkwüchsige Buschrosen von 1 bis 2 m Höhe. Ihre Blüte ist der der Polyantharose ähnlich. Sie finden als Einzelstrauch, Gruppe oder Hecke Verwendung und erfordern wenig Arbeit, da kein Schnitt notwendig ist.

Polyantharosen/Floribundarosen

- **Kletterrosen** sind fleißige Blüher mit oft edelrosenähnlichen Blüten. Man verwendet sie zum Beranken von Flächen, Wänden, Säulen, Pergolen, Eingängen, Baumstämmen und als Hängerosen für Böschungen und Mauern.
- **Park-, Wild-** oder **Moosrosen** sind einfache, robuste Sträucher, die durch einfache Blüten oder Früchte wirken und als Einzelsträucher, als Gruppen zum Abdecken oder vor Bäumen und als Hecke verwendet werden.
- **Zwergrosen** sind 20 bis 30 cm hoch und eignen sich nur zur Grabbepflanzung oder zur Pflanzung in Gefäßen.
- **Bodendeckerrosen** stellen eine attraktive Form der Bodenbedeckung dar. Sie sind 0,20 bis 1 m hoch. Es sind nur wurzelechte Pflanzen zu verwenden.

14.7.2 Ansprüche

- **Klima:** Rosen gedeihen besser in etwas wärmerem Klima; in raueren Gegenden muss im Winter der Boden mit Mist, Torf oder Laub abgedeckt werden.
- **Boden:** Sandiger Lehmboden mit Humus und reichlicher Nährstoffversorgung ist am besten geeignet. Nach einigen Jahren wird der Boden rosenmüde und soll vor einer neuerlichen Rosenkultur einige Zeit mit anderen Zierpflanzen bepflanzt werden.
- **Lage:** Bevorzugt wird ein sonniger, höchstens halbschattiger, etwas geschützter Standort.

14.7.3 Kulturmaßnahmen

❑ Pflanzhinweise

Bei der Pflanzung von Rosen ist Folgendes zu beachten:

- **Pflanzzeit:** Gepflanzt werden Rosensträucher im Herbst oder in rauen Lagen im Frühjahr.
- **Bodenvorbereitung:** Sie erfolgt durch tiefgründiges Umstechen und, bei Strauchrosen, durch das Anlegen von Baumscheiben. Die Erde wird mit Kompost, Torf oder Rosenmull vermischt.
  Rosenstöcke werden vor dem Pflanzen eingewässert oder in Lehmbrei getaucht. Die Wurzeln sind um 1/4 bis 1/3 zurückzuschneiden.
- **Pflanztiefe:** Die Veredlungsstelle soll 4 bis 5 cm unter die Erde kommen. Beim Einsetzen wird lockere Erde zwischen die Wurzeln gegeben und gut festgedrückt. Nach der Pflanzung wird reichlich mit Wasser eingeschlämmt, nach dem Versickern gibt man nochmals locker Erde um den Strauch. Ein ständiges Feuchthalten der Pflanzung ist wichtig. Boden bedecken (mulchen).
  Die Triebe werden auf 2 bis 4 Augen gekürzt, bei einer Herbstpflanzung allerdings erst im Frühjahr. Bis zum Anwachsen wird der Strauch bis über die unteren Augen angehäufelt.
- **Bodenabdeckung:** Eine Bodenabdeckung mit Stallmist oder Torf schützt die Pflanze vor dem Austrocknen.

Pflanzhinweise für Rosen

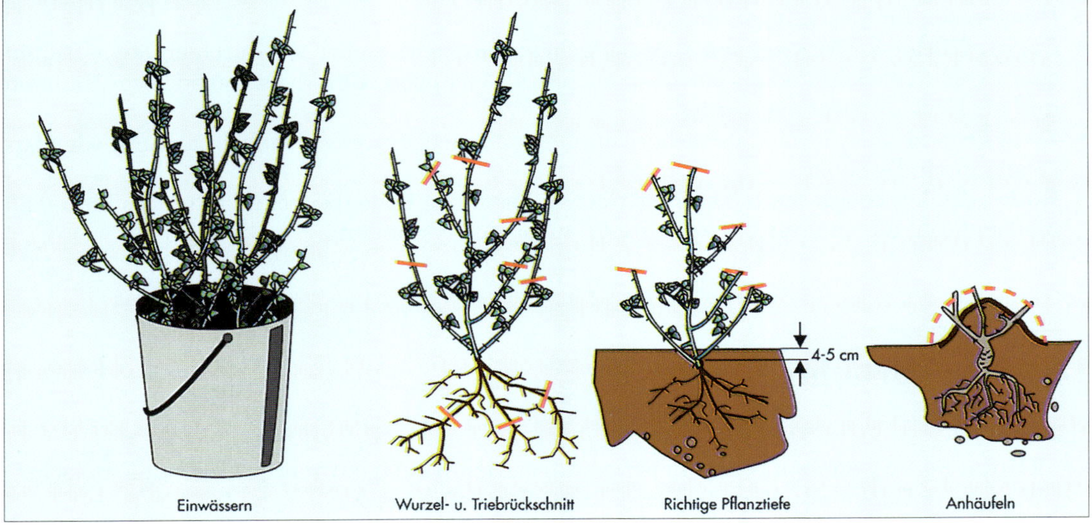

***Buschrose**, geschnitten und angehäufelt*

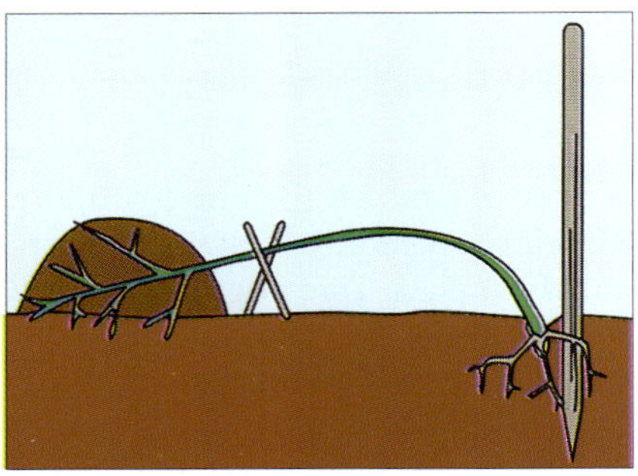

***Hochstammrosen** im Winter umlegen und anhäufeln. Ältere Pflanzen mit stärkeren Stämmen erhalten Kronenschutz mit einer Rosenschutzhaube*

❑ Pflegemaßnahmen

Im **Frühjahr**, nach dem Aufhören der Kälte, sind die Rosen abzuhäufeln und zurückzuschneiden. Dabei dürfen keine Augen verletzt werden.

Beim Rosenschnitt ist Folgendes zu beachten:

Beet- und **Hochstammrosen** werden auf 2 bis 4 Augen zurückgeschnitten, das oberste Auge soll außenstehend sein. Abgebrochene, dünne und sich kreuzende Zweige sind auszuschneiden. Die Rose soll locker wirken. Aus jedem Auge treibt ein Zweig, die Rosen blühen an diesem einjährigen Trieb.
Kletterrosen sollten nicht zurückgeschnitten werden, da sie am 2-jährigen Holz blühen. Sie werden nur etwas ausgelichtet, altes starkes Holz wird entfernt; damit bleibt die Rose jung. Kletterrosen werden meist an einem Spalier gezogen.
Strauch- und **Parkrosen** werden ebenfalls nur ausgelichtet, das alte Holz wird entfernt.

Im **Sommer** sind abgeblühte Blüten zu entfernen und die Triebe dabei etwas zurückzuschneiden. Durch Bearbeiten und Mulchen ist der Boden locker und unkrautfrei zu halten. Bei Bedarf wird mit Rosendünger gedüngt. Ungeziefer und Schädlinge werden bekämpft.
Im **Herbst**, vor dem Zufrieren, werden die Rosen mit Erde oder einer Mischung aus Erde, Torf und Mist angehäufelt (3 bis 4 Augen sollten mit Erde bedeckt sein). Diese Maßnahme dient dem Frostschutz. Hochstammrosen müssen dazu zur Erde gebogen werden.

Das Rosenbeet wird mit der Grabgabel vorsichtig umgestochen oder gelockert, gemistet und mit einer Abdeckung versehen.
Als Winterschutz werden auch Vliesdecken und -hauben angeboten.
Bei **Winterbeginn** wird den Rosensträuchern mit Reisig eine Schattendecke gegeben, damit die Sonne im Februar und März nicht zu früh das Antreiben anregt.

14.7.4 Auswahlliste

Sorte	Farbe	Höhe	Eigenschaften
Polyantharosen, Floribundarosen			
Brennende Liebe	Dunkelrot	80 cm	grobblumig, edelrosenähnlich, kräftig
Europeana	Rot	40 cm	leuchtende Farbe, blühwillig, gesund, frosthart
Goldrausch	Gelb	70 cm	kräftiger Wuchs, krankheitsfrei
Lili Marleen	Dunkelrot	50 cm	edelrosenartige Blüten, Dauerblüher
Marlena	Rot-Orange	35 cm	niedriger Wuchs, leuchtende Farben
Masquerade	Rot-Gelb	70 cm	starkwüchsig, 2-Farben-Spiel
Orang-Triumph	Orangerot	60 cm	stark wachsend, dichte Blütenbüschel
Queen Elizabeth	Rosa	80 cm	edelrosengleich, hoch wachsend, gesund, reich blühend
Gruß an Aachen	Weiß	40 cm	gedrungener Wuchs, gesunde Belaubung, gefüllte Blüten
Edelrosen, Teehybriden			
First Lady	Rosa	60 cm	edle Form, starker Duft, witterungsbeständig
Gloria Dei	Gelb	80 cm	stark wachsend, große, edle Blüten, gesund, frosthart
Konrad Adenauer	Dunkelrot	80 cm	kräftiger Wuchs, lange Haltbarkeit, starker Duft
Kletter- und Schlingrosen			
New Blaze	Rot	3 m	Blüten groß, halb gefüllt, haltbar
Heidelberg	Rot	2 m	unermüdlich blühend, große, gefüllte, leuchtende Blüte
New Dawn	Rosa	3–4 m	glänzende, gesunde Belaubung, frosthart, edelrosengleich
Öfter blühende Strauchrosen			
Fontaine	Dunkelrot	2 m	edelrosengleiche Blüten in reicher Zahl
Feuerwerk	Orangerot	1,5 m	halb gefüllte Blüten mit großen Staubgefäßen
Nymphenburg	Orangerosa	1,5 m	gut gefüllte Blüten bis zum Frost
Schneewittchen	Weiß	1 m	Blüten edelrosengleich, reich blühend
Zitronenfalter	Gelb	1,25 m	Blüten edelrosengleich, Rosenduft, buschig

Sorte	Farbe	Höhe	Eigenschaften
Park- und **Wildrosen**			
Frühlingsgold	Gelb	2 m	reich blühend, lange haltbar
Parkjuwel	Blutrot	1,5 m	edelrosengleich, reich blühend, buschiger Wuchs
Rosa rugosa	Lila	2 m	reich blühend, Früchte, als Heckenpflanze geeignet
Bodendeckerrosen	Rot, Weiß, Rosa	0,2–1 m	bei dichter Bepflanzung bodendeckend

Ein Besuch in einer Baumschule zur Zeit der Rosenblüte ist ein Erlebnis; man findet dort auch die passende Sorte für den eigenen Garten. Beschreibungen und Bilder sind ebenfalls in Baumschulkatalogen enthalten.

14.8 BALKON- UND FENSTERBLUMEN

Für Balkon- und Fensterblumen werden aus den verschiedenen Blumengruppen geeignete Arten genommen. Die Blumen sollten nicht zu hoch werden. Halb hängende oder hängende Arten eignen sich besonders zu diesem Zweck. Die Leuchtkraft der Blütenfarbe und die Blühwilligkeit sind für diese Verwendung äußerst wichtig.

14.8.1 Auswahlkriterien bei Balkon- und Fensterblumen

Bei der Auswahl der Balkon- und Fensterblumen ist Folgendes zu beachten:

Beispiel für gelungenen ***Balkonschmuck***

- Je nach Fensterlage wählt man Blumen, die pralle Sonne, Halbschatten oder Schatten wünschen. Auf der Wetterseite sollten diese Pflanzen auch windbeständig sein.
- Die Pflanzen sollen zur Art des Hauses und der Umgebung passen. Durch leuchtende und dunklere Farben auf hellen Wänden und hellere, zartere Farben auf dunklen Hintergründen wird eine Kontrastwirkung erreicht.
- Einfärbige Bepflanzungen haben eine größere Leuchtkraft und Fernwirkung.
- Eine Hauptfarbe mit einer Zwischenbepflanzung in einer anderen Farbe kann auflockernd und belebend wirken. Von hellen Farben (Gelb, Weiß) kann weniger genommen werden. Bei mehrfärbigen Bepflanzungen ist auf eine gute Farbzusammenstellung zu achten. Die Weitenwirkung ist hier geringer. Die Pflanzen müssen die gleichen Kulturansprüche haben.

- Große Balkonkästen (Tröge) können auch mit ausdauernden Pflanzen, Koniferen oder Kletterpflanzen bepflanzt werden.

Bei der Gestaltung der Balkon- und Fensterkästen unterscheidet man zwischen der Frühjahrsbepflanzung und dem Sommerflor.

14.8.2 Pflanzgefäße

❑ Arten

Blumentöpfe werden vorwiegend für die Anzucht verwendet. Als Behälter eignen sich vor allem **Kistchen**, aber auch **Tröge** aus Kunststoff, Eternit oder evtl. aus Holz.

❑ Anforderungen an Fensterkistchen

Sie sollen folgende Größe aufweisen: Breite 18 cm, Höhe 18 cm, Länge 0,60–1,20 m. Als **Farbe** ist die natürliche oder imprägnierte Holzfärbung oder ein unauffälliges, zum Haus passendes Aussehen (Steingrau) zu wählen. Die Blumen sollen wirken, nicht der bunte Anstrich der Pflanzgefäße.
Blumenkistchen sollten im Boden **Abzugslöcher** haben. Bei empfindlichen Fassaden können unter die Kistchen Untertassen gestellt werden.

❑ Anbringung von Fensterkistchen

Dabei sind folgende Grundsätze zu beachten:

Sicherheit: Die Gefäße müssen so sicher angebracht sein, dass sie auch bei vollem Gewicht und bei Wetterstürmen nicht zur Erde fallen. Erforderliche Haken sollten Kistchengröße haben und mit 2 bis 3 Schrauben am Fensterstock angeschraubt sein.
Licht und Luft in der Wohnung: Die Fenster- und Balkonblumen dürfen den Wohnräumen kein Licht wegnehmen und das Öffnen der Fenster nicht erschweren.

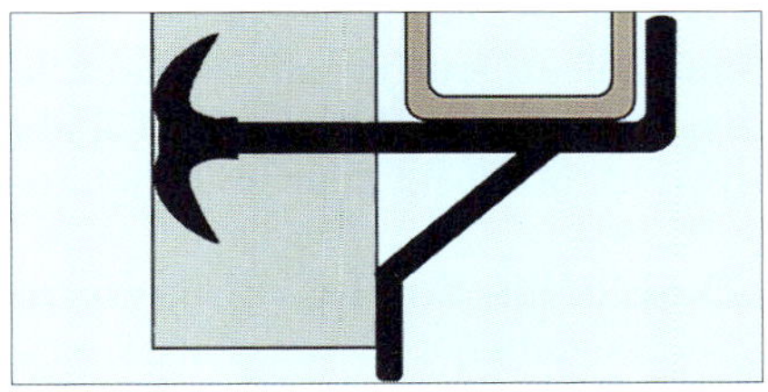

Beispiel für das Anbringen von ***Fensterkistchen***

Pflegemöglichkeit: Laufende Pflegemaßnahmen, wie Bewässerung, Düngung und Ausplücken, sollten leicht durchzuführen sein.

14.8.3 Kulturmaßnahmen

❑ Pflanzenanzucht

Ausdauernde Fensterblumen können überwintert und im nächsten Jahr wieder gezogen werden (siehe im Abschnitt „Überwinterung"). Nicht immer ist für die Überwinterung ein geeigneter Platz vorhanden, sodass es besser ist, eine Stecklingsvermehrung vorzunehmen. Dazu sind besonders geeignet: Pelargonien, Fuchsien und Pantoffelblumen.

Stecklingsvermehrung: Im August werden von schönen, gesunden Pflanzen 6 bis 8 cm lange Kopftriebe mit 4 bis 6 Blättern abgeschnitten. Mit einem scharfen Messer wird ein länglicher Schnitt unter einem Blattknoten gezogen, die unteren Blätter und der Blütenansatz werden entfernt. Die Triebe werden in Stecklingspulver (Fäulnisschutz) getaucht und 2 cm tief in feuchte Stecklingserde (Torf, Sand, Erde) gepflanzt; dazu verwendet man kleine Töpfe aus Plastik oder Ton mit 4 bis 5 cm Durchmesser. Die Töpfe stellt man in eine Holzkiste, die mit Torf gefüllt ist. Die Stecklinge werden, mit einer Klarsichtfolie überdeckt, bis zum Frostbeginn im Freien (Halbschatten) und später an einem hellen, warmen Ort aufgestellt.
Gut geeignet zur Stecklingsvermehrung sind auch die Torfquelltöpfe „Jiffy 7". Diese kommen als Torfscheiben in den Handel und quellen im Wasser zu gefüllten Töpfen auf. Ihr Torf enthält Nährstoffe, sie zerfallen nicht, da sie mit einem feinmaschigen Netz umgeben sind. Gut geeignet für die Stecklingsbewurzelung sind die „Baystrat Schaumstoffwürfel". Die Stecklinge werden in den Schaumstoff gesteckt, und dieser wird gewässert.
Ist der Torfballen durchwurzelt, werden die Stecklinge in Töpfe mit 8 bis 10 cm Durchmesser in eine Erdmischung aus Kompost und Torf 1:1 umgepflanzt. Die Töpfe sollten im Winter einen hellen, aber nicht zu warmen Standort haben. Ab März werden sie wärmer gestellt und gedüngt. Bei zu hoch gewachsenen Stecklingen sind die Triebspitzen wegzuschneiden (pinzieren). Sie werden dadurch buschiger. Bis zum Auspflanzen Mitte Mai sollten die Stöcke blühen oder Blütenknospen haben.

Zwiebel- und Knollengewächse eignen sich ebenfalls gut als Fenster- und Balkonschmuck. Für die Frühjahrsbepflanzung werden Zwiebeln und Knollen, z. B. von Krokussen, nicht zu hohen Tulpen, Hyazinthen, Blausternchen, Traubenhyazinthen und Schneeglöckchen, im Spätherbst direkt in die Kistchen ausgelegt.
Für den Sommerflor eignen sich Knollenbegonien und niedrige Dahlien, die vorkultiviert und ab Mitte Mai ins Freie gebracht werden.

Die Knollen von Knollenbegonien werden ab Februar/März in feuchten Torf oder in Torfquelltöpfe gelegt, feucht gehalten und bei 16 bis 18° C hell aufgestellt. Sind die Triebe 3 bis 4 cm lang, werden die Pflanzen in Töpfe gesetzt, wärmer gehalten und gedüngt. Dahlien werden ab April im Mistbeet oder im Glashaus vorgetrieben.

Einjährige Sommerblumen für den Balkon- und Fensterschmuck, wie z. B. Petunien, Saatbegonien, Salvien, Lobelien, Celosia und Verbenen, haben eine lange Anzuchtzeit und sollten 1- bis 2-mal pikiert werden. Die Anzucht erfolgt im Glashaus oder warmen Mistbeet, da sie Mitte Mai bei der Auspflanzung in Blüte stehen sollen. Fehlen diese Anzuchtmöglichkeiten, sollten die Pflanzen beim Gärtner gekauft werden.

Kapuzinerkresse, niedrige Tagetes und niedrige Sonnenblumen können selbst herangezogen werden; Tagetes im Frühbeet, Kapuzinerkresse und Sonnenblumen direkt im Kistchen.

❑ Pflanzhinweise

- **Pflanzgefäße reinigen:** Mit heißer Schmierseifenlösung ausreiben, gut schwemmen, an der Sonne trocknen.
- **Wasserabzugslöcher mit runden Tonscherben überdecken**, damit das Wasser nicht direkt abfließen kann.
- Eine **Drainageschicht** am Boden ist bei Stein- oder Zementgefäßen oder sehr tiefen Behältern für den Wasserhaushalt vorteilhaft. Damit kann auch Erde gespart werden. Man verwendet dazu Leca-Körner oder Kieselsteine.

- **Pflanzerde vorbereiten**: Gute Garten- oder Komposterde wird mit etwas Torf und Sand (je 10%) und Perlite zwecks Wasserspeicherung und Lüftung vermischt. Als Dauervorratsdünger kann man 10 l Erde 40 g Dünger (Plantosan, Osmocote, Hornspäne oder ähnliche) geben. Die wöchentlichen Dunggüsse erfolgen erst nach 4 bis 6 Wochen, wenn sich die Pflanzen schon voll entwickelt haben (siehe Aufdüngung bei Balkon- und Pflanzgefäßen). Im Handel werden fertige Erdmischungen angeboten.
- **Kistchen mit Pflanzerde füllen:** 2/3 bis 3/4 der Kistchenhöhe, die Pflanzen sollten gleich hoch wie die Anzuchttöpfe stehen.
- **Pflanzen aus den Anzuchttöpfen nehmen:** Anzuchttöpfe vor dem Ausnehmen ausgiebig angießen, etwas anziehen lassen. Mit einer Hand die Pflanze halten, den Topf umdrehen, Topfrand an einer Kante anschlagen – Pflanze löst sich leicht aus dem Topf.
- **Pflanze einsetzen, angießen:** Pflanze in die lockere Erde stellen, seitlich gut andrücken, gut angießen.
  Die Pflanze sollte mit der schönen Seite zur Ansicht stehen. Bei kräftigen, gut entwickelten Pflanzen rechnet man 4 Stück auf 1 lfm.
- **Kistchen ins Freie stellen:** bei frostempfindlichen Blumen erst ab Mitte Mai (nach den Eismännern).

❑ Pflegemaßnahmen

Die **Erde** ist locker und unkrautfrei zu halten, abgeblühte Blüten sind zu entfernen. Bei Petunien ist ein leichter Rückschnitt durchzuführen. Das **Gießen** am Abend oder Morgen ist nach Bedarf durchzuführen und hängt von der Erdfeuchtigkeit, der Witterung, dem Pflanzenbestand und den Kistchen ab. Bei zu starkem, zu häufigem Gießen können die Wurzeln versauern und die Hauswände unter dem abfließenden Wasser leiden. Untertassen unter den Kistchen schützen vor solchen Wasserschäden an den Wänden.
Eine **Kopfdüngung** wird meist als Dungguss 1- bis 2-mal wöchentlich durchgeführt. Vor jeder Kopfdüngung ist zu gießen. Zur Ausbildung und zum Wachstum der Pflanze wird mit Anzuchtdünger, zur Blütenbildung mit Blütendünger nach Gebrauchsanleitung gedüngt.

❑ Überwinterung der Balkon- und Fensterblumen

Fuchsien, **Pantoffelblumen** und **Pelargonien** werden nach den Herbstfrösten hereingenommen, auf ca. 20 cm zurückgeschnitten und an einem hellen, kühlen Ort aufgestellt (4 bis 8° C). Während des Winters sind die Pflanzen nicht oder nur wenig zu gießen. Anfang März werden sie nochmals zurückgeschnitten (hängende Arten können etwas länger bleiben) und hell und warm gestellt (15 bis 16° C). Nach dem Durchtreiben sind sie in frische Erde zu pflanzen, zu düngen und zu bewässern.
Nelken sind hell und kühl zu überwintern; sie brauchen kalkhaltige Erde.
Fleißige Lieschen und **Buntnesseln** werden besser im Frühjahr neu gezogen.
Knollenbegonien und **Zwergdahlien** werden im Herbst herausgenommen. Das Kraut ist nach dem Einziehen 2 bis 3 cm von der Knolle her abzuschneiden, die Knollen sind im Keller in Torf einzuschlagen. Begonien werden ab Februar vorgetrieben, Dahlien ab April.

14.8.4 Auswahlliste für Balkon- und Fensterblumen

Zeichenerklärung

○ = Sonne ◑ = Halbschatten ● = Schatten

Arten	Lage	Sorten und Eigenschaften
Pelargonien (Geranien) ausdauernd	○ – ◑	**Züricher Balkon**, halb hängend für geschütztere Lagen. Großblumig, leuchtend rot **Rubin, Paul Götz, Dondosorten**, aufrecht stehend, unempfindlich. Rot, rosa, weiß, karmesin **Balkonprinz**, Hängepelargonie, kleinblumig, Massenblüher. Rot und rosa
Petunien einjährig	○ – ◑	**Magic**, großblumige, reich blühende, stehende Sorten. Rosa, weiß, blau, gestreift, rot **Cascade**, Hängepetunien in Rot, Weiß, Gelb, gestreift, Rosa **Himmelsröschen, Himmelskönigin, Schneeball, Admiral**, kleinblumige, stehende Sorten in Rosa, Rot, Weiß und Blau
Surfinia ausdauernd	○ – ◑	Verwandt mit den Petunien, hängend. Lila. Schwierige Überwinterung, besser neu kaufen.
Goldkosmea ausdauernd	○ – ◑	Kleine gelbe Blüten, hängend

Arten	Lage	Verwendung Schmuckwirkung
Australisches Gänseblümchen ausdauernd	○ – ◑	Zarte blaue Blüten, hängend
Fuchsien ausdauernd	◑ – ●	Hängend, aufrecht, gefüllt, halb gefüllt, ungefüllt für windgeschützte Lagen. Rot, rosa, blau, rot-weiß, rot-blau
Nelken ausdauernd	○ – ◑	**Tiroler Hängenelke**, für Höhenlagen besonders geeignet, in Tallagen mehr West- oder Ostlage. Rot
Pantoffelblume ausdauernd	○ – ◑	Gedeiht besser in raueren Lagen. Gelb. Für Zwischenpflanzungen geeignet
Knollenbegonien ausdauernde Knollen	◑ – ●	Großblumige für windgeschützte Lagen, gefüllt und ungefüllt. Rot, rosa, weiß, gelb, orange Kleinblumige für rauere Lagen, gefüllt und ungefüllt. Rot, rosa, weiß, gelb, orange Hängebegonie für windgeschützte Lagen. Rot, gelb, rosa, weiß
Zwergdahlien ausdauernde Knollen	○ – ◑	Höhe bis 25 cm, ungefüllt, halb gefüllt, in vielen Farben
Kapuzinerkresse (Fenstergucker) einjährig	○ – ◑	Niedrige, gefüllt und ungefüllt, 25–30 cm Rankende, gefüllt und ungefüllt, bis 1 m
Niedrige Sommerblumen einjährig	○ – ◑	**Ageratum** (Leberbalsam). Blaue Kugel, 15–20 cm **Eisbegonie** (Saatbegonie). Rot, rosa, weiß, 15 cm **Celosia** (Federbusch). Gelb, rosa, rot, 30 cm **Lobelia** (Männertreu). Blau, 15 cm **Verbenen** (Eisenkraut). Rot, rosa, blau, violett, weiß Stehend und rankend **Tagetes** (Studentenblume), bis 30 cm. Gelb, orange, braun, rot **Sanvitalia** (Husarenkopf). Gelb, schwarz, 15 cm
Fleißiges Lieschen ausdauernd	○ – ◑	Für windgeschützte Lage, 20 cm

Aufrechte Pelargonie

Fuchsien

Bepflanzungsbeispiele

15. RASEN

Neben den Wiesen und Obstgärten, die das Haus umgeben, kann auf dem Bauernhof auch eine Rasenfläche als Spiel- und Erholungsraum angelegt werden.

15.1 VERWENDUNG

Es gibt verschiedene Rasenmischungen. Da der Rasen begehbar sein soll, ist eine strapazierfähige, pflegeärmere Art zu wählen.

- **Zierrasen** braucht intensivste Pflege und 30 bis 50 Schnitte im Jahr.
- **Park-** und **Gartenrasen** ist strapazierfähig, eignet sich aber wegen seines Anteils an „Englischem Raygras" nicht mehr für Höhenlagen. Er muss ca. 20-mal pro Jahr geschnitten werden.
- **Spiel-** und **Sportrasen** ist sehr strapazierfähig und für alle Lagen geeignet. Er braucht 15 bis 30 Schnitte im Jahr.
  Sortenbeispiel: Formel 2000.
  Auch für **schattige Lagen** gibt es eigene Mischungen.

Neben dem herkömmlichen Rasen wird die **Blumenwiese** (Dauerwiese) immer beliebter. Sie bietet einer Vielfalt von Gräsern, Kräutern und Blumen Lebensraum und ist Nahrungsgrundlage für viele Tierarten. Hier ist auf den Einsatz von Handelsdüngern zu verzichten, da auf mageren Böden eine größere Blumenvielfalt entsteht. Solche Dauerwiesen werden je nach Nutzung 1- bis 3-mal im Jahr gemäht. Herbizide dürfen nicht verwendet werden.

15.2 KULTURMASSNAHMEN

15.2.1 Anlage von Rasen

❑ Kulturtabelle

Saatmenge/100 m²	Saatzeit	Dünger/100 m²
1–1,20 kg	April bis September	30–40 kg Kompost oder organischer Handelsdünger

❑ Bodenvorbereitung

Der Boden sollte sorgfältig gelockert, gekrümelt und eingeebnet werden. Für eine gute Humusschicht ist zu sorgen. Grüneinsaat vor der Anlage.

❑ Aussaat

Der Anbau erfolgt bei windstillem Wetter mit einer Breitsaat. Anschließend wird der Samen mit einem Rechen eingearbeitet. Mit an den Füßen angebundenen Trittbrettern befestigt man die Anlage. Bei Trockenheit muss die Saat unbedingt bewässert werden.

❑ Mähkante

Flach und trocken in die Erde verlegte Natursteine, Klinker- bzw. Hartbranntsteine ergeben als Abgrenzung zum Rasen die Mähkante.

15.2.2 Pflegemaßnahmen

- **Beregnung:** Um einen schönen grünen Rasen zu erhalten, muss in Trockenzeiten gründlich bewässert werden. Ein normaler Rasen braucht alle 8 Tage 10 bis 15 mm Niederschlagshöhe.

- **Schnitt:** Der erste Schnitt erfolgt bei 8 cm Grashöhe und kann bereits mit dem Rasenmäher durchgeführt werden, aber nur bei trockenem Wetter. Bei den nachfolgenden Schnitten ist die Schnitthöhe stufenweise auf die endgültige Höhe von 3 bis 4 cm zu bringen.
  Es sollte nie mehr als die Hälfte der Blattlänge weggeschnitten werden!

- **Belüftung:** Mit einem Eisenrechen wird der Rasen durchgekämmt und dabei das Moos entfernt. In hartnäckigen Fällen wird der Rasen durchgeschnitten (vertikutiert) oder durchlöchert (aerifiziert).

❑ Unkrautbekämpfung

Die beste Unkrautbekämpfung ist eine richtige Rasenpflege.

Die meisten Unkräuter, die auf einer neu angelegten Rasenfläche erscheinen, verschwinden durch das Schneiden. Neuanlagen sind nicht mit chemischen Präparaten zu behandeln, da die Gräser angegriffen werden könnten.
Eine **Vermoosung** des Rasens tritt bei Bodenversäuerung, Bodenverdichtung oder Nährstoffmangel auf.

16. DER GARTEN ALS ERHOLUNGSRAUM

Zwischen Haus, Hofanlagen und Gemüsegärten lässt sich ein Grünraum gestalten, der besonders in der warmen Jahreszeit die Wohnmöglichkeiten erweitert und Erholung und Entspannung bietet. Auch Feriengäste schätzen solche Grünflächen sehr. Hausfronten in geschlossenen Ortschaften verlangen einen Vorgarten.

16.1 GESTALTUNGSELEMENTE

Zur Gestaltung des Gartens stehen **natürliche** und **architektonische Elemente** zur Verfügung.

16.1.1 Natürliche Elemente

Hauptelemente jeder Gartengestaltung sind die vielen verschiedenen Pflanzengruppen.

Mit der Eingrünung der Umgebung schafft man ein freundliches, einladendes Bild, einen Wind- und Staubschutz sowie einen harmonischen Übergang von den Baulichkeiten zur Landschaft.

❑ Bäume

Sie sind das raumbildendste Element mit der größten Weitenwirkung und verleihen Gehöft und Dorf das bestimmende Gepräge. Jedes Haus sollte seinen Hausbaum haben, der Schatten und Windschutz bietet.
Nadelbäume wirken ernst, feierlich und streng.
Laubbäume mit hellen, lockeren Kronen wirken heiter und gelöst; Bäume mit schweren Kronen haben eine ruhigere Wirkung.

❑ Sträucher

Sie können Schwerpunkte im Raum setzen. Sie können trennen, abschirmen oder verbinden.

❑ Wiese und Rasen

Die flächenhafte, ruhige, erholsame Wirkung sollte nicht durch ungegliederte Bepflanzung zerstört werden.

❑ Blumen

Blühende Pflanzen schmücken und bilden einen farblichen Kontrast zum Grünraum oder zu den Bauwerken.

16.1.2 Architektonische Elemente

Neben den Wohn- und Wirtschaftsgebäuden zählen dazu auch die Gartenbaulichkeiten, wie Zäune, Wege, Mauern, Terrassen, Pergola, Sitz- und Spielplatz sowie eventuell ein Wasserbecken.

❑ Einfriedungen, Zäune

Wenn in geschlossenen Ortschaften frei liegende Vorgärten nicht möglich sind, sollten verwendete Einfriedungen so niedrig sein, dass die Bepflanzung noch wirken kann.
Eine Einfriedung bzw. ein Zaun muss in seinem Aussehen den örtlichen Gegebenheiten angepasst sein und sich harmonisch in das Gesamtbild einfügen.

Dazu werden folgende Anforderungen gestellt:

- Klare, einfache Form
- Richtige Höhe
- Keine grellen und bunten Anstriche
- Keine zu wuchtigen Fundamente oder Pfeiler

Empfehlenswerte Arten von Einfriedungen:

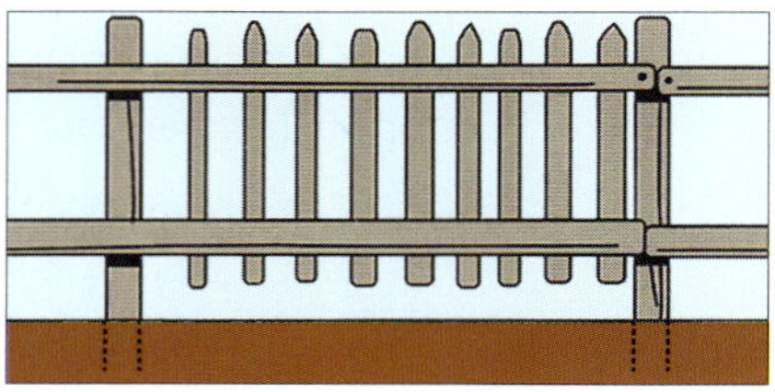

Einfacher ***Holzzaun***

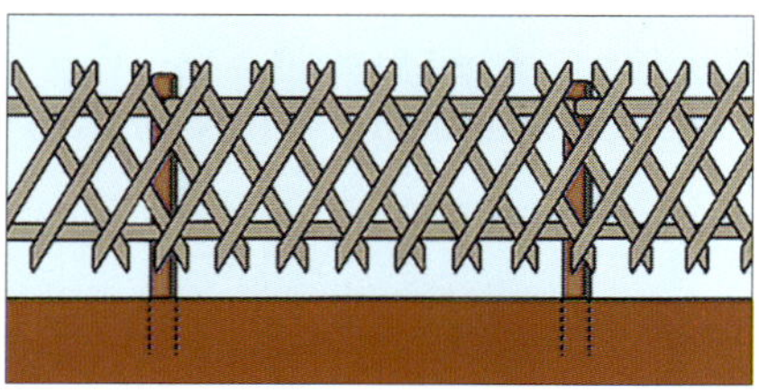

Scheren- *oder* ***Jägerzaun***

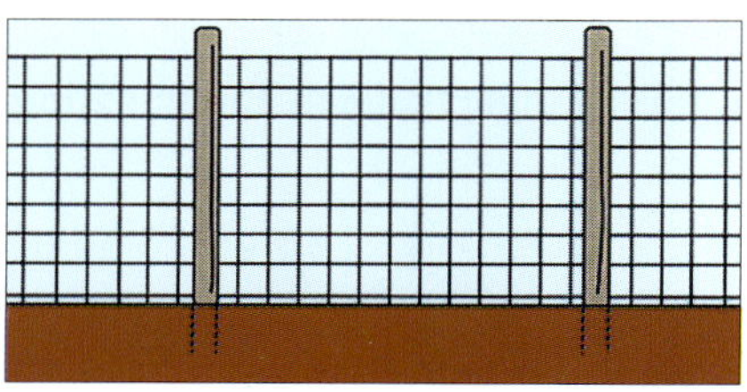

Einfacher ***Maschendrahtzaun***

- **Einfacher Holzzaun**

  Holz ist ein gut wirkendes, natürliches Material, welches imprägniert werden muss.

- **Scheren- oder Jägerzaun**

  Diese Art ist ebenfalls aus imprägniertem Holz und eignet sich besonders für alpine Lagen.

- **Einfacher Maschendrahtzaun**

  Die Drahtfläche soll ein ruhiges Muster aufweisen und schlicht gefasst sein.

❑ Mauern

Sie dienen zum Befestigen von Höhenunterschieden und als Begrenzungen. Natursteinmauern, trocken ausgeführt, passen besonders gut in den ländlichen Raum. Beim Bau können Pflanzlöcher für Steingartenpflanzen frei gelassen werden.

❑ Wege

Fahrwege und **Hofflächen** müssen zweckentsprechend und praktisch angelegt sein. Gute Befestigungen

verhindern Schmutz bei Schlechtwetter. Befestigte Arbeitsflächen sollten zumindest an der Hausmauer durch Aussparungen eine Begrünung ermöglichen. Auch die Außenränder dieser Flächen können mit Grünpflanzen gestaltet werden.
Gartenwege verbinden verschiedene Punkte miteinander, z. B. das Haus mit der Sitzecke im Garten.

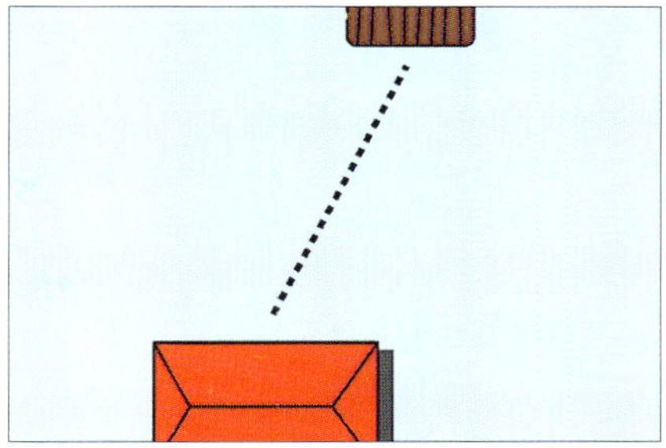

*Die **kürzeste Verbindung** wäre eine **gerade Linie**. Sie wirkt nüchtern und starr*

An Gartenwege werden folgende Anforderungen gestellt:

- Begehbarkeit zu jeder Zeit
- Genügend Wegbreite (60 cm/Person, für Hauptwege 120 cm)
- Fachgerechte Ausführung
- Keine unnötige Zerschneidung von Kulturflächen

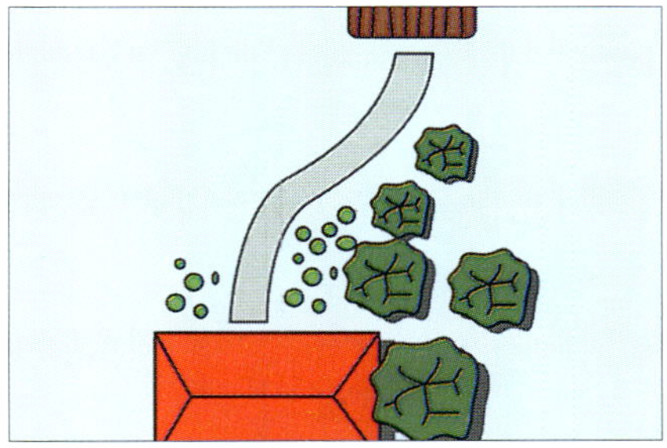

*Bei einer **schwungvollen Gestaltung** wird der Weg länger, wirkt aber besser*

Zu empfehlen sind geschlossene Platten- oder Ziegelpflasterwege und Wege aus Trittplatten (Schrittlänge beachten!).

❑ Treppen

Sie verbinden im hügeligen Gelände verschiedene Ebenen und sollten bequem angelegt werden. Für Stufen im Freien sind folgende Grundmaße zu beachten:

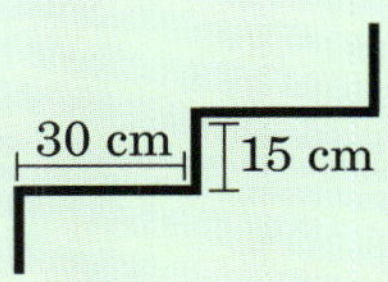

Höhe zur Breite:	2 Höhen + Breite =
1:2	Schrittlänge = 60 cm

Gestaltungsmöglichkeit** für eine **Treppe

Mehr als fünf Stufen, hintereinander angeordnet, haben eine unschöne Wirkung, daher ist ein Absatz einzubauen.

Gestaltungsmöglichkeiten für Treppen: **Knüppelstufen aus Rundholz** sind die billigste Lösung. Dazu werden gut imprägnierte Rundhölzer verwendet. Die Füllung der Stufenbreite besteht aus demselben Material wie der übrige Weg.
Steinstufen werden trocken oder auf Betonbettung verlegt.
Betonstufen wirken im Freien unnatürlich und dadurch unschön.
Stufen sollten ein **Gefälle** von 1 cm nach vorne haben, damit das Regenwasser abrinnen kann.

❑ Terrassen, Sitzplätze

Sitzplätze im Freien sollten in keinem Wohngarten fehlen. Daneben könnte man an einem geeigneten Platz einen Gartengrill aufbauen. Unter Bäumen brauchen Sitzplätze keine besondere Bodenbefestigung. Zur Anlage von **Terrassen** eignen sich Naturstein, Waschbeton, Klinker und Holzpflaster.

Tische und **Bänke** sollten aus möglichst natürlich wirkendem Holz sein und eine einfache, schlichte Form haben. Auch Bänke und Tische aus Stein fügen sich gut in das Gartenbild und trotzen jedem Wetter.
Eine **Pergola** bietet Sonnen- und etwas Windschutz, vor allem, wenn sie mit rankenden Gewächsen bepflanzt wird. Für ihren Bau eignen sich am besten Vierkant- oder Rundhölzer.

❏ Spielplätze

Bei Bedarf können sie im Wohngarten eingeplant werden. Sie müssen vom Wohnhaus gut einsehbar sein. Turn- und Spielgeräte sind den Sicherheitsvorschriften entsprechend anzubringen. **Sandkasten** und **Schaukel** gehören zu den wichtigsten Elementen solcher Spielplätze.

Beispiel zur Gestaltung eines ***Gartenbiotops***

❏ Wasser im Garten

Wasser als Gestaltungselement belebt und bereichert den Wohngarten ganz besonders.

In die Gestaltung können in verschiedenen Formen einbezogen werden:

- Natürliche Bachläufe
- Fisch- und Löschteiche
- Künstlich angelegte, so genannte biologische Becken
- Schwimmbecken und Planschbecken (im warmen Klima)

16.2 ANLAGE

Gartengestaltung ist Naturgestaltung und daher die Auseinandersetzung zwischen menschlichem Geist und Natur.

16.2.1 Gestaltungsgrundsätze

❏ Landschaftsbezogene, harmonische Gestaltung

Es sind vorwiegend heimische Pflanzen zu verwenden und alte Baumbestände sowie Obstbäume in die Gestaltung einzubeziehen. Wichtig sind auch die Verwendung möglichst natürlicher Baustoffe und die Beachtung der Größenverhältnisse. Es dürfen nicht zu groß wachsende Bäume in kleine Gärten gepflanzt werden. Anspruchsvolle Pflanzen sind nicht wahllos mit anderen zu mischen, die Farbkontraste sind zu beachten.

❏ Standortbedingte, ökonomische Gestaltung

Klima- und Bodenverhältnisse bedingen bestimmte Pflanzenarten. Der Arbeits- und Kostenaufwand muss berücksichtigt werden.

16.2.2 Planungsvorbereitung

❑ Feststellen des Ist-Zustandes

Lage, Größe und Geländeform der zu gestaltenden Flächen sind zu erfassen.
In **Ortslage** ist die Rücksichtnahme auf die Nachbarn wichtig, eventuell ist ein Sichtschutz an der Grundstücksgrenze einzuplanen. Beim **Einzelhof** soll ein harmonischer Übergang zu Wiesen, Feldern und zum Wald angestrebt werden.
Das vorhandene Gelände ist Grundlage für die Gestaltung. Geländemodellierungen sind teuer und sollten behutsam vorgenommen werden, immer in Anpassungen an die natürlichen Gegebenheiten.
Unschön ist die Aufschüttung eines Hügels zur Errichtung eines Steingartens in einer Ebene. Ein Steingarten muss landschaftsbezogen an einem Hang gestaltet werden, dabei sind die Steine nie senkrecht aufzustellen.
Hässliche Winkel, die als Lager- und Abfallplätze dienen, sind zu räumen und neu zu gestalten.

❑ Berücksichtigung vorhandener Wünsche

Die Bedürfnisse und Wünsche der Hausbewohner werden festgestellt und bei der Planung soweit wie möglich berücksichtigt.

❑ Zeichnen eines maßstabgerechten Planes (z. B. 1:100)

Beim Planzeichnen ist stets der Wohngarten als Ganzes zu betrachten. Von dieser Übersicht her wird dann die Einzelplanung begonnen.

16.2.3 Detailplanung

❑ Gliederung der Flächen in Nutzungsbereiche

Elemente mit ähnlicher Funktion werden entsprechend zusammengruppiert, zum Beispiel Wäschetrockner und Klopfstange zum Wirtschaftseingang mit abdeckenden Sträuchern; Sitzplatz mit Sonnen- und Windschutz an einem besonders schönen Blickpunkt. Durch die Gruppierung der verschiedenen Bereiche ergibt sich die Anlage von Wegen und Treppen.

❑ Gruppierung der Pflanzen

Einzeln über eine Rasenfläche verteilte Pflanzen verlieren an Wirkung. Es sollten Gruppierungen geschaffen werden, deren **Schwerpunkte** sich im Wandel der Jahreszeiten verschieben. Die Pflanzen sollten eine **Rangordnung** erhalten: Eine Solitärpflanze oder eine Pflanzengruppe herrscht vor, die anderen werden untergeordnet.
Das **Abwägen der richtigen Mengenverhältnisse** ist sehr wichtig. Von kleinen Pflanzen werden mehrere genommen, von großen weniger. Hohe Pflanzen werden eher zurückgestellt, niedrige davor gepflanzt. Kostbare, hochgezüchtete Gewächse gruppiert man um das Haus, im Blickfeld; je weiter weg, desto einfachere und der Natur angepasste Pflanzen sollten gesetzt werden.

❑ Pflanzenauswahl

Aus der Fülle der zur Verfügung stehenden Arten werden nur unter Berücksichtigung aller Grundsätze nach eigenen Vorstellungen die entsprechenden Gewächse ausgewählt. Es sollten nicht zu viele verschiedene Arten gesetzt werden. **In der Beschränkung zeigt sich der Meister!** Die Pflanzen sollten optisch miteinander harmonisieren, untereinander verträglich sein und sich nicht gegenseitig verdrängen.

Beispiel einer standortbedingten Pflanzenauswahl:

Pflanzen für eher trockene Böden (sandiger Lehm), sonniger bis halbschattiger Standort	**Pflanzen für einen Feuchtigkeit haltenden Boden** (Lehm), sonniger Standort
Eichen, Vogelbeeren, Feuerdorn, Wildrosen, Blaukissen, Wildtulpen, Karminrosa Margarite, Teppiche von Fetthenne, Goldschafgarbe und violetter Salbei	Zieräpfel, Edelflieder, Roseneibisch, Lupinen, im Hintergrund Rainweide, Tränendes Herz, Akelei, Storchschnabel, Geißbartspiräe

16.3 PFLEGE

Gärten, die keine Pflege benötigen, gibt es nicht. Man kann sie jedoch pflegearm gestalten. Der Pflegeaufwand lässt sich durch folgende Maßnahmen verringern:

- Standortbedingtes Pflanzen (kein Frostschutz)
- Stärkere Verwendung von Bäumen und Sträuchern
- Verwendung einer ungeschnittenen statt einer geschnittenen Hecke
- Bei- und Unterpflanzung mit Bodendeckern (kein Mähen und Jäten)
- Anlegen einer Wiese statt eines pflegeaufwendigen Rasens
- Geschlossene Gruppierung der Pflanzen

17. ORTSVERSCHÖNERUNG

Saubere Dörfer mit Blumen, Sträuchern und Bäumen, eingebettet in eine gepflegte Kulturlandschaft, prägen das Bild eines Landes. Für das Fremdenverkehrsland Österreich ist die Ortsverschönerung besonders wichtig.

17.1 MÖGLICHKEITEN DER ORTSVERSCHÖNERUNG

Ortsverschönerung ist Gemeinschaftsarbeit. Es sollten möglichst alle Bewohner eines Ortes dafür gewonnen werden. Blumenschmuckwettbewerbe und verschiedene andere Aktionen (z. B. Denkmalschutz, Dorferneuerung) können Impulse geben.
Jeder Haus- und Grundbesitzer sollte in seinem Bereich für Ordnung, Blumenschmuck und wirkungsvolle Bepflanzung sorgen. Hausfassaden und Zäune müssen instand gesetzt werden. Das Aufstellen kitschiger Pflanzgefäße, wie Autoreifen und dergleichen, ist zu vemeiden.

Folgende Maßnahmen dienen der Ortsverschönerung:

- Entrümpelung vornehmen
- Ortseinfahrten, Kirch- und Dorfplätze gestalten
- Marterln, Kriegerdenkmäler und Dorfbrunnen, wenn nötig, renovieren und bepflanzen
- Nicht mehr benützte Sand- und Schottergruben auffüllen und begrünen
- Das Aufstellen aufdringlicher Reklametafeln und wildes Plakatieren unterbinden

Im Allgemeinen gelten bei der Dorfgestaltung dieselben Grundsätze wie für die Gestaltung des Wohngartens. Das typische Landschaftsbild und die Eigenart der Siedlung sollten erhalten bleiben.

17.2 FRIEDHOFS- UND GRABGESTALTUNG

Der Friedhof sollte Würde und Frieden ausstrahlen. Sein Gesamtbild ergibt sich aus der Summe der Einzelgräber.
Persönliche Sonderwünsche dürfen den Gesamteindruck nicht stören, und die schuldige Dankbarkeit den Toten gegenüber darf nicht zu aufwendigem Prunk verleiten. Hochglanzpolierte übergroße Steine mit blendender Goldschrift und Abgrenzung durch zu wuchtige Einfassungen sind zu vermeiden.

17.2.1 Regeln für die Grabgestaltung

Für die Auswahl eines Grabmales gelten folgende Regeln:

- Schlichte Grabsteinsformen bevorzugen
- Durch Verwendung von Schmiedeeisen, Holz und Naturstein den Stil alter Friedhöfe erhalten
- Einfache Symbole und klares Schriftbild wählen
- Auf sichtbare Sockel verzichten
- Bestehende Friedhofssatzungen einhalten

Eine großzügige Rahmenbepflanzung mit Sträuchern und Bäumen sollte mit einer Eingrünung dazwischen harmonieren und so einen Raum schaffen, der zur Besinnung und Erholung einlädt.

17.2.2 Bepflanzungsvorschläge

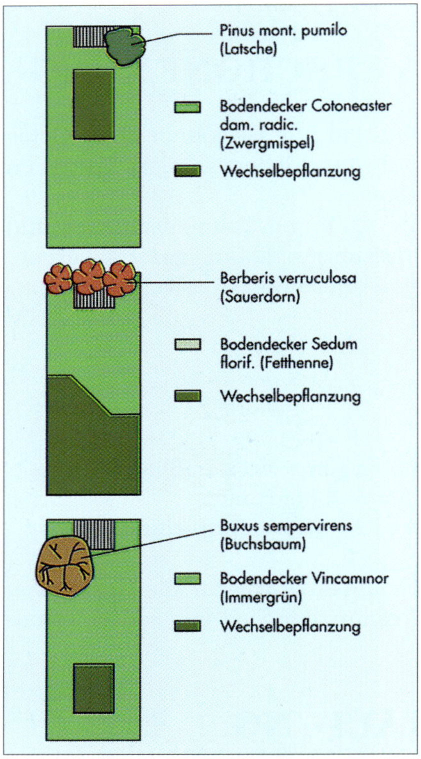

*Beispiele für die **Bepflanzung** von **Einzelgräbern***

❑ Provisorische Bepflanzung

Im ersten Jahr, wenn sich das Grab noch senkt, ist eine provisorische Bepflanzung mit Sommerblumen zu empfehlen.

❑ Wechselbepflanzung

Ändert sich die Oberfläche des Grabes nicht mehr, kann eine Wechselbepflanzung angelegt werden. Sie erfordert weniger Pflege- und Platzaufwand als ein ständiges weiteres Bepflanzen mit Sommerblumen und bietet ein ruhiges, harmonisches Bild. 1/3 bis 1/4 der Grabfläche wird mit Sommerblumen und niedrigen Zweijahresblumen bepflanzt, die restliche Grabfläche mit ausdauernden Bodendeckern, wie Stauden und kleinen Gehölzen.

17.2.3 Grabpflege

Die Gehölze werden im Frühjahr so zurückgeschnitten, dass ihr typischer Wuchscharakter erhalten bleibt. Manche Stauden müssen nach einigen Jahren geteilt werden. Ab und zu wird frische Komposterde nachgegeben. Gut bepflanzte Gräber lassen nach dem Anwachsen wenig Unkraut aufkommen.

STICHWORTVERZEICHNIS

A

Absenker *45, 46*
Algenkalk *57*
Amerikanischer Stachelbeermehltau *141*
Ananaserdbeere *134*
Anbauplanung *63*
Anbausysteme *65*
Anhäufeln *30, 36*
Anmoor *17*
Annuellen *151*
Anzuchtplatten *81*
Anzuchttöpfe *81*
Apfelbeere *149*
Assimilation *43*
Astschere *35*
Ätherische Öle *118*
Atmung *44*
Aufspaltung *45, 73*
Ausläufer *45, 46, 135*
Aussaat an Ort und Stelle *77*
Aussaat für Vorkultur *78*
Auszüge *89*
Automatikpflanzer *33*

B

Bäume im Ziergarten *167*
Bakterienblattfleckenkrankheit *104*
Bakterienwelke *103*
Bakterizide *89*
Balkon- und Fensterblumen *178*
Balkon- und Fensterkistchen *179*
Balkonpflanzen *178*
Bandpflanzung *135*
Basilikum *129*
Baustoffwechsel *44*
Bearbeitungsgare *28*
Beerenobst *134*
Befruchtung *41*
Beifuß *132*
Bepflanzung von Balkon- und Fensterblumen *178*
Beschattungsgare *28*
Besen *35*
Betriebsstoffwechsel *43*
Bewässerung *25*
Biennen *155*
Bildungsgewebe *38*
Bio-Bodenlüfter *33*
Biologische Aktivität *21*
Blatt *40*
Blattfallkrankheit *104, 140*
Blattgemüse *105*
Blattstecklinge *46*
Blaukraut *96*
Blüte *41*
Blumenkronblätter *41*
Blumenwiese *154, 185*
Boden *15*
Bodenabdeckung *29, 30, 67*
Bodenarten *17*
Bodenbearbeitung *28*
Bodenbestandteile *16*
Bodenbestimmung *36*
Bodenbildung *17*
Bodendecker *168*
Bodenfarbe *26*
Bodenfräse *32*
Bodengare *27*
Bodenleben *21*
Bodenluft *25*
Bodennährstoffe *23*
Bodenprofil *15*
Bodenreaktion *23*
Bodenschichten *15, 16*
Bodenstruktur *20*
Bodentemperatur *26*
Bodenwasser *24*
Bodenzustand *27*
Bohnen *122*
Bohnenblattlaus *123*
Bohnen-Erbsen-Rost *123*
Bohnenfliege *123*
Bohnenkäfer *123*
Bohnenkraut *129*
Borretsch *129*
Botrytis *136*
Boysenbeere *142*
Braunfleckenkrankheit *121*
Brennfleckenkrankheit *123*
Brennnesseljauche *54, 89*
Broccoli *96*
Brombeeren *143*
Brühe *89*
Brutzwiebeln *46*
Bügeljäter *34*

C

Chinakohl *96*
Chinesischer Lauch *116, 117*
Chlor *50*
Chlorophyll *43*
C-N-Verhältnis *53*
Containerpflanzen *170*
Cranberry *147*

D

Dauerdünger *51*
Dauergare *27*
Dauergewebe *38*
Dauerhumus *18*
Dauerkulturen *124*
Dickenwachstum *38*
Dill *130*
Direkte Düngung *57*
Drahtbesen *35*
Drahtrahmenkultur *142*
Drehherzmücke *99*
Dreiecksverband *84*
Düngemittelzusammensetzung *56*
Düngeplan *59*
Düngung *51*

E

Eberesche *148*

Echte Gare *27*
Echter Mehltau *104, 105, 141*
Edaphon *21*
Eierfrucht *101*
Einhäusigkeit *41*
Einjährige Sommerblumen *151*
Einlegegurken *101*
Einnährstoffdünger *57*
Einschlämmen *170*
Einzelkornstruktur *20*
Eisen *50*
Endivien *106*
Endivienfäule *108*
Endivienrost *109*
Entgeizen *102*
Erbsen *121*
Erbsenkäfer *122*
Erbsenmehltau *121*
Erbsenwickler *122*
Erdbeeren *134*
Erdfloh *99*
Erdmiete *93*
Ernte *91*
Estragon *131*

F

Fächerbesen *35*
Falscher Mehltau *97*
Fechser *115*
Feinboden *17*
Feldgemüsebau *127*
Fenster- und Balkonblumen *178*
Fingerprobe *37*
Flächenkompostierung *53*
Fortpflanzungsorgane *41*
Freilandsaatbeet *81*
Friedhofsgestaltung *193*
Frischmistschleier *54*
Frostgare *27*
Fruchtfolge *60*
Fruchtgemüse *100*
Fruchtknoten *41*
Fruchtwechsel *60*
Frühbeete – Kalter Kasten *80*
Frühjahrsarbeiten *29*
Frühsorten *73*
Fugenkratzer *35*
Fungizide *89*

G

Gare *27*
Garten *9*
Gartengeräte *31*
Gartenplanung *10*
Gartenschere *35*
Gartenschnur *36*
Gasaustausch *25*
Gebrauchswert bei Saatgut *74*
Gelbstreifigkeit bei Zwiebeln *118*
Generative Vermehrung *45*
Gesetz des Minimums *59*
Gestaffelter Anbau *64*
Gestaltungselemente *187*
Gesteinsmehl *56*
Gewebe *38*
Grabgabel *31*
Grabgestaltung *193*
Griffel *41*
Grobboden *17*
Grubber *33*
Gründüngung *55*
Grüneinsaat *29*
Grunddüngung *58*
Grundgewebe *38*
Grundwasser *24*
Gurken *104*
Gurkenwelke *105*

H

Hängende Erdbeere *134*
Häufler *36*
Hagebutte *149*
Haue *36*
Hautgewebe *38*
Hauptkulturen *61*
Hauptnährstoffe *48*
Hecken *168*
Heidelbeeren *146*
Heilkräuter *128*
Herbizide *89*
Herbstarbeit *28*
Herbstpflanzung *163*
Himbeeren *141*
Himbeerkäfer *143*
Hokkaidokürbis *101*
Holländern *29*
Hollerblüten *148*
Holunder *148*
Hügelbeet *71*
Hülsenfrüchte *120*
Humifizierung *22*
Humus *18*
Humusarten *18*
Humusbildung *18*
Humusboden *19*
Humuseigenschaften *18*
Humusformen *18*
Humusgare *27*
Hybridsaatgut *73*

I

Indikatorstäbchen *37*
Indirekte Düngung *51*
Insektizide *89*
Ionenaustausch *45*

J

Japanische Honigbeere *148*
Jauche *54*
Johannisbeeren *137*
Jostabeere *137*

K

Kalium *49*
Kalk *49*
Kalktest *37*

Kalkung *57*
Kambium *43*
Kapillarröhrchen *24*
Karfiol *94*
Karotten *112*
Keimbedingungen *42*
Keimblatt *42*
Keimdauer *74*
Keimfähigkeit *74*
Keimling *42*
Keimtabelle *75*
Keimung *42*
Keimwurzel *42*
Kelchblätter *41*
Keller *82*
Kerbel *130*
Kiwi *148*
Kleine Bibernelle *132*
Knoblauch *119*
Knöllchenbakterien *22*
Knollenfenchel *116*
Knollengemüse *110*
Knollengewächse *163*
Kobalt *50*
Kochsalat *106*
Kohl *96*
Kohldrehherzmücke *99*
Kohlendioxyd *48*
Kohlfliege *99*
Kohlgallenrüssler *99*
Kohlgemüse *96*
Kohlhernie *97*
Kohlrabi *96*
Kohlweißling *99*
Kokuwa *148*
Kompost *52*
Kompostreife *53*
Kopfdüngung *59*
Kopfsalat *106*
Korallenbeere *147*
Kräuterjauchen *54*
Krail *31*
Kraut- und Braunfäule *103*
Kren *115*
Kresse *106*
Kressetest *37*
Krümelstabilität *37*
Krümelstruktur *20*
Krümerjäter *34*
Krume *15*
Kürbisse *101, 104*
Kultivator *33*
Kulturdauer *73*
Kulturtabellen Blattgemüse *106*
Kulturtabellen Fruchtgemüse *101*
Kulturtabellen Hülsenfrüchte *121*
Kulturtabellen Kohlgemüse *96*
Kulturtabellen Wurzelgemüse *111*
Kulturtabellen Zwiebelgewächse *117*
Kupfer *50*
Kupfermittel *89*
Kurztagpflanze *76*

L

Längenwachstum *43*
Lagerung *92*
Langtagpflanze *76*
Laubgehölze *171*
Lebendverbauung *20*
Lehmboden *19*
Leitgewebe *38*
Lichteinfluss *76*
Liebstöckel *130*
Lockern *31*
Loganbeeren *142*
Lüften *29*
Lüfter *33*

M

Mähkante *186*
Magnesium *50*
Majoran *128*
Mangan *50*
Mangold *106*
Markiersaat *78*
Massennährstoffe *48*
Massivstruktur *20*
Mehrnährstoffdünger *57*
Mehrnährstoffe *57*
Messlatte *36*
Mikroorganismen *21*
Mineraldünger *57*
Minerale *17*
Mineralisierung *17*
Mischkultur *66*
Mist *54*
Mistbeet *78*
Moder *18*
Möhrenfliege *113*
Molybdän *50*
Monatserdbeere *134*
Moorbeet *146*
Moorboden *17*
Moosbeere *147*
Mulch *29*
Mulchen *30*
Mulchfolie *83*
Mulchpapier *83*
Mull *18*
Muttergestein *17*
Mutterpflanze *45*
Mykorrhiza *39*

N

Nachkulturen *61*
Nadelgehölze *167*
Nährgewebe *43*
Nährhumus *18*
Nährstoffaufnahme *45*
Nährstoffe *48*
Nährstoffmobilisierung *23*
Nährstoffspeicherung *37*
Narbe *41*
Natrium *50*
Niederschlagsmenge *24*
Niederschlagswasser *24*
Nitrat *37*
Nitratgehalt *37*

O

Oberboden *15*
Ökologisches System *9*
Oregano *133*

Organische Handelsdünger *56*
Organische Substanzen *16*
Organische Verbindungen *50*
Ortsverschönerung *193*
Osmose *44*

P

Paprika *101*
Paradeiser *102*
Parkrasen *185*
Pastinak *114*
Patison *101*
Pendeljäter *34*
Perennen *157*
Petersilie *113, 128*
Pfefferminze *131*
Pflanzbeet *83*
Pflanzenabstand *84*
Pflanzenanzucht *81*
Pflanzendecke *67*
Pflanzenorgane *39*
Pflanzenschutz biologisch *88*
Pflanzenschutz chemisch *89*
Pflanzenschutz integriert *90*
Pflanzenschutz mechanisch *88*
Pflanzenschutz natürlicher *88*
Pflanzenschutz vorbeugend *87*
Pflanzholz *32*
Pflanzschauferl *32*
Pflanzschnitt *138*
Pflanztiefe *84*
Pflanzung – Arbeitsvorgang *85*
Pflanzung von Bäumen und Sträuchern *169*
Pflanzzwiebel *117*
Pflegeschnitt *139*
Phacelia *55*
Phosphor *49*
pH-Wert *23*
Pikieren *82*
Planung *10*
Planungsgrundsätze bei Mischkultur *70*
Planungsvorarbeiten *10*
Porree *119*
Preiselbeere *147*
Pyrethrum *89*

R

Rabatte *151*
Radieschen *116*
Rapunzel *106*
Rasen *185*
Rasenlüfter *35*
Rasenschere *35*
Rebenspinat *106*
Rechen *35*
Reifekompost *53*
Reihenabstand *84*
Reiheneinteilung *84*
Repellentpflanzen *88*
Rettich *116*
Rhabarber *124*
Ribisel *137*
Rohhumus *18*
Rohkompost *53*
Rosen *174*
Rosenarten *174*
Rote Rüben *115*
Rotte *53*
Rotteschicht *16*
Rutenkrankheit *143*

S

Saatformen *75*
Saatgut *73*
Saatkistchen *78*
Saatpflege *81*
Saattabelle *75*
Saattermine *76*
Saattiefe *77*
Saatvorbereitung *77*
Saatzwiebel *117*
Säulenrost *140*
Salat *108*
Salatgurke *104*
Salbei *131*
Samenkorn *43*
Samenschale *43*
Samenunkraut *87*
Sandboden *19*
Sanddorn *149*
Saurer Boden *23*
Sauzahnwühler *33*
Schalotten *117*
Schlageinteilung *65*
Schlingpflanzen *168*
Schnittlauch *120, 132*
Schwachzehrer *58*
Schwarzbeinigkeit *97*
Schwarze Johannisbeere (Ribisel) *137*
Schwarzwurzel *115*
Schwefel *50*
Schubkarren *36*
Sellerie *114*
Selleriefliege *114*
Sellerieschorf *114*
Selleriewanze *114*
Silizium *50*
Sommerarbeit *30*
Sommerblumen *150, 151*
Sommerschnitt *145*
Sommersorten *73*
Sortenwahl *73*
Spätsorten *73*
Spagettikürbis *101*
Spalier *145*
Spaliererdbeeren *134*
Spaltöffnungen *41*
Spargel *125*
Spargelfliege *126*
Spargelkäfer *126*
Spaten *32*
Spatengabel *31*
Spatenprobe *36*
Speiserübe *111*
Spiel- und Sportrasen *185*
Spinat *106, 110*
Spross *40*
Sprossenkohl *96*
Spurenelemente *50*
Stachelbeeren *140*
Starkzehrer *58*
Startdüngung *59*
Staubgefäße *41*
Stauden *157*
Steckholz *46*
Steckling *46*
Stecklingsvermehrung *46*
Steckzwiebel *117*
Steinmehl *56*

Stempel *41*
Stickstoff *49*
Stockteilung *46*
Sträucher im Ziergarten *167*
Stützmöglichkeiten bei
Bohnen *122*
Stützmöglichkeiten bei
Himbeeren *142*
Stützmöglichkeiten bei
Tomaten *102*
Sulfid *37*

T

Tagneutrale Pflanzen *76*
Taybeere *142*
Tee *89*
Textur *17*
Thymian *129*
Tierische Schädlinge *86*
Tomaten *101*
Tonboden *19*
Ton-Humus-Komplex *20*
Torf *18*
Transpiration *44*
Triebsteckling *46*

U

Umstechen *28*
Unkräuter *87*
Unkrautstecher *34*
Unterpflanzung *163*

V

Vegetative Vermehrung *45*
Veredelung *47*
Vermoosung *186*
Verrottung *17*
Vertikutierer *35*
Vertragsmäßiger Anbau *127*
Verwitterung *17*
Vorkulturen *61*

W

Wachstum *43*
Wärmefolien *81*
Waldbodencharakter *146*
Wasserabgabe *44*
Wasseraufnahme *44*
Wasserhaushalt *44*
Wasserprobe *37*
Wasserregelung *45*
Wasserspeicher *24*
Wassertransport *44*
Wechselbepflanzung *194*
Wege *189*
Weinraute *133*
Weißkraut *94*
Wermut *132*
Windschutz *12*
Winterbodendecke *28*
Winterbodenschutz *28*
Winterheckenzwiebeln *117*
Wirtschaftdünger *52*
Würzkräuter *128*
Wundverschluss *47*
Wurzel *39*
Wurzelausläufer *46*
Wurzelgemüse *110*
Wurzelteilung *46*
Wurzelunkraut *87*

Y

Youngbeere *142*
Ysop *130*

Z

Zaun *188*
Zelle *38*
Zichoriensalat *106*
Zierpflanzen *150*
Zierrasen *185*
Zink *50*
Zinnkrautbrühe *89*
Zitronenmelisse *131*
Zucchini *101*
Zuckermelonen *101*
Zweihäusigkeit *41*
Zweijahresblumen *155*
Zwiebel *116*
Zwiebelbrand *118*
Zwiebelgewächse *163*
Zwiebelmehltau *118*
Zwiebel- und Lauchgemüse
116
Zwiebelrotz *118*
Zwischenfruchtbau *62*
Zwitterblüte *42*

LITERATURNACHWEIS

Baba, „Hügelkultur“
Bedlan/Kahrer/Schönbeck, „Krankheiten und Schädlinge im Gemüsebau“, Bundesanstalt für Pflanzenschutz, Wien
Deutsch u. a., „Pflanzenbau“, Leopold Stocker Verlag, Graz
Franck, „Gesunder Garten durch Mischkultur“, Südwest Verlag, München
Guggenberger/Voitl/Willi, „Biologischer Land- und Gartenbau“
Hartleb u. a., „Gartenbau 1“ und „Gartenbau 2“, Leopold Stocker Verlag, Graz
Katalog der Baumschule Praskac, Tulln
Katalog für Gartengeräte der Fa. Wolf, Vertrieb, Fa. Zimmer, Wien
Kreuter, „Der Bio-Garten“, BLV-Verlag, München
Kriegl, „Blühender Balkon“, Landesfremdenverkehrsabteilung der Stmk. Landesregierung und Erwerbsgartenbauverband, Graz
Liebster Günther, „Beerenobst für jeden Garten“, BLV-Verlag, München
Mader, „Der Hausgarten“, Leopold Stocker Verlag, Graz
Ortner, Pelzmann, „Mein Kräutergarten“, Eigenverlag
Schneider, „Nütze die Heilkraft unserer Nahrung“, Deutscher Verein für Gesundheitspflege, Saatkorn Verlag, Hamburg